北京高等教育精品教材
BEIJING GAODENG JIAOYU JINGPIN JIAOCAI

21世纪**大学计算机**规划教材

Visual FoxPro 6.0
数据库与程序设计
（第3版）

卢湘鸿　主编

電子工業出版社

Publishing House of Electronics Industry

北京·BEIJING

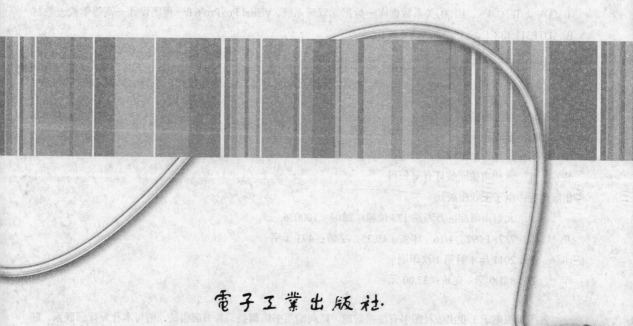

内 容 简 介

本书是根据教育部高等教育司组织制订的《高等学校文科类专业大学计算机教学基本要求》公共基础课程中有关对数据库和程序设计方面的基本要求编写的。

本书以 Visual FoxPro 6.0 为背景，介绍了关系数据库系统的基础理论及系统开发技术，包括数据库系统、Visual FoxPro 6.0 语言基础、Visual FoxPro 6.0 数据库及其操作、查询和视图、结构化查询语言 SQL、结构化程序设计、面向对象程序设计、表单设计与应用、报表设计与应用、菜单设计与应用、应用系统的开发等 11 部分内容。书中配有丰富的例题、习题（包括上机练习题），并附有解答，以更适合教学的需要。任课教师可按前言中的获取方式免费索取电子课件。

本书可以满足普通高等学校文科类各专业和非计算机专业在 Visual FoxPro 6.0 数据库技术与程序设计方面教学的基本需要，还可作为全国计算机等级考试二级 Visual FoxPro 6.0 程序设计的培训教材，也可供办公自动化工作者学习数据库开发使用。

图书在版编目（CIP）数据

Visual FoxPro 6.0 数据库与程序设计/卢湘鸿主编. —3 版. —北京：电子工业出版社，2011.1
21 世纪大学计算机规划教材
ISBN 978-7-121-12393-1

Ⅰ.①V… Ⅱ.①卢… Ⅲ.①关系数据库—数据库管理系统，Visual FoxPro 6.0—程序设计—高等学校—教材
Ⅳ.①TP311.138

中国版本图书馆 CIP 数据核字（2010）第 228327 号

策划编辑：童占梅
责任编辑：秦淑灵
印　　刷：涿州市京南印刷厂
装　　订：涿州市桃园装订有限公司
出版发行：电子工业出版社
　　　　　北京市海淀区万寿路 173 信箱　邮编　100036
开　　本：787×1 092　1/16　印张：19.25　字数：493 千字
印　　次：2011 年 1 月第 1 次印刷
印　　数：8 000 册　定价：32.00 元

凡所购买电子工业出版社图书有缺损问题，请向购买书店调换。若书店售缺，请与本社发行部联系，联系及邮购电话：（010）88254888。

质量投诉请发邮件至 zlts@phei.com.cn，盗版侵权举报请发邮件至 dbqq@phei.com.cn。

服务热线：（010）88258888。

前　言

　　能够满足社会与专业本身需求的计算机应用能力已成为合格的大学毕业生必须具备的素质。

　　文科类专业与信息技术的相互结合、交叉、渗透，是现代科学发展趋势的重要方面，是不可忽视的新学科的一个生长点。加强文科类（包括文史法教类、经济管理类与艺术类）专业的计算机教育，开设具有专业特色的计算机课程是培养能够满足信息化社会对大学文科人才要求服务的重要举措，是培养跨学科、创新型、复合型、应用型的文科通才的重要环节。

　　为了更好地指导文科类专业的计算机教学工作，教育部高等教育司重新组织制订了《高等学校文科类专业大学计算机教学基本要求》（下面简称《基本要求》）[注1]。

　　《基本要求》中的主体是文科计算机教学知识体系及其内容。在此基础上组建了文科计算机教学课程体系。课程及其内容是根据文科本科文史哲法教类、经济管理类与艺术类专业等三个系列，以及文科计算机大公共课程（也就是计算机公共基础课程）、计算机小公共课程和计算机背景专业课程三个不同教学层次的不同需要提出来的。

　　第一层次的教学内容是文科某系列各专业学生都要应知应会的。第二层次是在第一层次之上，为满足同一系列某些专业共同需要（包括与专业相结合而不是某个专业所特有的）而开设的计算机课程。第三层次，也就是使用计算机工具，以计算机软、硬件为依托而开设的为某一专业所特有的课程。

　　第一层次计算机大公共课程的教学内容按知识领域（模块化）设计。由分属于计算机软硬件基础、办公信息处理、多媒体技术、计算机网络、数据库技术与程序设计等 6 所知识领域的知识点组成。这些内容可为文科学生在与专业紧密结合的信息技术应用方向上进一步深入学习打下基础。这一层次的教学内容是对文科大学生信息素质培养的基本保证，起着基础性与先导性的作用。

　　第二层次是在第一层次之上，为满足同一系列某些专业共同需要（包括与专业相结合而不是某个专业所特有的）而开设的计算机课程。其教学内容，或者在深度上超过第一层次的教学内容中某一相应模块，或者是拓展到第一层次中没有涉及到的领域。这是满足大文科不同专业对计算机应用需要的课程。这部分教学在更大程度上决定了学生在其专业中应用计算机解决问题的能力与水平。

　　第三层次，也就是使用计算机工具，以计算机软硬件为依托而开设的为某一专业所特有的课程。其教学内容就是专业课。如果没有计算机为工具的支撑，这门课就开不起来。这部分教学在更大程度上显现了学校开设的特色专业的能力与水平。

　　本书是根据《基本要求》公共基础课程中有关对数据库和程序设计方面的基本要求，以 Microsoft Visual FoxPro 6.0 为背景编写的。

　　Visual FoxPro 6.0 是优秀的小型数据库管理系统软件，具有强大的数据库管理系统功能，以及面向程序设计的各类开发工具。该软件不仅可以用于小型数据库系统开发，而且被广泛应用于大型数据库的前端开发，可与 Visual Basic，PowerBuilder 等软件相媲美。

　　本书从数据库基本原理、概念出发，介绍数据表的建立、查看、修改、使用与维护，以及数据库对象（如查询、视图等）的操作，在介绍结构化程序设计的结构与基本方法后，由浅入深地引入了面向对象程序设计思想。既有理论阐述，又有实践开发手段。

本书主要内容包括：数据库系统、Visual FoxPro 6.0 语言基础、Visual FoxPro 6.0 数据库及其操作、查询和视图、结构化查询语言 SQL、结构化程序设计、面向对象程序设计、表单设计与应用、报表设计与应用、菜单设计与应用、应用系统的开发等 11 部分内容。书中配有丰富的例题、习题（包括上机练习题），并附有解答，以更适合教学的需要。本书为任课教师免费提供电子课件，用户可登录电子工业出版社华信教育资源网站 http://www.hxedu.com.cn 免费注册下载。

本书可安排 36～72 学时，其中 1/2～2/3 学时为上机操作，分三个层次安排。第一层次安排 36 学时，以掌握数据表、数据库的基本知识，数据表的创建、修改、排序索引和检索等基本使用为基本内容；第二层次安排 54 学时，除了第一层次规定的内容外，还需要掌握结构化程序设计和结构化查询语言 SQL 等内容；第三层次安排 72 学时，除了第二层次规定的内容外，还需要掌握面向对象程序设计、表单设计与应用，菜单设计与应用，应用系统的开发。

本书由卢湘鸿[注2]组织编写并任主编，其初稿主要由陈洁提供，参加修改工作的主要有周林志，参加前期工作的还有卢卫、熊焰、李亚弟、陈勇军、罗赛杰、何伟红、丁优、刘佳等。全书最后由卢湘鸿审定。

本书可供普通高等学校非计算机专业作为计算机公共基础课的教材，可以满足文史法教类、经济管理类在 Visual FoxPro 6.0 数据库技术与程序设计方面教学的基本需要，还可作为全国计算机等级考试二级 Visual FoxPro 6.0 程序设计的培训教材，以及从事办公自动化人员学习数据库开发的用书。

本书体现了作者在数据库方面教学与开发的经验，但不足或错误肯定存在，敬请同行和读者批评指正。

编　者

于北京中关村科技园

[注1]：教育部高等教育司组织制订的《高等学校文科类专业大学计算机基本要求》，系教育部高等学校文科计算机基础教学指导委员会编写，高等教育出版社出版于北京（电话：010-58581118）。

[注2]：卢湘鸿　北京语言大学信息科学学院计算机科学与技术系教授、教育部高等学校文科计算机基础教学指导委员会秘书长、全国高等院校计算机基础教育研究会常务理事兼文科专业委员会常务副主任兼秘书长。

目　录

第1章 数据库系统

计算机的主要应用已从传统的科学计算转变为事务数据处理。在事务处理过程中，需要大量数据的存储、查找、统计等工作，如教学管理、人事管理、财务管理等。这需要对大量数据进行管理，数据库技术就是目前最先进的数据管理技术。

Microsoft 公司推出的 Visual FoxPro 6.0 是一个可运行于 Windows 95/98，Windows XP 或更高平台的 32 位数据库开发系统，也是目前微机上最优秀的数据库管理系统之一。本书主要介绍中文版 Visual FoxPro 6.0 系统的使用。在下面的叙述中，若未特别说明，提到的 Visual FoxPro 或 VFP 均指中文版 Microsoft Visual FoxPro 6.0。

1.1 数据库基础知识

1.1.1 基本概念

1. 信息与数据

（1）信息　泛指通过各种方式传播的、可感受的声音、文字、图像、符号等所表征的某一特定事物的消息、情报或知识。换句话说，信息是对客观事物的反映，是为某一特定目的而提供的决策依据。

在现实世界中，人们经常接触各种各样的信息，并根据这些信息制定决策。例如，在商店购买某种商品时，首先要了解该商品的价格、款式或花色，根据这些信息决定是否购买；再如，可以根据电视节目预告来决定是否收看，等等。

（2）数据　是指表达信息的某种物理符号。在计算机中，数据是指能被计算机存储和处理的、反映客观事物的物理符号序列。数据反映信息，而信息依靠数据来表达。

表达信息的符号不仅可以是数字、字母、文字和其他特殊字符组成的文本形式的数据，还可以是图形、图像、动画、影像、声音等多媒体数据。

在计算机中，主要使用硬盘、光盘、U盘等外部存储器来存储数据，通过计算机软件和应用程序来管理与处理数据。

2. 数据处理

数据处理是对各种类型的数据进行收集、整理、存储、分类、加工、检索、维护、统计和传播等一系列活动的总称。数据处理的目的是从大量的、原始的数据中抽取对人们有价值的信息，并以此作为行为和决策的依据。

数据库技术作为一种数据处理技术，研究在计算机环境下如何合理组织数据、有效管理数据和高效处理数据。

数据处理的核心问题是数据管理。随着计算机软、硬件技术的不断发展和计算机应用范围的不断拓宽，数据管理技术得到很大发展，经历了人工管理、文件系统和数据库管理三个阶段（如表 1.1 所示）。

表 1.1　数据管理技术的三个发展阶段

发 展 阶 段	主 要 特 征
人工管理阶段 （1953 年～1965 年）	① 数据与程序彼此依赖，一组数据分别对应一组程序 ② 不同的应用程序之间不能共享数据，数据冗余量大
文件系统阶段 （1965 年～1970 年）	① 数据与程序分开存储，相关数据组织成一种文件，由一个专门的文件管理系统实施统一管理。应用程序通过文件管理系统对数据文件中的数据进行加工处理 ② 数据与数据之间没有有机的联系，数据的通用性较差，冗余量大 ③ 数据文件仍高度依赖于对应的程序，同一数据文件很难被不同的应用程序共享
数据库管理阶段 （1970 年至今）	① 对所有的数据实行统一管理，供不同用户共享 ② 数据文件之间可以建立关联关系，数据的冗余大大减少 ③ 数据与应用程序之间完全独立，减少了应用程序的开发和维护代价

3．数据库系统

（1）**数据库**（DataBase）　是指以一定的组织方式存储在计算机存储设备上，能为多个用户所共享并与应用程序彼此独立的相关数据的集合。它不仅包括描述事物的数据本身，而且包括相关事物之间的联系。对数据库中数据的增加、删除、修改和检索等操作，由数据库管理系统进行统一的控制。

（2）**数据库管理系统**（DataBase Management System，简称 DBMS）　是为数据库的建立、使用和维护而配置的软件，它提供了安全性和完整性等统一控制机制，方便用户管理和存取大量的数据资源。例如，Visual FoxPro 6.0 就是微机上使用的一种数据库管理系统。

在数据库管理系统的支持下，数据完全独立于应用程序，并且能被多个用户或程序共享，其关系如图 1.1 所示。

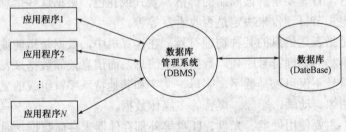

图 1.1　应用程序与数据库的关系

数据库管理系统一般具备数据库的定义、操纵、查询及控制等功能。

（3）**数据库系统**（DataBase System）　是指引进数据库技术后的计算机系统，包括硬件系统、数据库集合、数据库管理系统及相关软件（如支持其运行的操作系统等）、数据库管理员和用户五大部分。其中，数据库管理系统是数据库系统的核心组成部分。

（4）**数据库应用系统**　是指系统开发人员利用数据库系统资源开发出来的，面向某一类信息处理问题而建立的软件系统。例如，以数据库为基础的教学管理系统、人事管理系统和财务管理系统等。

1.1.2　数据模型

现实世界存在各种事物（也称为实体），事物与事物之间存在各种联系，数据模型就是用来描述现实世界中的事物及其联系的。它将数据库中的数据按照一定的结构组织起来，以反映事物本身及事物之间的各种联系。

任何一个数据库管理系统都是基于某种数据模型的，目前常用的数据模型有三种：层次模型、网状模型和关系模型。与之相对应，数据库也分为三种基本类型：层次型数据库、网状型数据库和关系型数据库。

1. 层次模型

层次模型用树状结构表示实体及其之间的联系。在这种模型中，记录类型为结点，由父结点和子结点构成。除根结点以外，任何结点都只有一个父结点。

一个父记录可对应于多个子记录，而一个子记录只能对应于一个父记录，这种关系称为一对多。层次模型的优点是简单、直观，处理方便，算法规范；缺点是不能直接表达含有多对多联系的复杂结构。

2. 网状模型

网状模型用网状结构表示实体及其之间的联系。在这种模型中，记录类型为结点，由结点及结点间的相互关联构成；允许结点有一个以上的父结点，或一个以上的结点没有父结点。

网状模型可以方便地表示各种类型的联系，但结构复杂，实现的算法难以规范化。

3. 关系模型

关系模型用二维表结构来表示实体及其之间的联系。关系数据模型以关系数学理论为基础，一个二维表就是一个关系，不仅能描述实体本身，还能反映实体之间的联系。该模型简单，使用方便，应用也最广泛。本书所要介绍的 VFP 就是一种基于关系模型的关系数据库管理系统。

图 1.2 以学生信息管理系统为例，给出了三种数据模型的示例。

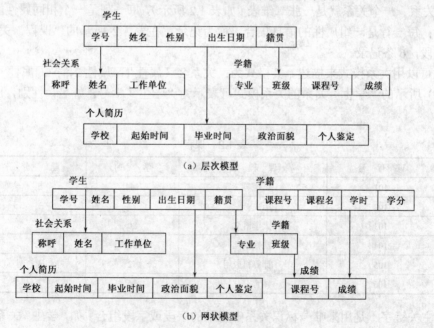

图 1.2 三种数据模型示例

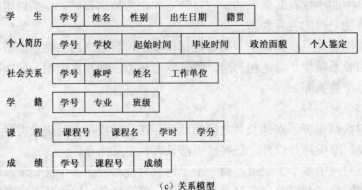

（c）关系模型

图 1.2 三种数据模型示例（续）

1.1.3 关系数据库及其特点

1. 关系数据库

由关系模型构成的数据库就是关系数据库。关系数据库由包含数据记录的多个数据表组成，用户可在有相关数据的多个表之间建立相互联系。如图 1.2（c）所示，学生管理数据库由 6 个数据表组成，各表之间通过公共属性联系起来，如学生表和成绩表通过"学号"建立相互间的联接。

在关系数据库中，数据被分散到不同的数据表中，以便使每一个表中的数据只记录一次，从而避免数据的重复输入，减少冗余。

2. 关系术语

（1）关系 一个关系就是一张二维表（如表 1.2 所示），每一列是一个相同属性的数据项，称为字段；每一行是一组属性的信息集合，称为记录。在表 1.2 所示的"课程"关系中包含了 4 个字段，6 条记录。

关系可以用关系模式来描述，其格式为：关系名（属性 1，属性 2，…，属性 n）。例如，图 1.2（c）所示的"学生"关系的关系模式可表示为"学生（学号，姓名，性别，出生日期，籍贯）"。

表 1.2 课程

课 程 号	课 程 名	学 时	学 分
101	英语	144	5
102	历史	72	3
103	大学语文	80	3
104	法律基础	36	2
105	计算机应用	72	3
106	体育	36	2

（2）主关键字 是用来唯一标识关系中记录的字段或字段组合。如"学生"关系中的"学号"在每条记录中都是唯一的，因此"学号"就可以定义为主关键字。

（3）外部关键字 是用于联接另一个关系，并且在另一个关系中为主关键字的字段。例如，"成绩"关系中的"学号"就可以看做外部关键字。

3. 关系数据库的主要特点

（1）关系中的每个属性必须是不可分割的数据单元（即表中不能再包含表）。

（2）关系中的每一列元素必须是类型相同的数据。

（3）同一个关系中不能有相同的字段（属性），也不能有相同的记录。

（4）关系的行、列次序可以任意交换，不影响其信息内容。

1.2　Visual FoxPro 6.0 的特点、安装和运行

1.2.1　Visual FoxPro 6.0 的特点

Visual FoxPro 采用可视化的操作界面及面向对象的程序设计方法，使用 Rushmore 查询优化技术，大大提高了系统性能。其主要特点是：

（1）加强了数据完整性验证机制，引进和完善了关系数据库的实体完整性、参照完整性和用户自定义完整性。

（2）采用面向对象和可视化编程技术，用户可以重复使用，直观而方便地创建和维护应用程序。

（3）提供了大量辅助性设计工具，如设计器、向导、生成器、控件工具和项目管理器等，用户无须编写大量程序代码，就可以方便地创建和管理应用程序中的各种资源。

（4）采用快速查询（Rushmore）技术，能够迅速地从数据库中查找出满足条件的记录。

（5）支持客户端/服务器结构，提供其所需的各种特性，如多功能的数据词典、本地和远程视图、事务处理及对任何 ODBC（开放式数据库联接）数据资源的访问等。

（6）同其他软件高度兼容，可以使原来的 xBASE 用户迅速转为使用 VFP。此外，还能与其他诸如 Excel, Word, Loutus 1-2-3 等软件共享和交换数据。

1.2.2　Visual FoxPro 6.0 的运行环境与安装

1. VFP 的运行环境

VFP 中文版为 32 位的开发工具，其软、硬件的基本配置是：

（1）处理器　486DX/66 MHz 或更高档处理器及其兼容机。

（2）内存　16 MB 以上。

（3）硬盘　典型安装需要 100 MB 硬盘空间，最大安装需要 240 MB 硬盘空间。

（4）显示器　VGA 或更高分辨率的显示器。

（5）操作系统　Windows 95（或更高的）中文版平台。

对于网络操作，需要一个支持 Windows 的网络和一台网络服务器。

2. VFP 的安装

VFP 可以从 CD-ROM 或网络上安装。从 CD-ROM 安装的步骤是：

（1）启动 Windows 95（或更高的）中文版平台，将 Visual FoxPro 6.0 中文版的光盘插入 CD-ROM 驱动器。

（2）选择"开始|运行"命令，打开"运行"对话框；然后输入"E:\SETUP"（假设 CD-ROM 驱动器的盘符是 E）并按回车键，启动安装向导。也可以在"资源管理器"中打开光盘，双击"setup.exe"文件，运行安装向导。

（3）按照屏幕提示的操作进行安装。

1.2.3 Visual FoxPro 6.0 的启动与退出

1. VFP 的启动

VFP 的启动常用的方法有：

（1）选择"开始|程序 Microsoft Visual FoxPro 6.0|Microsoft Visual FoxPro 6.0"选项。

（2）在桌面上建立应用程序的快捷方式图标，双击该图标即可启动程序（方法是：选择"开始|程序|Microsoft Visual FoxPro 6.0|Microsoft Visual FoxPro 6.0"选项，右击，从快捷菜单中选择"发送到|桌面快捷方式"命令）。

第一次启动 VFP 时，将出现如图 1.3 所示的欢迎界面。单击"关闭此屏"按钮，进入系统的主界面（如图 1.4 所示）。若选中"以后不再显示此屏"复选框，再单击"关闭此屏"按钮，以后再启动 VFP 时就会直接进入主界面。

图 1.3　VFP 的欢迎界面　　　　　　　　　　图 1.4　VFP 的主界面

2. VFP 的退出

VFP 的退出常用的方法有：

（1）单击主界面右上角的"关闭"按钮。

（2）选择"文件|退出"命令。

（3）在命令窗口中输入"QUIT"命令，并按回车键。

（4）按 Alt+F4 快捷键。

1.3　Visual FoxPro 6.0 的集成开发环境

1.3.1　Visual FoxPro 6.0 的工作方式

在 VFP 中，系统提供了两种工作方式。

（1）人机交互方式　在人机交互方式下，用户可在命令窗口中逐条输入命令或通过选择菜单及工具栏按钮来执行 VFP 命令，这两种方法得到的结果是一样的。输入或选择一条命令后可立即执行，并显示结果，操作便捷、直观，但不适于解决复杂的信息管理问题。

VFP 还提供了设计器、向导、生成器三种交互式的可视化开发工具，用户可以更简便、快速、灵活地进行应用程序开发。

（2）程序执行方式　是指将多条命令有序地编写成一个程序（即命令文件）并存放在磁盘上，通过运行该程序，系统可连续地自动执行一系列操作，完成程序所规定的任务。在这种方式下，一个程序可以反复执行，且在执行过程中一般不需要人为干预。VFP 集成化的系统开发环境支持面向过程的程序设计和面向对象的程序设计两种方法。

1.3.2　Visual FoxPro 6.0 的窗口、菜单和工具栏

1. 窗口

在 VFP 中，窗口是用户与系统进行交互的重要工具，是一个用于信息显示的可视区域。用户可以像操作其他 Windows 应用程序窗口一样，调整窗口大小，移动窗口，缩小窗口，或者同时打开多个重叠的窗口，等等。

VFP 中常用的窗口有：

（1）主窗口　启动 VFP 后呈现在用户面前的大块空白区域（见图 1.4）。它是系统的工作区，各种工作窗口都在这里展开。

（2）命令窗口　用于输入交互命令，是 VFP 中的一种系统窗口（图 1.4）。在该窗口中，用户可以根据需要直接输入 VFP 中的一条命令，按回车键后便立即执行该命令，有些命令的结果将在主窗口显示出来。例如，在命令窗口中输入命令 "?date ( )"，主窗口中便会显示出当前的系统日期；输入命令 "QUIT" 可以退出 VFP 系统。

在命令窗口中可以对命令进行修改、插入、删除、剪切、复制、粘贴等操作，而且本次开机以来执行的命令会自动保留在命令窗口中，当需要执行一个前面已经输入过的命令时，只要将光标移到该命令行所在的任意位置，按回车键即可。另外，当选择菜单命令时，相应的 VFP 命令语句也会自动反映在命令窗口中。所以在 VFP 中，用户既可以在命令窗口中输入命令，也可以使用菜单和对话框来完成相同的操作。

在默认情况下，启动 VFP 后，命令窗口便自动打开。可以选择"窗口|隐藏"命令关闭命令窗口；此时，若选择"窗口|命令窗口"命令，便能重新打开命令窗口。

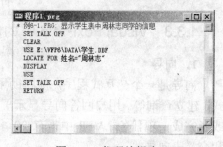

图 1.5　代码编辑窗口

（3）代码编辑窗口　用于编辑和查看各种程序代码，如图 1.5 所示。

（4）数据浏览和编辑窗口　用于浏览或修改数据表中的记录，如图 1.6 所示。

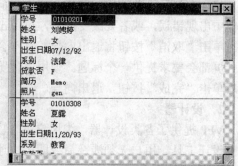

图 1.6　数据浏览和编辑窗口

2. 菜单

VFP 的菜单系统以交互方式提供了数据库操作的各种命令。启动系统后，主界面的菜单

栏中一般包含 8 个菜单项：文件、编辑、显示、格式、工具、程序、窗口和帮助（见图 1.4）。随着当前执行的任务不同，菜单栏中的各个选项随之动态变化。例如，浏览一个数据表时，菜单栏中将不出现"格式"菜单，而自动添加"表"菜单，供用户对数据表进行追加记录、编辑数据等操作；打开一个表单时，菜单栏中会自动添加"表单"菜单，供用户对表单进行编辑和修改等操作。

3．工具栏

VFP 系统将常用的一些功能，以命令按钮的形式显示在工具栏中，方便用户使用。在默认情况下，"常用"工具栏随系统启动时一起打开（见图 1.4），其他工具栏在某一种类型的文件打开后自动打开。例如，新建或打开一个数据库文件时，"数据库设计器"工具栏就会自动显示；关闭数据库文件后，该工具栏随之关闭。

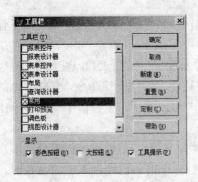

图 1.7 "工具栏"对话框

如用户想在某一时候打开或关闭一个工具栏，可选择"显示|工具栏"命令，打开图 1.7 所示的"工具栏"对话框，上面列出了系统提供的各类工具栏，单击相应的工具栏名称，选中该工具栏即可打开；再次单击该工具栏名称，取消选中，可将其关闭。

VFP 系统不仅自身提供了许多工具栏，还允许用户定制工具栏。例如，修改现有工具栏，或创建自己定义的工具栏，在应用系统中供其他用户使用。

1.3.3 Visual FoxPro 6.0 的向导、设计器和生成器

1．向导

向导是一个交互式程序，能帮助用户快速完成一般性的任务，如创建表单、设置报表格式、建立查询等。用户回答向导显示屏幕中的问题或选择其选项，向导会自动建立一个文件，或者完成一项任务。VFP 中带有 20 多个向导，常用的有表向导、表单向导、应用程序向导和交叉表向导等。

选择"文件|新建"命令，打开"新建"对话框，选择某种类型的文件后，单击"向导"按钮，可启动向导创建相应的文件。也可以利用"工具|向导"子菜单，直接访问某类向导。

启动向导后，要依次回答每一屏上的问题，单击"下一步"按钮，进入下一屏操作。如操作中出现错误，或者要改变操作，可单击"上一步"按钮，返回前一屏幕，进行查看或修改。单击"取消"按钮将退出向导，且不会产生任何结果。根据向导的类型，每个向导的最后一屏都会要求提供一个标题。使用"预览"按钮，可在结束向导操作前查看向导的结果。最后单击"完成"按钮，退出向导。

2．设计器

VFP 提供了各类设计器，为用户进行项目的设计和开发提供了极大帮助。利用这些可视化的设计工具，用户无须涉及命令即可快速、方便地创建并定制应用程序的组件，如表、表单、报表和查询等。

表 1.3 列出了 VFP 提供的各类设计器及其功能说明。不同设计器的功能各异，形式也不同，它们的具体使用方法将在后续章节中详细介绍。

表 1.3　VFP 设计器

设计器名称	功　能
数据库设计器	建立数据库，在不同的表之间创建关联
表设计器	创建自由表或数据库表，设置表中索引
查询设计器	创建基于本地表的查询
视图设计器	创建基于远程数据源的可更新的查询
表单设计器	创建表单和表单集，用于查看或编辑表中的数据
报表/标签设计器	创建报表或标签，用于显示和打印数据
菜单设计器	创建菜单栏或快捷菜单
联接设计器	为远程视图创建联接
数据环境设计器	帮助用户创建和修改表单、表单集及报表的数据环境

3．生成器

VFP 的生成器是带有选项卡的对话框，用于简化表单、复杂控件和参照完整性代码的创建和修改过程。每个生成器显示一系列选项卡，用于设置选中对象的属性。

表 1.4 列出了 VFP 中各类生成器及其功能说明。不同生成器的使用方法各不相同，在后续章节中会具体介绍。

表 1.4　VFP 生成器

生成器名称	功　能
表达式生成器	创建或编辑表达式
组合框生成器	构造组合框
列表框生成器	构造列表框
命令按钮组生成器	构造命令按钮组
文本框生成器	构造文本框，用于显示和编辑表中的字符型、数值型和日期型字段
编辑框生成器	构造文本编辑框，用于显示或编辑长字段和 Memo 型字段
表单生成器	构造表单
表格生成器	构造表格
选项按钮组生成器	构造选项按钮组，用于选择若干互斥选项中的一个
参照完整性生成器	帮助设置触发器，以控制如何在相关表中插入、更新或删除记录
自动格式生成器	格式化一组控件
应用程序生成器	创建应用程序或应用程序框架

1.3.4　Visual FoxPro 6.0 的项目管理器

项目是指文件、数据、文档和 VFP 对象的集合。项目管理器是创建和管理项目的一个极为便利的工作平台，是 VFP 处理数据和对象的主要组织工具和控制中心。项目管理器将一个应用系统开发过程中使用的数据库、表、查询、表单、报表、各种应用程序和其他一切文件集合成一个有机的整体，形成一个扩展名为 PJX 的项目文件。项目文件通过编译可生成扩展名为 APP 的应用程序，在 VFP 环境下运行；或生成扩展名为 EXE 的可执行文件，直接在 Windows 环境下运行。

用户在开发一个应用系统时，通常先从创建项目文件开始，利用项目管理器来组织和管理项目中的各类数据和对象。

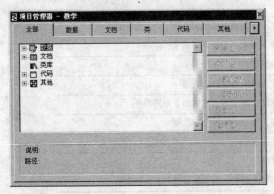

图 1.8　项目管理器

需要说明的是：项目文件中保存的并非是它所包含的文件，而只是对这些文件的引用。因此，对于项目中的任何文件，既可以通过项目管理器修改，也可以单独修改。

1．启动项目管理器

通过选择"文件|新建|项目|新建文件"，或选择"文件|打开"已有的项目文件，可启动如图 1.8 所示的项目管理器。

2．项目管理器的组成

项目管理器为数据提供了一个组织良好的分层结构视图，并用不同的选项卡分类显示项目中的各种文件。各选项卡的名称及功能简介如表 1.5 所示。

表 1.5　项目管理器选项卡名称及其作用

选 项 卡	作 用
全部	包含以下 5 个选项卡的全部内容，用来集中显示项目中的所有文件
数据	包含一个项目中的所有数据，如数据库、自由表、查询和视图
文档	包含数据处理时所用的全部文档，如输入和查看数据所用的表单、打印表和查询结果所用的报表及标签
类	用来显示和管理类库文件
代码	包含用户的所有代码程序文件，如程序文件（.PRG）和应用程序（.APP 或 .EXE）等
其他	用来显示和管理上述文件以外的文件，如菜单文件和文本文件等

项目管理器中的项以类似大纲的结构来组织，可以将其展开或折叠，以便查看不同层次中的详细内容。如项目中含有一个以上同一类型的项，其类型符号左边会显示一个"＋"或"－"，单击"＋"可将此项包含的内容展开，单击"－"可折叠已展开的列表。

"项目管理器"窗口右侧有 6 个命令按钮，分别提供"新建"、"添加"、"修改"、"运行"、"移去"、"连编"等常用操作，其作用如表 1.6 所示。

表 1.6　项目管理器命令按钮及其作用

按 钮 名 称	作 用
新建	用于创建一个新文件或对象，如新建一个数据库或一个表单
添加	用于把已经存在的文件添加到项目中
修改	用于修改项目中指定的文件
运行	用于运行项目中选定的文件
移去	用于从项目中移去所选定的文件或从磁盘中将其删除
连编	用于建立应用程序（.APP）或可执行文件（.EXE）

注意：在项目管理器中，新建的文件自动包含在该项目文件中，利用"文件"菜单的"新建"命令创建的文件是不属于任何项目文件的，但可以通过项目管理器的"添加"命令添加到项目中。

项目管理器中的这 6 个命令按钮会随着所选文件类型的不同而动态改变。例如，选中数据库表或自由表时，"运行"按钮将改变为"浏览"按钮，用于浏览表中的数据信息。

当在项目管理器中选中某个具体文件时，底部的"说明"栏中会显示该文件的描述信息或其他说明信息，同时在"路径"栏中显示该文件在磁盘中的存储位置。

3．定制项目管理器

用户可以根据需要定制项目管理器窗口，改变其外观。

（1）移动和缩放项目管理器　通常情况下，项目管理器显示为一个独立的窗口，可以移动其位置或改变其大小。将鼠标指向标题栏，然后按住鼠标左键拖动，可以将窗口移到屏幕的任意位置。将鼠标指向项目管理器窗口的顶端、底端、两边或角上，当鼠标指针变成双向箭头时，拖动鼠标可扩大或缩小窗口尺寸。

（2）展开或折叠项目管理器　项目管理器窗口选项卡右边的箭头按钮用于展开或折叠项目管理器。该按钮为向上箭头时，单击它可将项目管理器窗口折叠（如图 1.9 所示），以节省屏幕空间；该按钮为向下箭头时，单击它可将项目管理器窗口展开。

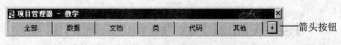

图 1.9　折叠后的项目管理器

（3）拆分项目管理器　项目管理器窗口折叠以后，可以进一步拆分，使其中的选项卡成为独立、浮动的窗口，并根据需要重新安排它们的位置。选定一个选项卡后，将它拖离项目管理器即可，如图 1.10 所示。

当选项卡处于浮动状态时，右击选项卡，可以通过快捷菜单访问"项目"菜单中的各项命令。单击选项卡上的图钉图标，可以使该选项卡始终显示在屏幕的最顶层，不会被其他窗口遮住；再次单击图钉图标，可取消这种"顶层显示"设置。若要还原拆分的选项卡，可以单击选项卡上的关闭按钮，或者直接将选项卡拖回项目管理器窗口。

（4）停放项目管理器　项目管理器还可以附加或停放到 VFP 的主窗口，成为工具栏的一部分，此时它不能展开，但可以单击某个选项卡进行操作。将项目管理器拖到工具栏中即成为工具栏的一部分；也可从工具栏中将其拖开，成为一个游离窗口。

图 1.10　拆分后的"数据"选项卡

4．项目管理器的操作

（1）添加或移去文件　在 VFP 中，可以添加已经存在的文件，或移去无用的文件。

在项目管理器中添加文件的操作是：

① 选择要添加文件的类型。

② 单击"添加"按钮，打开"打开"对话框。

③ 在"打开"对话框中选择要添加的文件，然后单击"确定"按钮。

从项目管理器中移去文件的操作是：

① 从项目中选定需要移去的文件或对象。

② 单击"移去"按钮，出现"提示"对话框。

③ 在对话框中，单击"移去"按钮，将选定的文件或对象从项目中移去。单击"删除"按钮，将该文件或对象从硬盘上删除，并且不可恢复。

（2）创建和修改文件　在项目管理器中，可以创建一个新的文件或修改已有的文件。方法是：选定要创建的文件类型，单击"新建"按钮；或选定已有的文件，单击"修改"按钮，VFP 将激活相应的设计器或向导。

（3）为文件添加说明　适当地为文件添加说明信息，会为使用项目管理器带来很大的方便。操作方式是：

① 在项目管理器中选定需要添加说明信息的文件。

② 选择"项目|编辑说明"命令，或者右击选定的文件，从快捷菜单中选择"编辑说明"命令。

③ 在出现的"说明"对话框中输入该文件的说明信息。

此外，项目管理器还提供了浏览表和视图，查询表单、报表，运行应用程序，连编项目等操作，这些功能将在后续章节中介绍。

1.4　Visual FoxPro 6.0 系统的配置

VFP 安装和启动之后，系统自动地用一些默认值来设置环境，用户也可以定制自己的系统环境以满足开发应用系统的需要，如设置主窗口标题、默认目录、项目、编辑器、调试器及表单工具选项、临时文件存储、拖放字段对应的控件和其他选项等内容。系统配置决定了系统的外观和行为，其优劣将直接影响到系统的运行效率和操作的方便性。

配置 VFP 可以使用"选项"对话框或 SET 命令，这里主要介绍"选项"对话框的使用，SET 命令的使用参见附录 A。

1. 使用"选项"对话框配置系统

选择"工具|选项"命令，打开"选项"对话框，如图 1.11 所示。对话框中包括 12 个选项卡，分别用于不同类别环境的设置，各选项卡的名称和设置功能如表 1.7 所示。

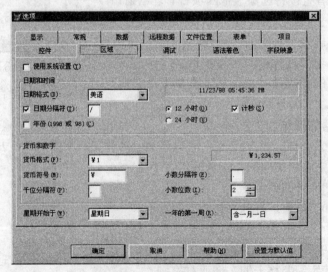

图 1.11　"选项"对话框

表 1.7　"选项"对话框中的选项卡及其功能

选　项　卡	设　置　功　能
显示	设置界面，如是否显示状态栏、时钟、命令结果或系统信息等
常规	设置数据输入和程序设计选项，如设置警告声音、调色板使用的颜色等
数据	对数据库进行设置，如是否使用 Rushmore 优化等
远程数据	设置对远程数据的访问，如联接超时限定值、一次拾取记录数目，以及如何使用 SQL 更新
文件位置	设置文件的位置，如 VFP 默认目录、帮助文件及辅助文件的存储位置等
表单	设置表单设计器，如网格面积、所用刻度单位等
项目	设置项目管理器，如是否提示使用向导、双击时运行或修改文件以及源代码管理等
控件	设置"表单控件"工具栏中"查看类"按钮所提供的可视类库和 ActiveX 控件
区域	设置日期、时间、货币格式等
调试	设置调试器显示及跟踪选项，如使用什么字体与颜色
语法着色	设置程序元素使用的字体和颜色，如程序中的注释语句及关键字的字体和颜色
字段映像	设置从数据环境设计器等向表单拖放表或字段时创建的控件类型

在"选项"对话框中可以用交互方式设置或查看系统配置。如默认情况下，系统显示的日期格式为"美语"，2006 年 7 月 20 日将显示为"07/20/06"。要改变默认的日期格式，可选择图 1.11 中的"区域"选项卡，在"日期格式"列表框中选择"汉语"，则日期就显示为"2006 年 7 月 20 日"的形式。

另外，为便于管理，用户可以建立自己的工作目录，将开发的应用系统与 VFP 系统自带的文件分开存放。方法是：在"选项"对话框中选择"文件位置"选项卡，如图 1.12 所示。在文件类型中选中"默认目录"项，单击"修改"按钮，出现"更改文件位置"对话框，选中"使用默认目录"复选框后激活"定位默认目录"文本框，然后就可以输入用户自己的工作路径了。设置默认目录后，在 VFP 中新建的文件将自动保存到该文件夹中。

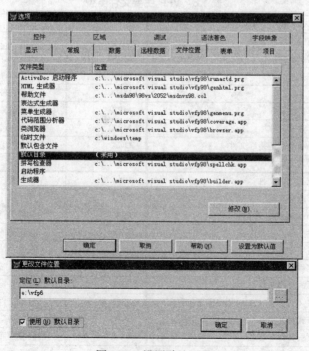

图 1.12　设置默认目录

2．保存设置

在"选项"对话框中所做的设置可以是临时的，也可以是永久的。临时设置保存在内存中，退出 VFP 时释放。永久设置保存在 Windows 注册表中，作为以后再次启动 VFP 的默认设置值。

（1）将设置保存为仅在当前工作期有效

① 在"选项"对话框中根据需要设置各选项卡中的参数。

② 单击"确定"按钮。

这是一种临时保存方式，所做的设置仅在本次系统运行期间有效。

（2）将设置保存为永久性设置

① 在"选项"对话框中更改设置。

② 单击"设置为默认值"按钮。

③ 单击"确定"按钮。

这种保存方式可将设置参数永久地保存在 Windows 注册表中，以后每次启动 VFP 时，环境设置都继续有效，直到用同样的方法更改为止。

1.5 Visual FoxPro 6.0 的文件类型

在 VFP 系统中创建数据库应用系统时会产生许多种类型的文件，如项目文件、数据库文件、表文件、表单文件及相应的关联文件等，它们用不同的文件扩展名区分。关联文件通常是 VFP 数据库管理系统本身使用的，用户一般不需要直接使用，也不可随意删除，否则将不能进行正常的数据操作和处理。

表 1.8 列出了 VFP 常用的主要文件扩展名及其关联的文件类型。

表 1.8　VFP 主要文件类型

扩 展 名	文 件 类 型	扩 展 名	文 件 类 型
.APP	生成的应用程序文件	.LBX	标签文件
.CDX	复合索引文件	.MEM	内存变量文件
.DBC	数据库文件	.MNT	菜单备注文件
.DBF	表文件	.MNX	菜单文件
.DCT	数据库备注文件	.MPR	生成的菜单程序文件
.DCX	数据库索引文件	.MPX	编译后的菜单程序文件
.DLL	Windows 动态链接库文件	.OCX	OLE 控件文件
.ERR	编译错误文件	.PJT	项目备注文件
.ESL	VFP 支持的库文件	.PJX	项目文件
.EXE	可执行程序文件	.PRG	程序文件
.FLL	FoxPro 动态链接库文件	.QPR	生成的查询程序文件
.FPT	表备注文件	.QPX	编译后的查询程序文件
.FRT	报表备注文件	.SCT	表单备注文件
.FRX	报表文件	.SCX	表单文件
.FXP	编译后的程序文件	.TBK	备注备份文件
.H	头文件（VFP 或 C/C++程序需要包含的）	.TXT	文本文件
.HLP	图形方式帮助文件	.VCT	可视类库备注文件
.IDX	独立索引文件	.VCX	可视类库文件
.LBT	标签备注文件	.WIN	窗口文件

习 题 1

1.1 思考题

1. 什么是数据处理？数据处理经历了哪几个发展阶段？

2. 常用的数据模型有几种，它们的主要特征是什么？

3. 什么是关系数据库？其特点有哪些？

4. 简述 VFP 的两种工作方式及其特点。

5. 如何使用项目管理器？

6. 如何对 VFP 系统进行配置？

1.2 选择题

1. 以一定的组织方式存储在计算机存储设备上，能为多个用户所共享的与应用程序彼此独立的相关数据的集合称为（   ）。

   （A）数据库　　　（B）数据库系统　　　（C）数据库管理系统　　　（D）数据结构

2. 数据库 DB、数据库系统 DBS 和数据库管理系统 DBMS 之间的关系是（   ）。

   （A）DBMS 包括 DB 和 DBS　　　　　　（B）DBS 包括 DB 和 DBMS

   （C）DB 包括 DBS 和 DBMS　　　　　　（D）DB、DBS 和 DBMS 是平等关系

3. 用二维表结构来表示实体与实体之间联系的数据模型称为（   ）。

   （A）层次模型　　　（B）网状模型　　　（C）关系模型　　　（D）表格模型

4. 数据库系统的核心是（   ）。

   （A）数据库　　　（B）操作系统　　　（C）数据库管理系统　　　（D）文件

5. 下列关于数据库系统的叙述中，正确的是（   ）。

   （A）数据库系统只是比文件系统管理的数据更多

   （B）数据库系统中数据的一致性是指数据类型一致

   （C）数据库系统避免了数据冗余

   （D）数据库系统减少了数据冗余

6. 数据库系统与文件系统的主要区别是（   ）。

   （A）文件系统不能解决数据冗余和数据独立性问题，而数据库系统可解决

   （B）文件系统只能管理少量数据，数据库系统则能管理大量数据

   （C）文件系统只能管理程序文件，数据库系统则能管理各种类型的文件

   （D）文件系统简单，而数据库系统复杂

7. 下面有关关系数据库主要特点的叙述中，错误的是（   ）。

   （A）关系中每个属性必须是不可分割的数据单元

   （B）关系中每一列元素必须是类型相同的数据

   （C）同一个关系中不能有相同的字段，也不能有相同的记录

   （D）关系的行、列次序不能任意交换，否则会影响其信息内容

8. VFP 是一种关系数据库管理系统，所谓关系是指（   ）。

   （A）各条记录的数据之间有一定的关系

   （B）各个字段之间有一定的关系

   （C）一个数据库文件与另一个数据库文件之间有一定的关系

   （D）数据模型符合满足一定条件的二维表格式

9. 下面关于 VFP 项目管理器的叙述中，错误的是（　　）。

（A）项目管理器是 VFP 系统处理数据和对象的主要组织工具和控制中心

（B）项目管理器为数据提供了一个组织良好的分层结构视图

（C）用户不可以随意改变项目管理器窗口的外观

（D）根据所选文件类型的不同，项目管理器窗口中的命令按钮是动态改变的

1.3　填空题

1. 数据库技术研究在_____环境下如何合理组织数据、有效管理数据和高效处理数据。

2. 数据库中的数据是有结构的，这种结构由数据库管理系统所支持的_____表现出来。

3. 数据库系统不仅可以表示实体内部各数据项之间的联系，而且可以表示_____的联系。

4. 数据库系统包括硬件系统、_____、_____、数据库管理员和用户五大部分。

5. 关系数据库中每个关系的形式是_____。

6. 在 VFP 中通过选择菜单来执行 VFP 命令与在_____中逐条输入命令，得到的结果是一样的。

7. 在 VFP 中，利用_____工具，用户无须涉及命令即可快速、方便地创建并定制应用程序的组件，如表、表单、报表、查询等。

8. 在 VFP 中，项目是指文件、数据、文档和 VFP 对象的集合，通过_____可将一个应用系统开发过程中使用的数据库、表、查询、表单、报表、各种应用程序和其他一切文件集合成一个有机的整体，形成一个扩展名为_____的项目文件。

1.4　上机练习题

1. 启动 VFP 系统，熟悉其操作界面，如窗口、菜单、工具栏等。

2. 熟悉项目管理器的组成并练习定制项目管理器。

3. 学会使用"选项"对话框配置 VFP 的系统环境，如设置日期和时间格式、设置默认目录等。

第 2 章　Visual FoxPro 6.0 语言基础

VFP 是关系型数据库管理系统，能管理和操作数据库；同时也是一种高级程序设计语言，具有一般计算机语言的特点。要开发高质量的数据库应用系统，必须掌握 VFP 语言。本章主要介绍 VFP 中使用的数据类型、运算符、表达式、函数及数据存储方式等内容。

2.1　数　据　类　型

数据类型决定了数据的存储方式和运算方式，要管理和操作数据，首先需要定义其类型。在 VFP 中，数据类型有以下 13 种。

1. 字符型（Character）　是用各种文字字符表示的数据，由字母、数字、汉字、符号和空格等组成。长度为 0～254 字节，每个半角字符占 1 字节。字符型数据可用来保存姓名、地址和不需要进行算术运算的数字（如电话号码、邮编）等。

2. 数值型（Numeric）　是可以进行算术运算的数据，由数字 0～9、小数点、正或负号构成，最多 1～20 位。宽度包含小数点和小数位数。在内存中，占用 8 字节，取值范围在 $-0.9999999999 \times 10^{19}$～$0.9999999999 \times 10^{20}$ 之间，存储时需要转换成 ASCII 码。

3. 货币型（Currency）　表示货币量时用货币型来代替数值型数据，占用 8 字节，取值范围在-922337203685477.5808～922337203685477.5807 之间，小数位超过 4 位时将自动四舍五入到四位。

4. 逻辑型（Logic）　是用来进行各种逻辑判断的数据，只有两个值：真或假，长度固定为 1 字节。实际存储时只存放 T 或 F 两个字母中的一个。

5. 日期型（Date）　是用来表示日期的数据，存储格式为"YYYYMMDD"，其中 YYYY 代表年，MM 代表月，DD 代表日，长度固定为 8 字节。

日期型数据的表示有多种格式，VFP 默认的是美国日期格式"MM/DD/YY"，如 1996 年 3 月 20 日表示为"03/20/96"。可以通过 SET DATE，SET CENTURY 命令或通过"工具|选项"菜单，打开"选项"对话框，设置其他日期格式。

日期型数据的取值范围是：公元 0001 年 1 月 1 日～公元 9999 年 12 月 31 日。

6. 日期时间型（DateTime）　是用来描述日期和时间的数据，存储格式为"YYYYMMDDHHMMSS"，其中 YYYY 代表年，前两个 MM 代表月，DD 代表日，HH 代表小时，后两个 MM 代表分钟，SS 代表秒，长度固定为 8 字节。

日期时间型数据的日期部分也具有多种显示格式，并可以通过 SET DATE，SET CENTURY 命令进行设置；时间部分的显示格式可以通过 SET HOURS，SET SECONDS 等命令进行设置。取值 00:00:00A.M.～11:59:59P.M.。

以下数据类型只能用于数据表中的字段。

7. 整型（Integer）　是指不包含小数点部分的数值，以二进制形式存储，长度固定为 4 字节，取值范围在-2147483647～2147483646 之间。

8. 浮点型（Float）　是数值型数据的一种，与数值型数据完全等价，但在存储形式上采取浮点格式，由尾数、阶数及字母 E 组成，占用 8 字节。采用浮点型数据的主要目的是使计算具有较高的精度。

9. 双精度（Double） 是具有更高精度的数值型数据，占用 8 字节，取值范围在 ±4.94065645841247E−324～±1.797693413486232E+308 之间。

10. 备注型（Memo） 存储字符型数据块，长度固定为 4 字节，用来存储指向实际数据存放位置的地址指针，实际数据存放在与数据表文件同名的.FPT 文件中，其长度仅受磁盘空间的限制。

11. 通用型（General） 存储 OLE 对象，该字段包含了对 OLE 对象的引用，OLE 对象的实际内容由其他应用程序建立，可以是文档、图片、电子表格等对象。通用型数据固定长度固定为 4 字节，用来存储指向.FPT 文件位置的地址指针。

12. 字符型（二进制）数据 用于存储任意不经过代码页修改而维护的字符型数据，长度为 1～254 字节。

13. 备注型（二进制）数据 用于存储任意不经过代码页修改而维护的备注型数据，长度固定为 4 字节。

数据类型是数据的基本属性，对数据进行操作时，数据必须是同类型的；若同时对不同类型的数据进行操作，系统将判语法出错。

2.2 数 据 存 储

在 VFP 中，将用于存储数据的常量、变量、数组、字段、记录和对象称为数据的存储容器，它们决定了数据的类型和存储方法。

2.2.1 常量

常量是指在数据处理过程中其值保持不变的量。VFP 支持 6 种类型的常量，即数值型、字符型、逻辑型、日期型、日期时间型和货币型。

1. 数值型

数值型常量是数学中的十进制整数或小数，例如 10.25，−123.567（记为 N 型）。要表示很大或很小的数值型常量，可采用科学计数法，例如，1.234×10^{15} 用 1.234E+15 表示，1.234×10^{-15} 用 1.234E−15 表示（数值型常量的浮点格式，也称浮点型常量，记为 F 型）。

2. 字符型

字符型常量是用定界符括起来的字符串。定界符有三种，即西文单引号、双引号和方括号，字符串由汉字和 ASCII 码中可打印的字符组成，如'abc'，"123"，[VFP 数据库]。若无定界符，系统会把该字符串当成变量名。

注意：字符型常量的定界符必须成对出现，不能一边用单引号而另一边用双引号。当字符串本身包含一种定界符时，必须使用另一种定界符来表示该字符串常量，如"古语云：'一份耕耘一份收获'"。

3. 逻辑型

逻辑型常量用下圆点定界符括起来，只有真和假两个值。用.T., .t., .Y., .y.表示逻辑真；用.F., .f., .N., .n.表示逻辑假。圆点和字母都必须是半角符号，相互之间不能有空格。

4．日期型

日期型常量用来表示一个确切的日期，用花括号作为定界符，默认为美国日期格式（MM/DD/YY）。日期型常量通常通过转换函数 CTOD(〈字符表达式〉)把日期格式的字符串转换成日期型数据，例如，2007 年 3 月 20 日可用 CTOD("03/20/07")表示为日期型常量。通过 SET DATE，SET CENTURY 等命令可以改变默认的日期格式。

（1）SET DATE 命令

格式：SET DATE TO AMERICAN｜ANSI｜BRITISH｜FRENCH｜GERMAN｜ITALIAN｜
JAPAN｜USA｜MDY｜DMY｜YMD

功能：设置当前日期的格式，设置结果如表 2.1 所示。

说明：命令行中的竖杠分隔内容表示选择其中的一项。

表 2.1　常用日期格式及其设置

设　置	格　式	设　置	格　式
AMERICAN	MM/DD/YY	JAPAN	YY/MM/DD
ANSI	YY.MM.DD	USA	MM-DD-YY
BRITISH/FRENCH	DD/MM/YY	MDY	MM/DD/YY
GERMAN	DD.MM.YY	DMY	DD/MM/YY
ITALIAN	DD-MM-YY	YMD	YY/MM/DD

（2）SET CENTURY 命令

格式：SET CENTURY ON｜OFF

功能：设置年份的位数，ON 指定年份为 4 位，OFF 指定年份为 2 位。

【例 2.1】　用不同的日期格式显示系统的当前日期。

在命令窗口中输入以下命令（从 &&开始的内容为注释部分，可以不输入），并分别按回车键执行。

注意：后面的例子中用到的命令都是在命令窗口中输入，按回车键执行的。

```
?DATE()  && 调用日期函数
SET DATE TO YMD              && 设置年月日格式
?DATE()
SET CENTURY ON              && 设置年份为 4 位数字
?DATE()
```

显示结果为：

```
05/20/10                    && 按默认的美国日期格式显示
10/05/20                    && 按年月日格式显示
2010/06/20                  && 年份用 4 位数字显示
```

在 VFP 中，还有一种严格的日期格式，其格式为{^YYYY-MM-DD}。(^)符号表明该格式是严格的日期格式，并按照 YMD 的格式解释。严格的日期格式可以在任何情况下使用，不受 SET DATE，SET CENTURY 等语句设置的影响。例如，2006 年 3 月 20 日用严格的日期格式可表示为{^2006-03-20}。

5．日期时间型

日期时间型常量包括日期和时间两部分内容，例如，2006 年 03 月 20 日 11 时 35 分 15 秒可表示为{^2006-03-20 12:30:15}。

6．货币型

货币型常量用符号"$"来标识，如$567.8。

2.2.2 变量

变量是指在数据处理过程中其值可以改变的量，包括字段变量和内存变量两种。内存变量又分为一般内存变量、系统内存变量和数组变量。

1．变量的命名

每个变量都有一个名称，叫做变量名。变量名的命名规则是：

（1）由汉字、字母、数字和下划线组成，而且必须以汉字、字母或下划线开头。

（2）长度为 1～128 个字符，国标基本集上的一个汉字占 2 个字符位，扩充集上的一个汉字占 4 个字符位。

（3）不能使用 VFP 的保留字。

2．字段变量

字段变量存在于数据表文件中，每个数据表中都包含若干个字段变量，其值随着数据表中记录的变化而改变。要使用字段变量，须先打开包含该字段的表文件。

在数据表中，对字段变量必须先定义后赋值，然后才可以使用。对字段变量的定义是在定义数据表结构时完成的，主要给出变量名、变量类型、变量宽度及数值型数据的小数位数等。有关字段变量的定义和使用将在第 3 章介绍。

3．内存变量

内存变量独立于数据表文件，存在于内存之中，是一种临时的工作单元，需要时可以临时定义，不需要时可以随时释放，常用来存储常数、程序运行的中间结果及最终结果。内存变量的类型取决于赋予的变量值类型，可以把不同类型的数据赋给同一个变量。内存变量的数据类型有：字符型(C)、数值型(N)、货币型(Y)、逻辑型(L)、日期型(D)和日期时间型(T)。

当内存变量名与数据表中的字段变量名相同时，如要先访问该内存变量，必须在变量名前加上前缀 M.或 M->（由减号加大于号组成），否则，系统将优先访问同名的字段变量。

（1）建立内存变量

在 VFP 中，给变量命名，应力求"见名知义"。简单内存变量不必事先定义，可以直接通过赋值语句建立。变量的赋值命令有以下两种格式。

格式 1：<内存变量名> = <表达式>　　　　　　　　 && 等号"="是赋值语句

格式 2：STORE <表达式> TO <内存变量名>

功能：在定义内存变量名的同时确定内存变量的值和类型。

说明：

① 定义内存变量名、赋值和确定变量的类型在同一个命令中完成。

② 语句中的<表达式>可以是一个具体的值，也可以是一个表达式。如果是表达式，系统将先计算表达式的值，再将此值赋给变量。

③ 格式 1 一次只能给一个内存变量赋值，而格式 2 可以同时给多个变量赋相同的值，但是要求各变量之间必须用西文逗号隔开。

④ 可以通过给内存变量重新赋值来改变其值和类型。

【例2.2】 定义变量。

X = 5	&& 定义变量 X，并把数值 5 赋给 X
STORE X+10 TO Y	&& 定义变量 Y，并将表达式 X+10 的值赋给 Y
STORE "北京" TO A,B,C	&& 定义变量 A，B，C，并赋给相同的字符数据
X = .F.	&& 重新定义变量 X，并赋给逻辑值.F.

（2）输出内存变量的值

格式 1：?〈表达式表〉

格式 2：??〈表达式表〉

功能：计算〈表达式表〉中各表达式的值并在屏幕上显示出来。

说明：格式 1 在输出前先执行一次回车换行，再输出各表达式的值；格式 2 直接在当前光标所在位置处输出表达式的值。

【例2.3】 输出内存变量的值，接例 2.2 的命令操作，继续在命令窗口中输入以下命令，按回车键执行。

      ? X
      ?? A,B,C
      ? Y

显示结果：

      .F.北京 北京 北京
           15

（3）显示或打印内存变量

格式：LIST│DISPLAY MEMORY [LIKE 〈通配符〉][TO PRINTER│TO FILE 〈文件名〉]

功能：显示或打印内存变量的当前信息。

说明：

① 命令行中方括号中的内容是可选的，尖括号中的内容由用户提供。

② TO PRINTER 表示将显示的结果送打印机输出。

③ TO FILE 〈文件名〉表示将显示结果保存到一个扩展名为.TXT 的文本文件中。

④ LIKE 〈通配符〉表示显示或打印所有与通配符一致的内存变量，通配符包括"?"和"*"。"?"表示任意一个字符，"*"表示任意多个字符。

⑤ LIST 和 DISPLAY 用法相同，区别仅在于 LIST 连续显示，DISPLAY 分页显示。

⑥ 无任何选项时，将显示当前内存中的下列信息：已定义的内存变量或数组变量、已定义的菜单系统、下拉菜单和窗口等用户定义信息，以及系统内存变量信息。

⑦ 显示信息的第 1 列为内存变量的名字，第 2 列为变量的作用域，第 3 列为变量的类型，第 4 列为变量的值，第 5 列为数值型内存变量的计算机内部表示。

【例2.4】 显示内存变量。

M1 = "123"	&& 表示把字符串 123 赋值给 M1
M2 = 5	&& 表示把数值的 5 赋值给 M2
M3 = .F.	&& 表示把逻辑值.F.赋值给 M3
LIST MEMORY LIKE M*	&& 显示所有第 1 个字符为 M 的内存变量信息

显示结果：

M1	Priv	C	"123"	&& 表示 123 是字符串，不是数值
M2	Priv	N	5	(5.00000000)
M3	Priv	L	.F.	

（4）释放内存变量

释放内存变量就是将内存中的内存变量删除，腾出在内存中所占用的空间。

格式 1：CLEAR MEMORY   && 释放所有内存变量

格式 2：RELEASE ⟨内存变量名表⟩

格式 3：RELEASE ALL [LIKE ⟨通配符⟩|EXCEPT ⟨通配符⟩]

功能：释放所有内存变量或指定的内存变量。

说明：

① 命令只清除用户自定义的内存变量，而不清除系统内存变量。

② 带 LIKE ⟨通配符⟩的选项表示清除与通配符相匹配的内存变量，带 EXCEPT⟨通配符⟩的选项表示清除与通配符不相匹配的内存变量。

【例 2.5】 清除内存变量的几种情况举例。

RELEASE M1   && 释放内存变量 M1

RELEASE ALL LIKE M*   && 释放所有第 1 个字母为 M 的内存变量

RELEASE ALL   && 释放所有内存变量，该命令与 CLEAR MEMORY 的效果相同

4．系统内存变量

系统内存变量是指 VFP 系统定义的一些变量，通常以下划线"_"开头，如_PAGENO，_ALIGNMENT 等。

5．数组

数组是内存中连续的一片存储区域，由一组变量组成。每个数组元素通过数组名及相应的下标被引用，相当于一个一般内存变量。通过赋值语句可以为各个元素分别赋值，且所赋值的数据类型可以不同。

（1）数组的定义

格式：DIMENSION ⟨数组名 1⟩(⟨数值表达式 1⟩ [,⟨数值表达式 2⟩])[,⟨数组名 2⟩

(⟨数值表达式 3⟩ [,⟨数值表达式 4⟩])]…

功能：定义一个或若干个一维或二维数组。

说明：

① DIMENSION 命令与 DECLEAR 命令等价，且可以同时定义多个数组。

② ⟨数值表达式⟩为数组下标，当只选择⟨数组名 1⟩和⟨数值表达式 1⟩时，定义的是一维数组，如 DIMENSION aa(5)，数组 aa 中包含 5 个元素：aa(1)，aa(2)，aa(3)，aa(4)和 aa(5)；当选择⟨数组名 1⟩、⟨数值表达式 1⟩和⟨数值表达式 2⟩时，定义的是二维数组，如 DIMENSION bb(2,4)，数组 bb 中包含 8 个元素：bb(1,1)，bb(1,2)，bb(1,3)，bb(1,4)，bb(2,1)，bb(2,2)，bb(2,3)和 bb(2,4)。

注意：数组下标的引用从 1 开始。

③ 数组的下标可以用圆括号或方括号括起来，如 DIMENSION aa(5)与 DIMENSION aa[5]等价。

④ 数组定义后，系统自动给每个元素赋以逻辑假值.F.。可以用有关命令给每个数组元素重新赋值。

⑤ 在同一运行环境下，数组名不能与单个内存变量重名。

【例 2.6】 定义一个一维数组 AA 和一个二维数组 BB 举例。

```
DIMENSION   AA(5)，BB(2,3)        && 定义一个一维数组 AA 和一个二维数组 BB
STORE   0   TO   AA              && 将数值 0 赋给数组 AA 中的所有元素
BB(1,1) = "XYZ"                  && 将字符串 XYZ 赋给数组元素 BB(1,1)
BB(2,1) = 125                    && 将数值 125 赋给数组元素 BB(2,1)
BB(2,3) = .T.                    && 将逻辑真值 T 赋给数组元素 BB(2,3)
DISPLAY   MEMORY                 && 查看数组变量
```

2.2.3 其他数据存储容器

1．字段、记录和数据表

数据表是一系列相关数据的集合。字段是数据表中存储、处理数据的基本元素，一个具体的字段只能存储一种类型的数据。记录是数据表中一组字段的集合，同一个数据表中的所有记录都具有相同的字段名，且同名字段在每个记录中的数据类型、数据长度都是相同的。字段和记录构成了一个数据表的全部内容，在 VFP 中就是以记录为单位组织数据的。

2．对象

对象（Object）是一个具有属性和行为特征的实体，在面向对象程序设计中，对象是编程的基本元素，它将某一数据和使用该数据的一组基本操作或过程封装在一起，构成一个统一体。每个对象都有自己的属性和行为特征。VFP 的对象可以是表单、表单集或各种控件。有关对象的概念和使用将在第 7 章中具体介绍。

2.3 运算符和表达式

运算符是对相同类型的数据进行运算操作的符号。用运算符将常量、变量和函数等数据联接起来的式子称为表达式。表达式的类型由运算符的类型决定，每个表达式按照规定的运算规则产生一个唯一的值。

2.3.1 数值运算符及数值表达式

数值表达式是由算术运算符将数值型常量、变量和函数等联接起来的式子，其结果仍是数值型数据。

VFP 提供的算术运算符如表 2.2 所示，它们的作用与数学中的算术运算符相同，运算优先级依次为：括号→乘方→乘、除、取模→加、减，其中乘、除和取模同级，加和减同级。同级时，分别从左到右进行计算。

表 2.2 算术运算符

运　算　符	名　　称	运　算　符	名　　称
** 或 ^	乘方	%	取模（或求余）
*	乘	+	加
/	除	－	减

【例 2.7】 计算数值表达式的值。

? 2*10/5,128%5	&& （注意表达式间用半角逗号隔开）结果为 4 3
x=2	&& 把数值 2 赋值给 x
y=3	&& 把数值 3 赋值给 y
z=4	&& 把数值 4 赋值给 z
?(x*y-4)/2	&& 结果为 1.0000

2.3.2 字符串运算符及字符表达式

字符表达式是由字符串运算符将字符型常量、变量和函数等联接起来的式子，其结果仍然是字符型数据。字符串运算符有以下两种，它们的优先级相同。

（1）+ 两个字符串首尾相连形成一个新的字符串。

（2）– 两个字符串相连，并将前字符串尾部的空格移到合并后的新字符串的尾部。

【例 2.8】 字符串运算。

?"ABCD "+"EFG"+"1234"	&& 结果为 ABCD EFG1234
?"ABCD "–"EFG"+"1234"	&& 结果为 ABCDEFG 1234

2.3.3 日期运算符及日期表达式

日期表达式是由日期运算符将日期型常量、变量、函数等联接起来的式子，其结果为日期型数据或者数值型数据。日期型运算符只有加法(+)和减法(–)两种。

〈日期型数据〉+〈数值型数据〉：结果为日期型数据（指定日期若干天后的日期）

〈日期型数据〉–〈数值型数据〉：结果为日期型数据（指定日期若干天前的日期）

〈日期型数据〉–〈日期型数据〉：结果为数值型数据（两个日期相差的天数）

【例 2.9】 日期运算。

Set date to YMD	&& 设置日期格式为年月日的形式
? {^2007-01-20} + 5	&& 结果为日期 2007/01/25
? {^2007-01-20} – 5	&& 结果为日期 2007/01/15
? {^2007-01-20} – {^2006-10-28}	&& 结果为天数 84

2.3.4 关系运算符及关系表达式

关系表达式是由关系运算符、数值表达式、字符表达式或者日期型表达式组合而成的式子，其结果为逻辑真值(.T.)或逻辑假值(.F.)。

关系运算符及其含义如表 2.3 所示。

表 2.3 关系运算符

运 算 符	名 称	运 算 符	名 称
<	小于	<=	小于等于
>	大于	>=	大于等于
=	等于	==	字符串精确比较
<>, #., !=	不等于	$	字符串包含比较

说明：

（1）关系运算符的优先级相同，从左到右依次进行比较。

（2）关系运算符的两边可以是字符表达式、数值表达式或者日期表达式，但两边的数据类型必须一致。

（3）数值型数据按数值的大小比较，日期型数据依次按年月日的值比较。字符型数据按照其机内码顺序比较，对于西文字符，是 ASCII 码的值；对于汉字，是汉字国标码的值。常用的一级汉字按照拼音顺序排列。两个字符串比较时，自左至右逐个字符进行比较。

（4）字符串包含运算符"$"用来检测左边的字符串是否包含在右边的字符串中，若包含（即前者是后者的一个子字符串），结果为逻辑真；否则，结果为逻辑假。

（5）字符串精确比较运算符"=="用于精确匹配，即只有当两个字符串完全相同时，结果才为逻辑真；否则，结果为逻辑假。

在用等号比较运算符"="比较两个字符串时，运算结果与系统的设置状态 SET EXACT ON|OFF 有关。当处于 OFF 状态时（这是系统的默认状态），进行的是不精确匹配，只要"="右边的字符串是左边字符串的前缀，结果就为真。当处于 ON 状态时，进行的是精确匹配，只有"="两边的字符串完全相同，结果才为真。

无论 EXACT 为 ON 还是 OFF，字符串精确比较运算符"=="进行的都是精确匹配。

EXACT 的状态设置可以用命令方式完成，也可以选择"工具|选项"命令，打开"选项"对话框，在"数据"选项卡中设置。

【例 2.10】 计算关系表达式的值。

```
①  ? {^2002-01-20}>{^2001-12-30}, "Fox" $ "FoxPro", 5+5 < 6
S1 = "读者"                          && 把字符串常量"读者"赋值给 S1
S2 = "读者文摘"                       && 把字符串常量"读者文摘"赋值给 S2
SET EXACT ON
②  ? S1=S2, S2=S1, S2==S1
SET EXACT OFF
③  ? S1=S2, S2=S1, S2==S1
```

显示结果：

① .T. .T. .F.

② .F. .F. .F.

③ .F. .T. .F.

2.3.5 逻辑运算符及逻辑表达式

逻辑表达式是由逻辑运算符将逻辑型常量、逻辑型内存变量、逻辑型数组、返回逻辑型数据的函数和关系表达式联接起来的式子，其结果仍然为逻辑值。

逻辑运算符及其含义如表 2.4 所示，逻辑运算规则如表 2.5 所示。

逻辑运算符的优先次序为：NOT，AND，OR，可以用括号来改变逻辑运算的先后次序。

在同一表达式中，如使用了不同类型的运算符，则各种运算符的优先顺序由高到低为：括号→算术运算符→字符串运算符→关系运算符→逻辑运算符。

表 2.4　逻辑运算符

运　算　符	名　　称	说　　明
.AND.	与	参与运算的两个表达式的值均为真，结果才为真；否则为假
.OR.	或	参与运算的两个表达式只要有一个值为真，结果就为真；两个表达式的值均为假，结果才为假
.NOT. 或 !	非	取"反"操作，即原来为真值，运算结果变为假值；原来为假值，运算结果变为真值

（说明：逻辑运算符.AND.，.OR.和.NOT.可以省略两边的点，写成 AND，OR 和 NOT。）

表 2.5　逻辑运算规则

A	B	A .AND. B	A .OR. B	.NOT. A
.T.	.T.	.T.	.T.	.F.
.T.	.F.	.F.	.T.	.F.
.F.	.T.	.F.	.T.	.T.
.F.	.F.	.F.	.F.	.T.

【例 2.11】　逻辑运算举例。

```
? 10>5 .AND. 5<2 , 10>5 .OR. 5<2          && 结果为 .F.，.T.
x1=3                                      && 把数值 3 赋值给 x1
y1=−2                                     && 把数值−2 赋值给 y1
x2=8                                      && 把数值 8 赋值给 x2
y2=−6                                     && 把数值−6 赋值给 y2
? x1+y1>x2+y2 .AND. .NOT.(y1<y2)          && 结果为 .F.
```

最后一个表达式的运算顺序为：x1+y1 > x2+y2 .AND. .NOT.(y1<y2)。
　　　　　　　　　　　　②　④　③　　⑥　⑤　　①

2.3.6　类与对象运算符

类与对象运算符专门用于面向对象程序设计，它有两种形式。

（1）点运算符（.）　主要用于确定对象与类的关系，以及属性、事件和方法与其对象的从属关系。例如，设计表单时，要将表单的 Caption（标题）属性设置为"输入记录"，在程序中用命令表示为：Thisform.caption="输入记录"。

（2）作用域运算符（::）　用于在子类中调用父类。例如，MyCommandButton::Click 表示 MyCommandButton 对象继承其父类的 Click 事件过程。

2.3.7　名称表达式

名称表达式是指能代替字符型变量或数组元素的值的一个引用。名称不是变量，也不是数组元素，但它可以替代字符变量或数组元素中的值。名称表达式为 VFP 的命令和函数提供了灵活性，将名称存放到内存变量或数组元素中，并用小括号括起该变量，就可以在命令或函数中用变量来代替该名称了。

定义一个名称时，只能以字母、汉字或下划线开头，且名称中只能使用字母、汉字、数字和下划线字符，不能使用 VFP 的保留字，名称的长度为 1～128 个字符。一次可定义多个名称，名称之间用逗号分开。

在 VFP 中，可以使用的名称有：表（.DBF）文件名、表别名、表字段名、索引文件名、内存变量名和数组名、窗口名、菜单名、表单名、对象名、属性名等。

【例 2.12】 使用名称表达式打开一个名为"学生.DBF"的数据表文件。

```
STORE "E:\VFP6\DATA\学生.DBF" TO CC
USE(CC)              && USE 命令用于打开一个表文件（假设学生表已经建立）
```

2.4 函　　数

函数（Function）是按照给定的参数返回一个值的表达式，与命令一样，是系统内部"编制"好的一段程序，能够完成某种特定操作或功能。其一般格式是：

函数名（[参数 1][,参数 2][,…]）   &&命令中的括号、逗号、圆点、引号等均取西文

一个函数必须有一个函数名，其后必须跟一对圆括号，括号内可以有 0～n 个参数（自变量），函数的运算结果有唯一的值，称为返回值。

说明：

① 对于某些没有参数的函数，圆括号内为空，如系统日期函数 DATE( )。

② 当函数带有多个参数时，参数和参数之间用逗号分隔。

③ 任何可以使用表达式的地方都可以使用函数，表达式将函数的返回值作为运算对象。例如，命令"?DATE( )+100"显示从系统当前日期算起 100 天后的日期。

使用函数可以大大丰富命令的功能。在 VFP 中，函数有两种：一种是系统函数，另一种是用户自定义函数。系统函数是由 VFP 提供的内部函数，大约有 380 多个，可以随时调用；自定义函数是由用户根据需要自行编写的。

本节主要介绍常用的系统函数，用户自定义函数将在 6.4.2 节中介绍。

注意：本节例题中使用的命令都在 VFP 的命令窗口中输入，按回车键执行。

2.4.1 数值处理函数

（1）取整函数

格式：INT(<数值表达式>)

功能：返回数值表达式的整数部分。

【例 2.13】　?INT(4.98)   && 结果为 4
　　　　　　　?INT(-5.68)   && 结果为 -5
　　　　　　　?INT(10.5+7.4)   && 结果为 17

（2）四舍五入函数

格式：ROUND（<数值表达式 1>,<数值表达式 2>）

　　　　其中<数值表达式 2>指定保留的小数位数。

功能：对<数值表达式 1>在由<数值表达式 2>指定小数位数后的值进行四舍五入运算。

说明：

①<数值表达式 2>大于或等于 0 时，<数值表达式 1>保留指定的小数位数。

②<数值表达式 2>小于 0 时，其绝对值表示整数部分四舍五入的位数。

【例 2.14】　?ROUND(35.865,2)　　　&& 结果为　35.87

　　　　　　?ROUND(35.865,0)　　　&& 结果为　36

　　　　　　?ROUND(35.865,-1)　　　&& 结果为　40

　　　　　　?ROUND(135.865,-2)　　&& 结果为　100

（3）取绝对值函数

格式：ABS(<数值表达式>)

功能：求数值表达式的绝对值。

【例 2.15】　?ABS(25)　　　&& 结果为　25

　　　　　　?ABS(-25)　　　&& 结果为　25

（4）求最大值函数

格式：MAX(<数值表达式 1>,<数值表达式 2>[,<数值表达式 3>…])

功能：返回几个数值表达式中最大的值。

【例 2.16】　?MAX(-30,-20)　　　&& 结果为　-20

　　　　　　?MAX(-30,-40,20)　　　&& 结果为　20

（5）求最小值函数

格式：MIN(<数值表达式 1>,<数值表达式 2>[,<数值表达式 3>…])

功能：返回几个数值表达式中最小的值。

【例 2.17】　?MIN(-30,-20)　　　&& 结果为　-30

　　　　　　?MIN(-30,-40,20)　　　&& 结果为　-40

（6）求平方根函数

格式：SQRT(<数值表达式>)

功能：返回数值表达式的算术平方根值。

【例 2.18】　?SQRT(25.46)　　　&& 结果为　5.05

（7）求自然对数函数

格式：LOG(<数值表达式>)

功能：求数值表达式的自然对数值。

【例 2.19】　?LOG(32.78)　　　&& 结果为　3.49

（8）幂函数

格式：EXP(<数值表达式>)

功能：求数值表达式对于 e 的幂的值。

【例 2.20】　?EXP(4.43)　　　&& 结果为　83.93

（9）求余数函数

格式：MOD(<数值表达式 1>,<数值表达式 2>)

功能：求<数值表达式 1>除以<数值表达式 2>的余数，且<数值表达式 2>的值不能为 0。

说明：函数返回值的符号与<数值表达式 2>的符号相同。如果<数值表达式 1>与<数值表达式 2>同号，函数值即为两数相除的余数；如果<数值表达式 1>与<数值表达式 2>异号，则函数值为两数相除的余数再加上<数值表达式 2>的值。

【例 2.21】　?MOD(15,4),MOD(15,-4),MOD(-15,4),MOD(-15,-4)

显示结果：　　　3　　　　-1　　　　1　　　　-3

2.4.2　字符处理函数

（1）宏替换函数

格式：&<字符型变量> [.]

功能：替换一个字符型变量的内容，即&的值是变量中的字符串。如该函数与其后的字符无明确分界，则要用西文的圆点"."作为函数结束标识。宏替换可以嵌套使用。

说明：宏替换可以在任何能接受字符串的命令或函数中使用。

【例 2.22】　　　AA="BB"

　　　　　　　　BB="清华大学"

　　　　　　　　?AA,BB,&AA　　　　　&& 结果为　BB 清华大学 清华大学

　　　　　　　　? "&BB.是一所著名的大学"　&& 结果为　清华大学是一所著名的大学

　　　　　　　　X="25.5"

　　　　　　　　?32.5+&X　　　　　　&& 结果为　58.00

（2）求字符串长度函数

格式：LEN(<字符表达式>)

功能：计算字符串中的字符个数，返回结果为数值型。

【例 2.23】　　?LEN("ABCDE")　　　&& 结果为　5

　　　　　　　　X="清华大学"

　　　　　　　　?LEN(X)　　　　　　&& 基本集一个汉字占有 2 个字符长度，结果为　8

（3）生成空格函数

格式：SPACE(<数值表达式>)

功能：产生由数值表达式指定数目的空格，返回结果为字符型。

【例 2.24】　?"清华"+SPACE(4)+"大学"　&& 结果为　清华　　　大学(清华与大学间有 4 个空格)

（4）字符串转换成小写字母函数

格式：LOWER(<字符表达式>)

功能：将字符表达式中的大写字母转换成小写字母。

【例 2.25】　?LOWER("Visual FoxPro")　&& 结果为　visual foxpro

（5）字符串转换成大写字母函数

格式：UPPER(<字符表达式>)

功能：将字符表达式中的小写字母转换成大写字母。

【例 2.26】　?UPPER("Visual FoxPro")　&& 结果为　VISUAL FOXPRO

（6）删除字符串尾部的空格函数

格式：TRIM(<字符表达式>)

功能：将字符串尾部的空格删除。

【例 2.27】　X="清华大学"

　　　　　　　　?LEN(X)　　　　　　&& 结果为　10

　　　　　　　　Y=TRIM(X)

　　　　　　　　?LEN(Y)　　　　　　&& 结果为　8

（7）删除字符串左边空格函数

格式：LTRIM(<字符表达式>)

功能：将字符串的前导空格删除。

【例 2.28】　X="清华大学"

　　　　　　?LEN(X)　　　　　　　　&& 结果为　10

　　　　　　Y=LTRIM(X)

　　　　　　?LEN(Y)　　　　　　　　&& 结果为　8

（8）删除字符串右边空格函数

格式：RTRIM(<字符表达式>)

功能：与 TRIM( )函数功能相同，删除字符串尾部空格。

（9）删除字符串最左边和最右边的所有空格函数

格式：ALLTRIM(<字符表达式>)

功能：删除字符串中最左边和最右边的所有空格。

【例 2.29】　X="Visual FoxPro"

　　　　　　?LEN(X)　　　　　　　　&& 结果为　20

　　　　　　?LEN(ALLTRIM(X))　　　　&& 结果为　13

（10）取子字符串函数

格式：SUBSTR(<字符表达式>,<数值表达式 1> [,<数值表达式 2>])

功能：从指定的<字符表达式>中，截取一个子字符串。子字符串的起点位置由<数值表达式 1>给出，截取子字符串的字符个数由<数值表达式 2>给出。

说明：如省略<数值表达式 2>，截取的字符串将从<数值表达式 1>给出的位置一直到该字符表达式的结尾。

【例 2.30】　A="清华大学"

　　　　　　?SUBSTR(A,1,4)　　　　　&& 结果为　清华

　　　　　　?SUBSTR(A,5)　　　　　　&& 结果为　大学

（11）取左边子字符串函数

格式：LEFT(<字符表达式>,<数值表达式>)

功能：从指定的<字符表达式>左边开始截取<数值表达式>指定个数的字符。

说明：如<数值表达式>给出的值大于字符表达式中字符的个数，则返回整个<字符表达式>；如<数值型表达式>的值为 0 或负数，则返回结果为空串。

【例 2.31】　?LEFT("清华大学",4)　　　&& 结果为　清华

（12）取右边子字符串函数

格式：RIGHT(<字符表达式>,<数值表达式>)

功能：从指定的<字符表达式>右边截取<数值表达式>指定个数的字符。

说明：如<数值表达式>给出的值大于<字符表达式>中字符的个数，则返回整个字符表达式。如<数值表达式>的值为 0 或负数，则返回结果为空串。

【例 2.32】　?RIGHT("清华大学",4)　　　&& 结果为　大学

（13）子字符串位置测试函数

格式：AT(<子字符串>,<主字符串> [,<数字>])

功能：求<子字符串>在<主字符串>中的起始位置，函数返回值为数值型。

说明：<数字>表示<子字符串>在<主字符串>中第几次出现，默认为第 1 次。如<子字符串>不在<主字符串>中，返回值为零。

【例2.33】　?AT("大学","清华大学是一所著名大学")　　&& 结果为　5

?AT("大学","清华大学是一所著名大学",2)　　&& 结果为　19

2.4.3　日期和时间处理函数

（1）系统当前日期函数

格式：DATE( )

功能：返回当前系统日期值，函数值为日期型，其格式由 SET DATE, SET CENTURY 等设置状态决定。

【例2.34】　?DATE( )　　&& 结果为　06/20/10（机器上的当前日期）

SET CENTURY ON　　&& 设置显示日期表达式中的世纪部分

?DATE( )　　&& 结果为　06/20/2010

（2）系统当前时间函数

格式：TIME([<数值表达式>])

功能：以 24 小时制的时、分、秒（HH:MM:SS）格式显示系统的当前时间，函数值为字符型。

说明：如函数的参数中包含<数值表达式>，则返回的时间值包含百分之几秒，数值表达式可以是任意值。

【例2.35】　?TIME( )　　&& 结果为　18:20:32（机器上的当前时间）

?TIME(2)　　&& 结果为　18:20:32.15

（3）系统日期和时间函数

格式：DATETIME( )

功能：返回当前系统的日期时间，函数值为日期时间型。

【例2.36】　?DATETIME( )　　&& 结果为　05/20/10 06:23:20 PM

（4）日子函数

格式：DAY(<日期型表达式>|<日期时间型表达式>)

功能：返回日期型或日期时间型表达式中的日子值，函数返回值为数值型。

【例2.37】　?DAY(DATE( ))　　&& 结果为　20（假设系统当前日期为 2010 年 5 月 20 日）

（5）月份函数

格式：MONTH(<日期型表达式>|<日期时间型表达式>)

功能：返回日期型、日期时间型表达式的月份值，函数返回值为数值型。

【例2.38】　?MONTH(DATE( ))　　&& 结果为　4（假设系统当前日期为 2010 年 5 月 20 日）

（6）年份函数

格式：YEAR(<日期型表达式>|<日期时间型表达式>)

功能：返回日期型、日期时间型表达式的年份值，函数返回值为数值型。

【例2.39】　?YEAR(DATE( ))　　&& 结果为　2010（假设系统当前日期为 2010 年 5 月 20 日）

2.4.4　数据类型转换函数

（1）字符转换成 ASCII 码函数

格式：ASC(<字符表达式>)

功能：把<字符表达式>中的第一个字符转换成相应的 ASCII 码数值，函数返回值为数值型。

【例 2.40】　　?ASC("Visual FoxPro")　　&& 结果为　86

（2）ASCII 码值转换成字符函数

格式：CHR(<数值表达式>)

功能：把<数值表达式>的值转化成相应的 ASCII 码字符，函数返回值为字符型。

说明：<数值表达式>的值必须是 0～255 之间的整数。

【例 2.41】　　?CHR(86)　　　　&& 结果为　V

（3）数值型转换为字符型函数

格式：STR(<数值表达式> [,<长度> [,<小数位数>]])

功能：将<数值表达式>的值转换成字符型数据。

说明：

① 转换时自动进行四舍五入，小数点和负号均计为一位。

② 默认<小数位数>，按整数处理；默认<长度>和<小数位数>，结果将只取整数部分，且长度固定为 10 位。

③ 如<长度>值大于转换后的字符串长度，则自动在转换后的字符串前加前导空格以满足规定的<长度>要求。

④ 如<长度>值小于<数值表达式>值的整数部分的位数（包括负号），则返回一串星号（*），表示溢出。

【例 2.42】　　X=12345.6789

　　　　　　　　?STR(X,8,2)　　&& 结果为　12345.68（长度 8 位，小数 2 位，7 以后四舍五入）

　　　　　　　　?STR(X)　　　&& 结果为　　　　12346（带 5 个前导空格）

　　　　　　　　?STR(X,3)　　&& 结果为　***

（4）字符型转换成数值型函数

格式：VAL(<字符表达式>)

功能：将由数字字符（包括正负号和小数点）组成的字符型数据转换为数值型数据。

说明：

① 转换时，只要遇到非数字字符就结束转换。若字符串的首字符就不是数字字符，则返回值为 0。

② 转换后的小数位数默认为 2 位。

【例 2.43】　　?VAL("12345.678")　　&& 结果为　12345.68

　　　　　　　　?VAL("123S45.6789")　　&& 结果为　123.00

　　　　　　　　?VAL("S12345.6789")　　&& 结果为　0.00

（5）字符型转换成日期型函数

格式：CTOD(<字符表达式>)

功能：将日期形式的字符串转换成日期型数据。

说明：<字符表达式>必须是一个有效的日期格式，并与 SET DATE 命令设置的格式一致。

【例 2.44】　　SET DATE TO MDY

　　　　　　　　?CTOD("05/20/10")　　&& 结果为　05/20/10

　　　　　　　　SET DATE TO YMD

　　　　　　　　SET CENTURY ON

　　　　　　　　?CTOD("2010/05/20")　　&& 结果为　2010/05/20

（6）日期型转换成字符型函数

格式：DTOC(〈日期型表达式〉|〈日期时间型表达式〉[,1])

功能：返回对应一个日期或日期时间表达式的字符串。

说明：如有［,1］选项，则按照年月日的格式输出。

【例2.45】　X=CTOD("05/20/10")　　&& 假设当前日期格式为月日年形式

　　　　　　?DTOC(X)　　　　　　　　&& 结果为　05/20/10

　　　　　　?DTOC(X,1)　　　　　　　&& 结果为　20100520

2.4.5　测试函数

（1）条件测试函数

格式：IIF(〈逻辑表达式〉,〈表达式1〉,〈表达式2〉)

功能：如〈逻辑表达式〉的值为真，则函数值为〈表达式1〉的值，否则为〈表达式2〉的值。

【例2.46】　X=20　　　　　　　　　　&& 把数值20赋值给X

　　　　　　Y=12　　　　　　　　　　&& 把数值12赋值给Y

　　　　　　?IIF(X>Y,50-X,100-Y)　　&& 因〈逻辑表达式〉X>Y的值为真，故结果为30

（2）数据类型测试函数

格式：TYPE(〈字符型表达式〉)

功能：测试〈字符型表达式〉值的数据类型。

说明：函数返回一个大写字母，其含义如表2.6所示。

表2.6　TYPE函数的返回值及其含义

返回字符值	数 据 类 型	返回字符值	数 据 类 型
C	字符型	M	备注型
N	数值型	O	对象型
D	日期型	G	通用型
T	日期时间型	Y	货币型
L	逻辑型	U	未定义型

【例2.47】　X=15.25　　　　　　　　　　　　&& 把数值型常量15.25赋值给X

　　　　　　Y="清华大学"　　　　　　　　　&& 把字符型常量赋值给Y

　　　　　　Z=.F.　　　　　　　　　　　　　&& 把逻辑型常量赋值给Z

　　　　　　?TYPE("X"),TYPE("Y"),TYPE("Z")　&& 结果为　N　C　L

　　　　　　?TYPE("XYZ")　　　　　　　　　　&& 结果为　　U

（3）表文件首测试函数　　　　　　　　　　　&& 文件首（文件开头，即第一条记录之前）

格式：BOF(〈工作区号|表别名〉)

功能：测试当前或指定工作区中表的记录指针是否位于文件首（即第一条记录之前）。若是，返回逻辑真值（.T.）；否则返回逻辑假值（.F.）。

说明：

① 默认参数，默认测试当前工作区中的表文件。

② 如指定工作区中没有打开表文件，则函数返回逻辑假值；如表文件中没有任何记录，则函数返回逻辑真值。

有关记录指针的概念将在 3.4.2 节中介绍。

【例 2.48】 USE E:\VFP6\DATA\学生.DBF　　&& 打开名为"学生"的数据表

　　?BOF( )　　&& 此时记录指针指向第一条记录，结果为　.F.

　　SKIP –1　　&& 将记录指针移向当前记录（首记录）之前

　　?BOF( )　　&& 结果为　.T.

（4）表文件尾测试函数　　&& 文件尾（文件结束处，即末记录之后）

格式：EOF([<工作区号|表别名>])

功能：测试当前或指定工作区中表的记录指针是否位于文件尾（即最后一条记录之后）。若是，则返回逻辑真值（.T.）；否则返回逻辑假值（.F.）。

说明：如指定工作区中没有打开表文件，则函数返回逻辑假值；如表文件中没有任何记录，则函数返回逻辑真值。

【例 2.49】 USE E:\VFP6\DATA\学生.DBF

　　?EOF( )　　&& 此时记录指针指向第一条记录，结果为　.F.

　　GO BOTTOM　　&& 将记录指针指向最后一条记录

　　?EOF( )　　&& 结果为　.F.

　　SKIP　　&& 将记录指针移向当前记录（末记录）之后

　　?EOF( )　　&& 结果为　.T.

（5）记录号测试函数

格式：RECNO([<工作区号|表别名>])

功能：给出当前或指定工作区中表文件当前记录的记录号，函数返回值为数值型。

说明：如指定工作区中没有打开表文件，则函数值为 0；如记录指针指向文件尾，则函数值为表中的记录数加 1；如记录指针指向文件首，则函数值为表中第一条记录的记录号；如表文件中没有任何记录，则函数值为 1。

【例 2.50】 USE E:\VFP6\DATA\学生.DBF

　　?RECNO( )　　&& 结果为　1

　　GO 4　　&& 将记录指针移向第 4 条记录

　　?RECNO( )　　&& 结果为　4

　　GO BOTTOM　　&& 将记录指针移向末记录

　　?RECNO( )　　&& 结果为　10（假设表中只有 10 条记录）

　　SKIP　　&& 将记录指针移向当前记录（末记录）之后

　　?RECNO( )　　&& 结果为　11

（6）检索测试函数

格式：FOUND([<工作区号|表别名>])

功能：测试在当前或指定工作区中，用 FIND, SEEK, LOCATE 等命令对表文件或索引文件的检索是否成功。若成功，则结果为逻辑真值；否则为逻辑假值。

（7）测试文件存在函数

格式：FILE(<"文件名">)

功能：测试指定的文件是否存在。若存在，则返回逻辑真值；否则返回逻辑假值。

说明：文件名必须包括扩展名，且文件名两端一定要用西文的引号括起来；如没有引号，系统将默认为是变量名。

【例 2.51】 假设已在 E:\VFP6\DATA 文件夹中建立名为"学生.DBF"的表文件，则

?FILE("E:\VFP6\学生.DBF")　　　　　　　　　　&& 结果为　.T.

（8）记录删除测试函数

格式：DELETED([<工作区号|表别名>])

功能：测试当前或指定工作区中的当前记录是否有删除标记。若有，则返回逻辑真值；否则返回逻辑假值。

（9）测试表文件名函数

格式：DBF([<工作区号|别名>])

功能：返回当前或指定工作区中打开的数据表文件名，返回值为字符型。

说明：如在指定工作区中没有打开的表文件，则返回空串。

【例2.52】　　USE E:\VFP6\DATA\学生.DBF

　　　　　　　?DBF( )　　　　　　　　　　　　&& 结果为　E:\VFP6\学生.DBF

（10）检测工作区号函数

格式：SELECT([0|1|表别名])

功能：返回当前工作区号或者未使用的工作区的最大编号。

说明：参数0指定SELECT返回当前工作区号；参数1指定SELECT返回未使用工作区的最大编号；参数"表别名"指定SELECT返回表文件别名所在的工作区编号。函数返回值为数值型。

（11）测试表文件是否打开函数

格式：USED([工作区|表别名])

功能：测试当前或指定的工作区中是否有表文件打开。若有，则返回逻辑真值；否则返回逻辑假值。

【例2.53】　　USE E:\VFP6\学生.DBF

　　　　　　　?USED( )　　　　　　　　　　　　&& 结果为　.T.

2.4.6　其他函数

（1）系统函数

格式：SYS(<数值表达式>)

说明：VFP提供了大量的系统函数SYS( )。根据<数值表达式>值的不同，系统将完成不同的功能。函数返回值为字符型。

例如，SYS( )返回机器名和网络机器号，SYS(5)返回当前默认的驱动器名，SYS(2018)返回最近错误的出错原因信息。

（2）消息框函数

格式：MessageBox(<字符串表达式1> [,<数值表达式> [,<字符串表达式2>]])

功能：显示一个用户自定义对话框，不仅能给用户传递信息，还可以通过用户在对话框上的选择接收用户的响应，作为继续执行程序的依据。

说明：

① <字符串表达式1>指定对话框中要显示的信息。在字符串中可以含有回车符（CHR(13)）以实现多行显示。对话框的高度和宽度将随显示的文本信息的长度自动变化。

② <数值表达式>指定对话框的类型参数，对话框类型参数可控制显示在对话框上的按钮和图标的种类及数目，以及焦点选项的按钮。对话框类型参数如表2.7所示。

表 2.7　对话框类型参数及选项

按钮类型值	按 钮 类 型	图标类型值	图 标 类 型	焦点选项值	焦 点 选 项
0	确定	0	无图标	0	第一个按钮
1	确定、取消	16	Stop 图标	256	第二个按钮
2	终止、重试、忽略	32	疑问图标	512	第三个按钮
3	是、否、取消	48	惊叹号图标		
4	是、否	64	信息图标		
5	重试、取消				

对话框类型参数由三部分组成：按钮类型、图标类型和焦点选项，每一部分只能选择一个值，将三部分的值加在一起就是对话框类型参数的值。如省略该参数，则对话框内只显示一个默认的"确定"按钮，并将此按钮设置为焦点按钮，且不显示任何图标。

③〈字符串表达式 2〉指定对话框的标题内容。若省略该项，对话框标题将显示为"Microsoft Visual FoxPro"。

④ 当用户从对话框中选择并单击某一按钮后，函数返回一个值，表示某个按钮被选中，返回值与按钮的关系如表 2.8 所示。

【例 2.54】　?MessageBox("真的要退出吗？",4+32+0,"提示信息")

执行该命令后，将弹出图 2.1 所示的对话框。

本节介绍了 VFP 中常用的一些系统函数。除此之外，VFP 还提供了许多功能丰富的系统函数，由于篇幅限制，这里就不一一介绍了。

表 2.8　MessageBox 函数返回值

返 回 值	说 明	返 回 值	说 明
1	选"确定"按钮	5	选"忽略"按钮
2	选"取消"按钮	6	选"是"按钮
3	选"终止"按钮	7	选"否"按钮
4	选"重试"按钮		

图 2.1　自定义对话框

2.5　命　令

VFP 中的各种操作，既可以通过菜单或工具按钮方式完成，也可以通过命令方式完成。无论使用哪种操作，都可以执行 VFP 的相应命令。

前面已经使用过一些简单命令，如显示内存变量信息的 DISPLAY MEMORY 命令，输出表达式值的? 或??命令等。VFP 的命令格式通常为：命令动词+修饰子句，即以命令动词开头，辅以若干个修饰和限制的子句。

1．命令动词

所有命令都以命令动词开头，它决定了该命令的性质。命令动词一般为一个英文动词，表示要执行的命令功能。

2．子句

子句主要用来修饰或限制命令，通常用于对数据库中的数据操作，有 3 种形式。

（1）范围子句　该子句指明在哪些记录范围内执行命令，可从下面 4 种范围内选择一种：

RECORD ⟨N⟩　　　表示指定第 N 条记录

NEXT ⟨N⟩　　　　表示从当前记录开始的 N 条记录（不含当前记录）

ALL　　　　　　　表示数据库的所有记录

REST　　　　　　表示从当前记录开始到最后一条记录（不含当前记录）

（2）FIELDS 子句　该子句后面跟一个字段名列表（字段名之间用逗号隔开），指明对数据表中的哪些字段执行命令。如不选择这个子句，表示对记录中的所有字段执行命令。

（3）FOR|WHILE 子句　该子句后面跟一个逻辑表达式，表示仅对符合条件（即表达式的结果为.T.）的记录执行命令操作。这两个子句的区别是：FOR 子句在整个数据表中对所有记录按条件筛选，对符合条件的记录进行操作；WHILE 子句则从当前记录开始按顺序比较条件，对符合条件的记录进行操作，一旦遇到不满足条件的记录就终止命令，不论后面是否还存在符合条件的记录。

例如，用命令方式对学生数据表中的记录进行以下操作（设学生表中有学号、姓名、性别和出生日期等字段）。

① 显示所有女生的信息：

　　LIST ALL FOR 性别=″女″

② 显示从当前记录开始连续 5 条记录的内容：

　　LIST NEXT 5　　　　　　　　　&& 表示从当前记录开始（不含当前记录）的连续 5 条记录

若当前记录号为 4，则执行该命令后将显示记录号为 5，6，7，8 和 9 的 5 条记录内容。

③ 显示所有女生的学号、姓名和出生日期：

　　LIST FIELDS 学号,姓名,出生日期　FOR 性别=″女″

3．命令书写规则

使用 VFP 命令时，一般应遵循以下规则：

（1）必须以命令动词开头，命令中可以含有一个或多个子句，子句的顺序任意。

（2）命令动词和各子句之间用空格分开（空格数任意）。

（3）命令动词可只写不少于前 4 个字符，且不区分大小写。

（4）命令行的最大长度为 254 个字符，一行写不下时，要在行尾加续行符"；"（西文分号）分行，并在下一行继续书写。

本书所给出的命令格式中，方括号（[ ]）表示可选项，尖括号（⟨ ⟩）表示必选项（具体内容由用户提供），竖杠分隔符（|）表示在其左右参量中任选一项。

VFP 中提供了大量命令，在后续章节中将具体介绍。本书后的附录中列出了部分常用命令及其功能简介。

习　题　2

2.1　思考题

1．VFP 提供了哪几种数据类型？

2．字段变量和内存变量有什么不同？

3．什么是数组？如何定义数组以及为数组元素赋值？

4. 如何表示字符型、日期型和逻辑型常量？举例说明。

5. 什么是表达式？VFP 中有哪几种类型的表达式？

6. 如何调用函数？

7. 设有如下变量：性别（C）、出生日期（D）、职称（C）、工资（N）、婚否（L），写出符合以下要求的逻辑表达式。

（1）工资在 1000 元与 2000 元之间

（2）年龄在 35 岁以上的未婚男职工

（3）1970 年以前出生、工资高于 500 元但低于 1000 元的女职工

（4）职称是"工程师"或"高工"的已婚女职工

2.2 选择题

1. 用 DIMENSION 命令定义了一个数组，其数组元素在未赋值之前的默认值是（　　）。

（A）不确定　　　　　（B）0　　　　　（C）.F.　　　　　（D）""（空）

2. 以下数据中属于字符型数据的是（　　）。

（A）06/10/02　　　（B）″06/10/02″　　（C）{06/10/02}　　（D）(06/10/02)

3. 若想从字符串"大连市"中取出汉字"连"，应该使用的表达式是（　　）。

（A）SUBSTR(″大连市″,2,2)　　　　　　　（B）SUBSTR(″大连市″,2,1)

（C）SUBSTR(″大连市″,3,1)　　　　　　　（D）SUBSTR(″大连市″,3,2)

4. 在 VFP 中，逻辑型、日期型和备注型字段的长度分别是（　　）。

（A）1，8，128　　（B）1，8，10　　（C）1，8，4　　（D）1，10，4

5. 以下命令中正确的是（　　）。

（A）STORE 0 TO X,Y　　　　　　　　　（B）STORE 0,1 TO X,Y

（C）X=0,Y=1　　　　　　　　　　　　　（D）X=Y=0

6. 下列函数中，函数值为字符类型的是（　　）。

（A）CTOD('02/03/98')　　　　　　　　（B）AT(″计算机″,″全国计算机等级考试″)

（C）TYPE('2')　　　　　　　　　　　　（D）SUBSTR(DTOC(DATE( )),7)

7. 函数 TYPE(″10/20/99″)的值是（　　）。

（A）10/20/99　　（B）C　　　　　（C）D　　　　　（D）N

8. 函数 STR(125.86,7,3)的值是（　　）。

（A）125.86　　（B）″125.86″　　（C）125.860　　（D）″125.87″

9. 若 M=″95.5″，则执行命令?20+&M 的结果是（　　）。

（A）2095.5　　（B）115.5　　　　（C）20+&M　　　（D）20

10. 以下 4 个符号中，表示常量的是（　　）。

（A）F　　　　（B）BOTTOM　　　（C）.F.　　　　（D）TOP

11. 设工资=640，职称=″副教授″，性别=″男″，则结果为假的逻辑表达式是（　　）。

（A）工资>500 .AND. 职称=″副教授″.AND. 性别=″男″

（B）性别=″女″.OR. .NOT.职称=″助教″

（C）工资>550 .AND. 职称=″副教授″.OR.职称=″讲师″

（D）工资=550 .AND.(职称=″教授″.OR. 性别=″男″)

12. 下列字段名或变量名中不正确的是（　　）。

（A）2CLIEN_ID　　（B）姓名　　　（C）COLOR_CODE　　（D）年龄

13. 执行 SET EXACT OFF 命令后，下列表达式的结果为真的是（　　）。

(A)"上海"="上海市"　　　　　　　　(B)"上海市"="上海"

(C)"上海市"=="上海"　　　　　　　(D)"上海"=="上海市"

14. 以下日期值正确的是（　　）。

(A){^2002-03-20}　　　　　　　　(B){"2002-03-20"}

(C){2002-03-20}　　　　　　　　(D)(2002-03-20)

2.3 填空题

1. 如打开一个空数据表文件，用函数 RECNO( )测试，其结果一定是_____。

2. 若 ABC="伟大的祖国"，则?SUBSTR(ABC,LEN(ABC)/5+1,4)的结果为_____。

3. 当内存变量名与数据表中的字段变量名相同时，要访问该内存变量，必须在变量名前加上前缀_____，否则系统将优先访问同名的字段变量。

4. 执行 DIMENSION X(3,4)命令之后，数组 X 中的元素个数是_____。

5. 若 X="12345"，则执行命令?TYPE("&X")的结果是_____。

6. 设 X=2，则执行命令?X=X+1 的结果是_____。

7. 设当前日期为 2002 年 8 月 4 日，则在 VFP 中用严格的日期格式表示为_____。

8. 设当前日期格式为月日年，若要改为年月日的格式，应使用命令_____。

9. 内存变量的数据类型由_____决定，可以把不同类型的数据赋给同一个变量。

10. TIME( )函数返回值的数据类型是_____。

2.4 上机练习题

1. 变量操作

(1) 内存变量的赋值和显示。在命令窗口中定义下述变量，并执行相应的操作。

```
CLEAR MEMORY
X1=4*25
X2="ABC"
X3={^2002-03-20}
STORE .F. TO Y1,Y2
?X1,X2,X3,Y1,Y2
DISPLAY MEMORY
LIST MEMORY LIKE X*
LIST MEMORY LIKE ?2
```

(2) 数组的定义及赋值操作。在命令窗口中定义两个数组变量，并执行相应的操作。

```
CLEAR MEMORY
DIMENSION  A1(5),A2(2,3)
STORE 0 TO A1
A1(2)= "HELLO"
A2(1,3)=10.5
A2(2,1)= "MORNING"
LIST MEMORY LIKE A?
```

2. 函数与表达式操作。在命令窗口中输入下列命令，按回车键执行。

(1) 性别="男"

年龄=25

职称="助教"

工资=1500

婚否=.F.

? 年龄>25 .AND. 职称="助教"

? 年龄<25 .OR. 工资<2000 .AND. .NOT. 职称="讲师"

? 性别="女" .AND. (职称="讲师" .OR. .NOT. 婚否)

? 性别="女" .AND. 职称="讲师" .OR. .NOT. 婚否

（2）A=5

B=STR(A,1)

C="学生&B"

?A,B,C

（3）SET DATE TO MDY

出生日期=CTOD("03/20/96")

? STR(YEAR(出生日期),4)+"年"+STR(MONTH(出生日期),2)+"月";

+ STR(DAY(出生日期),2)+"日"

（4）X=SUBSTR("12340.5",4,4)－"5"

Y=RIGHT(X,4)

?X,Y,&X+&Y

第 3 章　Visual FoxPro 6.0 数据库及其操作

本书将从创建项目开始，循序渐进地介绍数据库、数据表、查询和视图、表单和报表等对象的建立和使用，最终生成一个可在 Windows 环境下直接运行的应用程序。整个内容以项目管理器为主要工作平台，结合菜单和命令两种操作方式来介绍 VFP 的基本应用。

本章主要学习 VFP 数据库的基本概念和基本操作，它是开发数据库应用系统的基础。

3.1　项目的创建

在 VFP 中，项目是文件、数据、文档和 VFP 对象的集合，它包含了一个应用系统开发过程中使用的各种数据库、表、查询、表单、报表、应用程序及其他所有文件。利用"项目管理器"可以很方便地组织和管理项目中的各类数据和对象，创建一个扩展名为.PJX 的项目文件。用户在开发一个应用系统时，通常都是先从创建项目开始的。

1. 工作目录的建立

根据复杂程度，一个数据库应用系统可能会有几十个、甚至上百个各种类型的文件，如数据库文件、表文件、表单文件、查询文件、应用程序文件等。利用项目管理器可以在逻辑上将这些文件集合成一个有机的整体，形成一个项目文件；项目文件中保存的只是对这些文件的引用，文件在磁盘中的实际存储位置则由用户指定。因此，为了有效地组织和管理磁盘中的这些文件，用户应该建立自己的工作目录，将开发应用系统时创建的不同类型的文件存放在磁盘的相应文件夹中，如将所有的表文件存放在名为"数据"的文件夹中，将所有的表单文件存放在名为"表单"的文件夹中。

本书以开发教学管理数据库为例，创建所需的各种文件，并将它们统一保存在设定的工作目录中。为此，首先利用资源管理器，在 E 盘的根目录下新建一个名为"VFP6"的文件夹作为工作目录。该文件夹可以设置为默认目录，以便在 VFP 中保存新建的文件时，系统自动选择该文件夹，设置默认目录的方法见 1.5 节。

2. 项目文件的建立

创建项目文件可以使用菜单或命令两种方式。

（1）菜单方式

① 选择"文件 | 新建"命令（或单击常用工具栏中的"新建"按钮）打开图 3.1（a）所示的"新建"对话框。

② 在"文件类型"栏中选择"项目"选项，然后单击"新建文件"按钮，出现图 3.1（b）所示的"创建"对话框。

③ 选择存储路径为"E:\VFP6"，并输入项目文件名"教学.pjx"（系统将文件类型默认为项目，扩展名.PJX 可以省略），然后单击"保存"按钮。

（2）命令方式

格式：CREATE PROJECT [<项目文件名>]

功能：打开项目管理器创建项目。

说明：

① 〈项目文件名〉中应包含存储路径，否则文件将存放在默认目录下。如没有设置默认目录，则系统默认保存在"C:\Program Files\Microsoft Visual Studio\Vfp98"文件夹中（假设 VFP6.0 安装在 C 盘）。

② 如命令中不带〈项目文件名〉，系统将弹出一个如图 3.1（b）所示的"创建"对话框，让用户输入新建的项目文件名。

（a）"新建"对话框   （b）"创建"对话框

图 3.1 新建项目文件

【例 3.1】 用命令方式创建"教学"项目文件。

CREATE PROJECT E:\VFP6\教学.PJX   && CREA PROJ E:\VFP6\教学.PJX 等同左侧命令行

使用上述两种方法都可以在"E:\VFP6"中建立一个名为"教学"的项目文件，同时系统启动项目管理器，并在菜单栏中出现"项目"菜单。

单击项目管理器窗口右上角的"关闭"按钮可以关闭项目。当关闭一个空项目文件（即项目中未包含任何文件）时，会显示一个如图 3.2 所示的提示框。单击"删除"按钮，系统将从磁盘上删除该空项目文件；单击"保持"按钮，系统将保存该空项目文件。

3．项目文件的打开

在 VFP 中可以随时打开一个已有的项目进行操作。

（1）菜单方式

① 选择"文件|打开"命令（或单击常用工具栏中的"打开"按钮）打开图 3.3 所示的"打开"对话框。

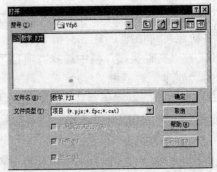

图 3.2 关闭空项目文件时的提示对话框   图 3.3 "打开"对话框

② 在"文件类型"下拉框中选择"项目"选项，在"搜寻"框中选择项目所在的文件夹。

③ 双击要打开的项目文件，或者选中后再单击"确定"按钮，打开该项目。

（2）命令方式

格式：MODIFY PROJECT [<项目文件名>]

功能：打开项目管理器，显示指定的项目文件。

说明：如命令中不带<项目文件名>，系统将弹出一个如图 3.3 所示的"打开"对话框，让用户选择要打开的项目文件。

【例 3.2】 用命令方式打开"教学"项目文件。

MODIFY PROJECT E:\VFP6\教学.PJX

3.2 数据库的创建及基本操作

在 VFP 中，数据库不再是以往 xBASE 数据库系统中单纯的二维表结构的概念，它是表的集合，即在一个数据库中可以包含若干个通过关键字段相互关联的二维表。例如，在教学管理数据库中可以包含学生表、课程表和成绩表等。在 VFP 中，数据库是以.DBC 为扩展名的一种数据格式文件，它存储了所包含的表与表之间的联系，以及依赖于表的视图、联接和存储过程等信息。数据库使得对数据的管理更加方便和有效。

3.2.1 数据库的设计思想

开发数据库应用系统的首要任务之一就是设计一个结构合理的数据库，它不仅能存储所需要的实体信息，而且能正确反映出实体之间的联系，以便方便、快速地访问所需要的信息，并得到准确的结果。

1．设计步骤

对一个数据库而言，如数据组织得当，就能把数据库设计得相当灵活，使系统可以用多种方法组合或提供信息。

要增强数据库的灵活性，一个重要的原则就是尽可能将信息拆分入表，即避免设计大而杂的表。因此，首先要分离那些需要作为单个主题而独立保存的信息，然后告诉 VFP 这些主题之间有何关系，以便在需要时把正确的信息组合在一起。通过将不同的信息分散在不同的表中，可以使数据的组织工作和维护工作更简单，同时也容易保证建立的应用程序具有较高的性能。

以教学管理系统为例，它涉及学生、课程以及学生所学课程的成绩等信息，在设计相应的数据库时，就应当把学生信息保存到"学生"表中，把相关课程的信息保存到"课程"表中，把学生所学课程的成绩信息保存到"成绩"表中。

以下是数据库设计的一般步骤：

（1）分析数据需求，确定数据库要存储哪些信息。

（2）确定需要的表。在明确了建立数据库的目的之后，就可以将所需信息划分成各个独立且彼此相关的主题，并在数据库中为每个主题建立一个表。

（3）确定所需字段，实际上就是确定每个表中要存储的信息，即确定各表的结构。例如，在学生表中，可以有学号、姓名、系别等字段。

（4）确定关系。分析每个表，确定各表之间的数据应该如何联接。必要时，可在表中加入字段或创建一个新表来明确关系。

（5）改进设计。对设计方案进一步分析，查找其中的错误，调整设计。

在最初的设计中，难免会出现错误或遗漏。VFP很容易在创建数据库时对原设计方案进行修改。但一旦在数据库中输入了大量数据，并且用到报表、表单或是应用程序中之后，再进行修改就比较困难了。所以，在初步确定设计方案后，一定要做适量的测试、分析工作，排除其中错误和不合理的地方，不断完善数据库设计，在连编项目生成应用程序之前，确保设计方案合理、可靠。

2. 设计过程

按照上述步骤，以构建教学管理数据库为例，设计过程如下：

（1）明确设计目的　一方面要弄清用户需求，通过与数据库的使用者反复交换意见，推敲数据库需要回答哪些问题，以确定数据库中要建立的表，以及每个表中要保存的信息；另一方面，还要充分考虑到数据库可能的扩充和改变，以提高数据库的灵活性。

对于教学管理数据库，首先需要明确建立该数据库的目的是为了管理和方便获取与教学有关的信息，因此要收集教与学两方面的信息，如学生情况、教师情况、课程安排、考试成绩等。

（2）确定需要的表　确定数据库中的表是数据库设计过程中技巧性最强的一步。虽然在步骤（1）中根据用户想从数据库中得到的结果（包括要打印的报表、要使用的表单等），确定了需要数据库解决的问题。但对于表的结构、表与表之间的关系，还需要设计人员通过分析、归纳来确定，然后将需要的信息分门别类地加入到相应的表中。也就是说，在设计数据库时，应将不同主题的信息存储在不同的表中。

根据上面提出的教学管理数据库的要求，考虑这个数据库需要哪些表。例如，为了得到学生和课程的信息，应该为学生和课程各建一个表，把这两个表分别叫做"学生"表和"课程"表，存放有关学生和课程的基本信息。

（3）确定表中需要的字段　表是由多个记录组成的，而每个记录又是由多个字段值构成的。在确定了所需表之后，接下来应根据每个表中需要存储的信息确定该表需要的字段，这些字段既包括描述主题信息的字段，又包括建立关系的主关键字字段。

为了保证数据不重复且不遗漏信息，在确定各表字段时应注意以下几点：

① 每个字段直接和表的主题相关，描述不同主题的字段应属于不同的表。表中不应有与表内容无关的数据，确保一个表中的每个字段直接描述该表的主题。例如，在"成绩"表中不需要学生年龄的信息，该表中就不应包含"出生日期"字段。另外，如多个表中重复同样的信息，则表明在某些表中有不必要的字段。

② 字段必须是原始数据，通常不必把那些可以由其他字段推导或计算得到的数据存储在表中。一方面，这些数据可以通过原始数据计算出来；另一方面，可以防止对表中数据做修改时出现错误。例如，只要知道学生的"出生日期"就可计算出年龄，因此无须设置"年龄"字段，这样既可以节省数据库中存储数据的空间，同时也减少了出错的可能性。

③ 收集所需的全部信息，确保所需的数据信息都包括在所设计的表中，或者可由这些表中的数据计算出来。

④ 以最小的逻辑单位存储信息。表中的一个字段必须是基本的数据元素，不能包含多项信息，否则以后获取单独的信息就会很困难，应尽量把信息分解成比较小的逻辑单位。例如，在学生表中，应将学生的学号、姓名、性别等设置为不同的字段。

⑤ 使用主关键字段。为了使 VFP 这样的关系型数据库管理系统，能够迅速查找存储在

多个独立表中的信息并组合这些信息，要求数据库的每个表都必须有一个或一组字段可用来唯一确定存储在表中的每个记录，这样的信息称为表的主关键字。例如，在学生表中，可以使用"学号"字段作为主关键字；考虑到可能存在姓名相同的情况，因此不要使用"姓名"字段作为主关键字。

VFP 利用主关键字迅速关联多个表中的数据，并把数据组合在一起。

注意：

① 主关键字段名不要太长，以方便记忆和输入，且字段中不能有重复值或空值；

② 存储字段值的字段宽度取能满足要求的最小长度，以提高数据库的操作速度。

（4）确定表间关系　通过前面的操作，已经把数据分配到各个表中，并在每个表中存储了各自的数据。但是，这些表是孤立的，还需要在这些表之间定义关系。VFP 将利用这些关系把各表中的内容重新组合，得到有意义的信息。

数据表之间的关系一般分为三种：一对一关系、一对多关系和多对多关系。

① 一对一关系　指 A 表的一个记录在 B 表中只能对应一个记录；反之，B 表中的一个记录在 A 表中也只能有一个记录与之对应。

这种关系不经常使用，因为在许多情况下，这两个表的信息可以简单地合并成一个表。

② 一对多关系　指 A 表的一个记录在 B 表中对应多个记录，而 B 表的一个记录在 A 表中只有一个记录与之对应。它是关系型数据库中最普通的关系。

③ 多对多关系　指 A 表的一个记录在 B 表中可以对应多个记录，而 B 表的一个记录在 A 表中也可以对应多个记录。这种情况下，需改变数据库的设计，将多对多关系分解成两个一对多关系。方法就是在具有多对多关系的两个表之间创建称为"纽带表"的第 3 个表。

在教学管理数据库中，"学生"表和"课程"表之间是多对多的关系，即一门课程可以有多个学生选修，而一个学生也可以选修多门课程。通过"成绩"表这个纽带表，可以将这种多对多关系分解成两个一对多关系。例如，通过"学生"表和"成绩"表，可以查出一个学生各门课程的成绩；而通过"课程"表和"成绩"表，可以查出某门课程都有哪些学生选修，以及这门课程的考试成绩等信息。

（5）设计优化　在初步确定了数据库需要包含哪些表、每个表包含哪些字段，以及各个表之间的关系以后，还要重新研究设计方案，检查可能存在的缺陷，例如：

① 是否遗忘了必需的字段？是否有需要的信息没有包括进去？如果是，它们是否属于已创建的表？如不属于已创建表的范围，那就需要另外创建一个表。

② 是否为每个表选择了合适的主关键字？在使用这个主关键字查找具体记录时，它是否很容易记忆和输入？要确保主关键字段的值的唯一性，绝对不会出现重复。

③ 是否在某个表中重复输入了同样的信息？如果是，需要将该表分成两个一对多关系的表。

④ 是否有字段很多而记录项很少的表，而且许多记录中的字段值为空？如果有，需要考虑重新设计该表，使它的字段减少，记录增多。

只有通过反复修改，才能设计出一个完善的数据库系统。

3.2.2　数据库的创建

1．数据库的建立

完成数据库的设计之后，就可以进行数据库的创建工作了。建立数据库的一般方法有：

（1）在项目管理器中建立数据库

① 打开"教学.PJX"项目文件，启动项目管理器。

② 选择"数据"选项卡中的"数据库"项，单击"新建"按钮，出现图 3.4 所示的"新建数据库"对话框。

③ 单击"新建数据库"按钮，出现"创建"对话框，选择文件保存位置"E:\VFP6"并输入数据库名"教学管理.DBC"，然后单击"保存"按钮。

这样，就在"教学"项目中建立了一个"教学管理"数据库（该数据库文件保存在"E:\VFP6"文件夹中），同时系统打开数据库设计器和相应的"数据库设计器"工具栏（如图 3.5 所示），并在主窗口的菜单栏中显示"数据库"菜单项。

图 3.4　"新建数据库"对话框

图 3.5　数据库设计器

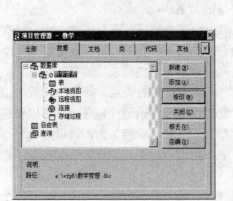

图 3.6　建立"教学管理"数据库

在创建数据库的同时，系统也建立了表、本地视图、远程视图、联接和存储等 5 种不同格式的文件类型，如图 3.6 所示。在添加任何表和其他对象之前，它是一个空数据库。

（2）菜单方式

选择"文件|新建"命令（或单击常用工具栏中的"新建"按钮）打开"新建"对话框。选择"数据库"文件类型，然后单击"新建文件"按钮。后面的操作与在项目管理器中建立数据库的方法相同。

（3）命令方式

格式：CREATE DATABASE [<数据库文件名>]

功能：创建指定的数据库文件。

【例 3.3】　用命令方式创建"教学管理"数据库文件。

　　　CREATE DATABASE E:\VFP6\教学管理.DBC

数据库创建之后，其名称会显示在常用工具栏的数据库下拉列表框中。

VFP 系统在创建数据库时，除了在磁盘上生成一个扩展名为.BDC 的数据库文件，还会自动建立与之相关的一个扩展名为.DCT 的数据库备注文件，以及一个扩展名为.DCX 的数据库索引文件，这 3 个文件的主文件名相同。备注文件和索引文件是供 VFP 数据库管理系统管理数据库使用的，用户一般不能直接使用它们。

虽然用上述 3 种方法都可以在磁盘上建立一个数据库文件，但它们还是有区别的：在项目管理器中建立的数据库在逻辑上自动包含在该项目中，而用菜单或命令方式建立的数据库不会自动包含在项目中。不仅对于数据库文件如此，对于任何其他文件（如后面要介绍的表文件、查询文件等）也是这样。

所以，在项目管理器中新建的对象会自动包含在该项目中，而用"文件"菜单中的"新建"命令或命令语句创建的对象不属于任何项目，但可以通过项目管理器中的"添加"命令添加到项目中。

2．在项目中添加数据库

数据库创建成功后，如它还不属于项目，可以把它添加到项目中，具体操作是：

（1）打开需要添加数据库的项目文件，启动项目管理器。选定"数据库"项，单击"添加"按钮，出现"打开"对话框。

（2）在对话框中选择需要添加的数据库文件，单击"确定"按钮，该数据库即添加到当前项目中。

3.2.3　数据库的基本操作——打开、关闭与删除

1．数据库的打开

使用数据库前，必须先打开。打开的方法一般有 3 种：

（1）项目管理器方式

如数据库属于一个项目，可以在项目管理器中选定要打开的数据库，然后单击"打开"按钮。双击数据库文件，或者选定数据库后单击"修改"按钮，可打开相应的数据库设计器。

（2）菜单方式

选择"文件|打开"命令，在"打开"对话框中选择"数据库"文件类型及文件存储位置，然后双击要打开的数据库文件，相应的数据库设计器也同时打开。

（3）命令方式

① 打开数据库文件

格式：OPEN　DATABASE [<数据库文件名>]

② 打开数据库文件所对应的数据库设计器

格式：MODIFY　DATABASE [<数据库文件名>]

【例 3.4】　用命令方式打开"教学管理"数据库文件。

　　　OPEN　DATABASE　E:\VFP6\教学管理

2．数据库的关闭

（1）在项目管理器中，选定需要关闭的数据库文件，然后单击"关闭"按钮。如要关闭数据库设计器，只要单击数据库设计器窗口右上角的"关闭"按钮即可。

（2）命令方式

格式：CLOSE　DATABASES　[ALL]

说明：不带 ALL 选项，只关闭当前数据库文件；带 ALL 选项，将关闭所有打开的数据库文件及其他所有类型的文件。

3．数据库的删除

（1）在项目管理器中，选定需要删除的数据库文件，单击"移去"按钮，出现提示对话框：选择"移去"按钮，将从项目中移去选定的数据库文件；选择"删除"按钮，则选定的数据库文件从磁盘上被删除（物理删除）。

（2）命令方式

格式：DELETE　DATABASE <数据库文件名> [DELETE TABLES]

说明：如带 DELETE TABLES 选项，则数据库中所有的表将被一起从磁盘上删除（物理删除）；如无此选项，则只删除数据库，而原数据库中的那些表依然存在，且这些表都变成了自由表（有关数据库表和自由表的概念将在 3.3.1 节中介绍）。

3.3　数据表的创建

3.3.1　基本概念

1．数据表和数据库

在 VFP 中，表（TABLE）是收集和存储信息的基本单元，所有的工作都是在数据表的基础上进行的。数据库（DATABASE）只是表的集合，它控制这些表协同工作，共同完成某项任务。因此，VFP 中的表和库是两个不同的概念。

2．数据表的类型

在 VFP 中，根据表是否属于数据库，可以把表分为两类：

（1）数据库表　属于某一数据库的表称为"数据库表"。

（2）自由表　不属于任何数据库而独立存在的表称为"自由表"。

数据库表和自由表相比，具有一些自由表所没有的属性，如长字段名、主关键字、触发器、默认值、表关系等。在设计应用程序时，如要让多个数据库共享一些信息，应将这些信息放入自由表；或者将自由表移入某一数据库，以便和该数据库中的其他表协同工作。

数据库表和自由表可以相互转换。当把自由表加入到数据库中时，自由表就变成了数据库表，同时具有数据库表的某些属性；反之，当将数据库表从数据库中移去时，数据库表就变成自由表，原来所具有的数据库表的某些属性也同时消失。

此外，在 VFP 中，任何一个数据表都只能属于一个数据库。如要将一个数据库中的表移到其他数据库，必须先将该数据库表变为自由表，再将其加入到另一数据库中。

3．数据表的结构

一个数据表，无论是数据库表还是自由表，在形式上都是一个二维表结构，表文件以.DBF为扩展名存储在磁盘上。

表中的每一列称为一个字段，每一行称为一条记录。确定表中的字段，主要是为每个字段指定名称、数据类型和宽度，这些信息决定了数据在表中是如何被标识和保存。

（1）字段名　字段名必须以字母或汉字开头，由字母、汉字、数字或下划线组成，不能包含空格，且字段名应尽量与内容相关。自由表字段名最长为 10 字节，数据库表字段名最长为 128 字节。

注意：常见的汉字属基本集，一个汉字占 2 字节；扩充集上一个汉字占 4 字节。

（2）字段类型　字段的数据类型决定了存储在字段中的值的数据类型，共有 13 种，分别是字符型（C）、货币型（Y）、数值型（N）、浮点型（F）、日期型（D）、日期时间型（T）、双精度型（B）、整型（I）、逻辑型（L）、备注型（M）、通用型（G）、二进制字符型和二进制备注型。

字段的数据类型应与将要存储在其中的信息类型相匹配；确定了字段的数据类型，也就决定了对该字段所允许的操作。

（3）字段宽度　字段宽度必须能够容纳将要显示的信息内容，字符型字段宽度不得大于

254 字节，否则需用备注型字段存储。浮点型和数值型字段的宽度为整数位和小数位的和再加 1（小数点占一位），最多 20 位，在内存中占 8 字节。

其他几个类型的字段宽度由系统规定：逻辑型字段宽度为 1 字节；日期型、日期时间型、货币型、双精度数据型字段宽度为 8 字节；备注型、通用型、整数型以及二进制备注型字段宽度为 4 字节；二进制字符型字段宽度为 1～254 字节。

（4）小数位　若字段的类型是数值型和浮点型，还需给出小数位数，若是整数，小数位为 0。小数点与小数位数的长度都属于总长的一部分，在 VFP 中，小数位数不能大于 9；双精度型数据的小数位数不能大于 18。

（5）使用空值　在建立数据表时，可以指定字段是否接受空值（NULL）。它不同于零、空字符串或者空白，而是一个不存在的值。当数据表中某个记录的某个字段内容无法知道确切信息时，可以先赋予 NULL 值，等内容明确之后，再存入有实际意义的信息。

VFP 系统提供了"表向导"和"表设计器"两种可视化工具来创建表结构，本章主要介绍"表设计器"的用法。定义好表结构以后就可以向表中输入数据，即给每个字段赋值了。因此，一个完整的表是由表结构和表记录两部分构成的。

在下面的设计中，将用到教学管理数据库中的"学生"、"课程"和"成绩"3 个表，其结构和内容如表 3.1 至表 3.6 所示。

表 3.1　"学生"表结构

字　段	字　段　名	类　　型	宽　　度	小 数 位 数
1	学号	字符型	8	—
2	姓名	字符型	8	—
3	性别	字符型	2	—
4	出生日期	日期型	8	—
5	系别	字符型	10	—
6	贷款否	逻辑型	1	—
7	简历	备注型	4	—
8	照片	通用型	4	—

表 3.2　"课程"表结构

字　段	字　段　名	类　　型	宽　　度	小 数 位 数
1	课程号	字符型	3	—
2	课程名	字符型	20	—
3	学时	数值型	3	—
4	学分	数值型	2	—

表 3.3　"成绩"表结构

字　段	字　段　名	类　　型	宽　　度	小 数 位 数	NULL 值
1	学号	字符型	8	—	—
2	课程号	字符型	3	—	—
3	成绩	数值型	5	1	√

表 3.4 "学生"表

学号	姓名	性别	出生日期	系别	贷款否	简历	照片
01010201	刘娉婷	女	07/12/92	法律	.F.	略	略
01010308	夏露	女	11/20/93	教育	.F.	略	略
01020215	李昱	女	08/11/91	新闻	.T.	略	略
01020304	周林志	男	03/12/93	历史	.F.	略	略
01030306	陈佳怡	女	10/09/92	经济	.F.	略	略
01030402	何杰	男	03/08/93	艺术	.T.	略	略
01030505	卢迪	女	12/23/93	管理	.T.	略	略
01040501	范晓蕾	女	09/23/92	外语	.T.	略	略
01050508	王青	男	05/10/92	金融	.F.	略	略
01060301	李振宇	男	09/04/91	中文	.F.	略	略

表 3.5 "课程"表

课程号	课程名	学时	学分
101	英语	144	5
102	历史	72	3
103	大学语文	80	3
104	法律基础	36	2
105	计算机应用	72	3
106	体育	36	2

表 3.6 "成绩"表

学号	课程号	成绩	学号	课程号	成绩
01010201	101	93.5	01020304	105	88.5
01010201	103	73.5	01030306	104	77.0
01010308	101	87.0	01030402	104	58.0
01010308	103	82.5	01030505	104	76.5
01020215	101	85.0	01040501	101	65.5
01020215	102	76.5	01040501	103	85.5
01020215	105	86.0	01050508	106	98.0
01020304	101	82.0	01050508	102	92.0
01020304	102	91.5	01060301	103	76.5

3.3.2 自由表的建立

自由表是尚未属于任何数据库的表，所以不在 VFP 中创建 xBASE 的.DBF 文件都是自由表。在 VFP 中创建表时，如当前没有打开数据库，则创建的表也是自由表。下面以"学生"表为例，建立自由表。

1. 表结构的定义

利用表设计器可以很方便地创建表的结构。打开表设计器一般有 3 种方法：

（1）菜单方式

① 选择"文件|新建"命令（或单击常用工具栏中的"新建"按钮）打开"新建"对话

框。选择"表"文件类型，单击"新建文件"按钮，打开"创建"对话框。

② 在对话框中，选择保存位置"E:\VFP6\DATA"（为便于管理各类型文件，在 E:\VFP6 目录下再建一个名为 DATA 的子文件夹，用来存放所有的表文件），输入表文件名"学生.DBF"，然后单击"保存"按钮。

（2）命令方式

格式：CREATE〈表文件名〉　　　　&& 这里的表文件名为"学生.DBF"，其扩展名可省略

功能：打开表设计器，创建数据表。

（3）项目管理器方式

在项目管理器中，从"数据"选项卡选择"自由表"，单击"新建"命令。用这种方法创建的自由表属于一个项目。

用上述三种方法都可打开表设计器，如图 3.7 所示，选择"字段"选项卡。

① 在"字段名"栏中输入字段的名称。

② 在"类型"栏中，单击列表框右边的箭头按钮，从列表中选择一种字段类型。

③ 在"宽度"栏中，输入或设置以字节为单位的宽度。一般汉字属基本集，1 个汉字占 2 字节，而扩充集上的汉字占 4 字节，字段的宽度应足够容纳将要存储的信息内容。

④ 对于数值型字段，还要设置"小数位数"栏中的小数位数（不含小数点本身）。

⑤ 如允许字段接受空值，则选中"NULL"。使用 NULL 值表明记录中该字段的信息目前还无法得到或确定，而不是零、空字符串或空白。

字段名前的双向箭头表示该行为当前行，一行内的各项目之间可按 Tab 键移动。

按表 3.1 给出的"学生"表结构，分别定义各字段，如图 3.7 所示。

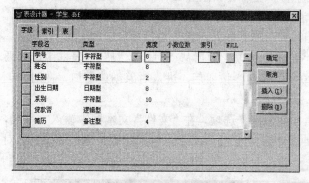

　　　图 3.7　表设计器　　　　　　　　　　　　　图 3.8　输入记录提示框

在表设计器中定义好各个字段之后，单击"确定"按钮，就完成了表结构的创建。此时会出现图 3.8 所示的提示框，询问"现在输入数据记录吗？"。选择"是"按钮，则可立即开始输入记录，创建一个既有结构又有记录的完整数据表；选择"否"按钮，则不输入记录，生成一个只有结构而无记录的空表，待以后再向表中追加记录（参见 3.5.2 节）。

2．记录的输入

在图 3.8 所示的提示框中单击"是"按钮，便进入数据输入窗口，可以向数据表中输入数据。

表记录格式有两种模式：一种是图 3.9 所示的浏览模式，另一种是图 3.10 所示的编辑模式；前者是一条记录占一行，后者是一个字段占一行。用户可以根据需要和喜好，利用"显示"菜单下的"浏览"或"编辑"命令在这两种显示模式之间切换。

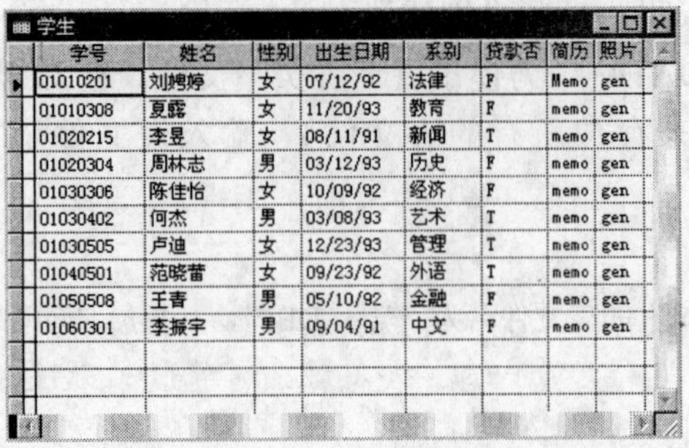

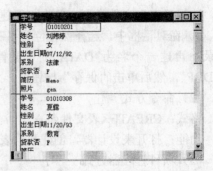

图 3.9　浏览模式

图 3.10　编辑模式

（1）一般数据的输入　在输入窗口中显示了表中记录的全部字段名。对于字符型、数值型、逻辑型、日期型等类型的字段，只要依次输入具体数据即可。

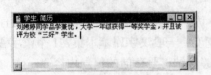

图 3.11　输入备注型字段内容

（2）备注型字段数据的输入　在备注型字段中可输入任意长度的文本，方法是：双击名为"memo"的备注型字段标志，进入备注窗口后输入文本内容，如图 3.11 所示。

输入和编辑好备注型字段内容后，单击备注窗口右上角的"关闭"按钮退出备注窗口，返回记录输入屏幕（原来的备注型字段标志"memo"中的字母"m"变为大写，即"Memo"，表明该备注型字段的内容非空），继续输入其他数据。

（3）通用型字段数据的输入　在通用型字段中可以添加图像、声音及所有可以插入的OLE 对象，方法是：双击名为"gen"的通用型字段标志，进入通用型字段的输入编辑窗口。选择"编辑|插入对象"命令，打开图 3.12 所示的"插入对象"对话框。

若插入的对象是新创建的，则单击"新建"选项，然后从"对象类型"列表框中选择要创建的对象类型，如图 3.12（a）所示。单击"确定"按钮后，进入对象创建窗口，在对象创建好之后，退出此窗口即可。

若插入的对象已经存在，则单击"由文件创建"选项，在"文件"文本框中输入文件名，或者单击"浏览"按钮，选择需要的文件，如图 3.12（b）所示。然后单击"确定"按钮，对象即插入到编辑窗口中。

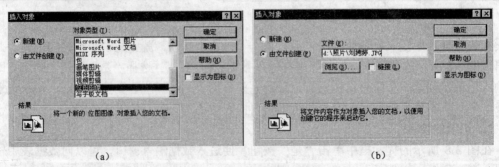

（a）　　　　　　　　　　　　　　　　（b）

图 3.12　"插入对象"对话框

编辑好通用型字段的内容后，单击编辑窗口右上角的"关闭"按钮，返回记录输入屏幕（原来的通用型字段标志"gen"中的字母"g"变为大写，即"Gen"，表明该通用型字段的内容非空），继续输入其他数据。

要删除备注型字段或通用型字段的内容，可双击字段名，打开包含其内容的编辑窗口，选择"编辑|清除"命令。

根据表 3.4 给出的"学生"表内容，输入记录，完成后单击窗口右上角的"关闭"按钮或按 Ctrl+W 组合键退出。

注意：在表中定义了备注型或通用型字段后，系统会自动生成与表文件名相同且扩展名为.FPT 的备注文件，用来存放备注型或通用型字段的实际内容。表备注文件将随着表文件的打开而打开，随着表文件的关闭而关闭。

无论一个表中定义了多少个备注型字段或通用型字段，系统只生成一个.FPT 文件，存放这个表中所有备注型字段和通用型字段的内容。

3.3.3　数据库表的建立

数据库表是与数据库相关联的表，它具有自由表没有的一些属性，如长字段名、数据有效性规则的定义等，它与其他大型数据库管理系统更相近，更符合 SQL 国际标准。因此，在开发数据库应用系统时，更多的是使用数据库表，建立数据库表有以下几种方法。

1．在数据库中建立新表

（1）在项目管理器或数据库设计器中建立新表

使用项目管理器创建的表自动包含在项目文件中，例如，在"教学"项目的"教学管理"数据库中建立"课程"表，方法是：

① 打开"教学.PJX"项目文件，启动项目管理器。

② 选择"数据"标签，单击"数据库"项前的"+"号，展开该数据项。

③ 单击"教学管理"数据库项前的"+"号展开该数据库。

④ 选定"表"，然后单击"新建"按钮，如图 3.13 所示。

也可以在项目管理器中双击"教学管理"数据库，打开数据库设计器，右击窗口空白处，从快捷菜单中选择"新建表"（如图 3.14 所示），打开"新建表"对话框。

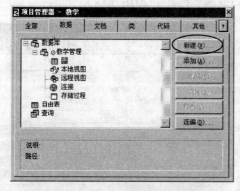
图 3.13　在项目管理器中新建表

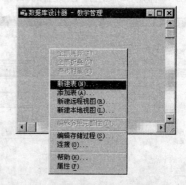
图 3.14　在数据库设计器中新建表

⑤ 在"新建表"对话框中，单击"新建表"按钮，出现"创建"对话框。选择保存位置"E:\VFP6\DATA"，输入表文件名"课程.DBF"后即可打开图 3.15 所示的表设计器。

后面的操作与建立自由表的方法相同，按表 3.2 和表 3.5 所示的"课程"表结构和内容，定义字段并输入记录。

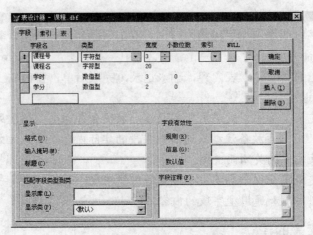

图 3.15　数据库表的表设计器界面

（2）当数据库处于打开状态时，用建立自由表的方法创建的新表将包含在该数据库中。

【例 3.5】　用命令方式在"教学管理"数据库中建立"成绩"表。

OPEN　DATABASE　E:\VFP6\教学管理

CREATE　E:\VFP6\DATA\成绩　　　　&& "成绩"表的结构和内容如表 3.3 和表 3.6 所示

2．将自由表添加到数据库中

当数据库建好之后，可以向数据库中添加已有的自由表，使其成为数据库表。例如，将前面建立的"学生"表添加到"教学管理"数据库中。

（1）项目管理器方式

① 打开"教学"项目，启动项目管理器。

② 选择"数据"选项卡，展开"教学管理"数据库。

③ 选择"表"项，单击"添加"按钮，如图 3.16 所示。

④ 在"打开"对话框中选择"E:\VFP6\data"文件夹中的"学生.dbf"表，如图 3.17 所示。单击"确定"按钮，该数据表即添加到当前数据库中，如图 3.18 所示。

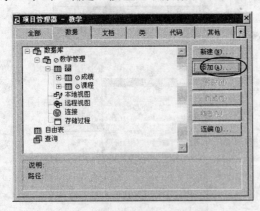
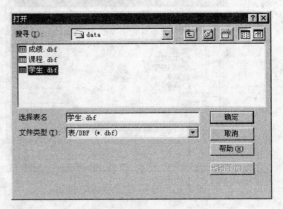

图 3.16　在数据库中添加自由表　　　　　　　图 3.17　选择要添加的自由表

也可以打开数据库设计器，选择"数据库|添加表"命令，然后从"打开"对话框中选择要添加到当前数据库的自由表。

（2）命令方式

格式：ADD TABLE〈数据表文件名〉

功能：向已打开的数据库中添加指定名字的数据表。

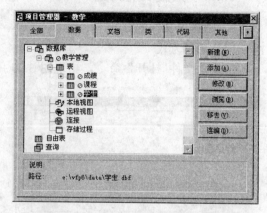

【例3.6】 用命令方式向"教学管理"数据库中添加"学生"表。

> OPEN DATABASE E:\VFP6\教学管理
> ADD TABLE E:\VFP6\DATA\学生

数据库中的数据表只能属于这个数据库文件。如要向当前数据库中添加已属于其他数据库的表，则需先把该数据表从其他数据库中移出来，才能将它添加到当前数据库中。

图3.18 将"学生"表添加到数据库中

3．从数据库中移去数据表

（1）项目管理器方式

在项目管理器中，将数据库中的表展开，选中要移去的表；然后单击"移去"按钮，出现图3.19所示的提示对话框，单击"移去"按钮即可。

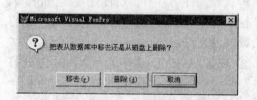

图3.19 移去数据库表时的提示框

若在上述提示框中单击"删除"按钮，则不仅从数据库中移去该表，同时也从磁盘上删除了该表。做表费时间，因此初学者要谨慎使用该功能。

也可以打开数据库设计器，选择要移去或删除的数据表，然后选择"数据库|移去"命令，在随后出现的提示框中单击"移去"或"删除"按钮。

（2）命令方式

格式：REMOVE TABLE 〈数据表文件名〉 [DELETE][RECYCLE]

功能：从当前数据库中移去或删除指定的数据表。

说明：如不带DELETE选项，则将指定数据表从数据库中移去，使之成为自由表；如带DELETE选项，则表示从数据库中移去数据表的同时从磁盘上删除该表；如同时带DELETE和RECYCLE选项，则表示把指定的数据库表从数据库中移去后，放入Windows回收站中，而不是立即从磁盘上删除。

【例3.7】 用命令方式从"教学管理"数据库中移去"成绩"表。

> OPEN DATABASE E:\VFP6\教学管理
> REMOVE TABLE E:\VFP6\DATA\成绩

3.4 数据表的基本操作

前面创建数据库时介绍过，当一个数据库建立后，这个数据库文件就存储了有关该数据库的所有信息，如数据库表、视图、联接和存储过程等，但它并不在物理上包含任何附属对象，如表或字段。VFP仅在数据库文件中存储指向数据库表文件的路径指针。因此，对数据库表的操作，既可以通过项目管理器或数据库设计器进行，也可以单独进行，单独操作时必须先打开相应的数据表文件。

3.4.1 数据表的浏览

1. 数据表文件的打开

（1）菜单方式

选择"文件|打开"命令，出现图 3.20 所示的"打开"对话框，选择文件所在的路径和

类型（.dbf）并输入文件名，单击"确定"按钮，或者直接双击要打开的文件。

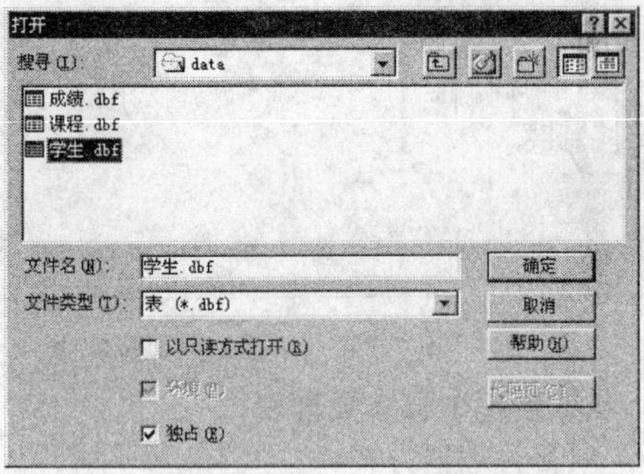

（2）命令方式

格式：USE [<表文件名>] [EXCLUSIVE] [SHARED]

功能：打开指定的表文件。

说明：

① <表文件名>中可以省略扩展名.dbf。若命令行中不带<表文件名>，则表示关闭当前打开的数据表文件。

② EXCLUSIVE 选项表示以独占方式打

图 3.20　"打开"对话框

开数据表文件，与在"打开"对话框中选择"独占"复选框等效，即不允许其他用户在同一时刻也使用该数据库。SHARED 选项表示以共享方式打开数据表文件，与在"打开"对话框中不选择"独占"复选框等效，即允许其他用户在同一时刻也使用该数据库。当要修改数据表结构或物理删除数据表中的记录时，必须使该数据表处于"独占"方式，否则系统不允许进行修改或删除操作。

2. 表结构的浏览与显示

（1）浏览表结构　对已建立的数据表可以打开表设计器查看其结构。

① 项目管理器方式　打开项目管理器，选择"数据"选项卡，将数据库展开至表项。选定要浏览的表，单击"修改"按钮；或双击该表，打开相应的表设计器。

② 菜单方式　选择"文件|打开"命令，打开要浏览的数据表；然后选择"显示|表设计器"命令，打开表设计器。

（2）显示表结构　使用 LIST 或 DISPLAY 命令可以在主窗口中显示当前数据表的结构。

格式：LIST|DISPLAY　STRUCTURE

说明：LIST 命令用于连续显示，DISPLAY 命令用于分页显示。执行该命令后，将显示文件名、数据表记录的个数、数据表文件更新的日期、每个字段的定义，以及一个记录的字节总数、备注型字段的块长度等信息。

【例 3.8】　用命令方式打开"学生"表文件，并显示表结构，然后将其关闭。

```
USE   E:\VFP6\DATA\学生          && 打开"学生"表文件
LIST   STRUCTURE                  && 显示"学生"表结构
USE                               && 关闭处于打开状态的"学生"表文件
```

显示结果：

表结构：　E:\VFP6\DATA\学生.dbf

数据记录数：　　　10

最近更新的时间：　05/14/10

备注文件块大小：　64

代码页：936

字段	字段名	类型	宽度	小数位	索引	排序	NULLS
1	学号	字符型	8				否
2	姓名	字符型	8				否
3	性别	字符型	2				否
4	出生日期	日期型	8				否
5	系别	字符型	10				否
6	贷款否	逻辑型	1				否
7	简历	备注型	4				否
8	照片	通用型	4				否
总计			46				

结果中的最后一行为总计行。数据总宽度等于各字段宽度之和再加 1，多加的 1 字节用来存放记录的逻辑删除标志（有关记录的逻辑删除将在 3.5.4 节中介绍）。

3．记录的浏览与显示

（1）在浏览窗口中浏览记录

① 项目管理器方式　打开项目管理器，选择“数据”选项卡，将数据库展开至表项。选定要浏览的表，单击“浏览”按钮，出现图 3.9 所示的浏览窗口。

也可以双击“数据库”项，打开数据库设计器，先选定要浏览的表，然后选择“数据库|浏览”命令；或者右击要浏览的表，从快捷菜单中选择“浏览”命令，打开浏览窗口。

对于备注型字段或通用型字段内容，只要在浏览窗口中双击相应的字段标志（“Memo”或“Gen”），打开编辑窗口即可进行浏览。

② 菜单方式　选择“文件|打开”命令，打开要浏览的数据表。然后从“显示”菜单中选择“浏览”或“编辑”命令，打开浏览窗口。

③ 命令方式

格式：BROWSE

功能：打开浏览窗口，显示当前数据表中的记录。

说明：使用 BROWSE 命令之前，数据表必须处于打开状态。

【例 3.9】　用命令方式打开“学生”表，并在浏览窗口中浏览表记录，然后将其关闭。

```
USE  E:\VFP6\DATA\学生        && 打开“学生”表文件
BROWSE                        && 浏览“学生”表记录
USE                           && 关闭处于打开状态的“学生”表文件
```

在浏览窗口中，字段的相对位置是根据用户建立表结构时的顺序排列的，但也可以根据需要来改变这种排列方式，方法是：将鼠标移到要移动字段的列标头处（鼠标指针变为向下箭头），按住鼠标左键（该字段名变为黑色），然后拖动鼠标到列标头的新位置处，松开鼠标，该字段的位置即随之改变。如图 3.21 所示，将“学生”表中的“出生日期”字段移到了第一列，

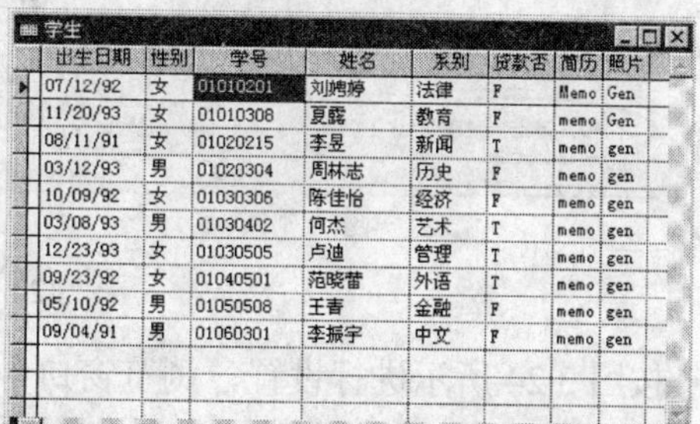

学生

出生日期	性别	学号	姓名	系别	贷款否	简历	照片
07/12/92	女	01010201	刘娉婷	法律	F	Memo	Gen
11/20/93	女	01010308	夏露	教育	F	memo	Gen
08/11/91	女	01020215	李昱	新闻	T	memo	gen
03/12/93	男	01020304	周林志	历史	F	memo	gen
10/09/92	女	01030306	陈佳怡	经济	F	memo	gen
03/08/93	男	01030402	何杰	艺术	T	memo	gen
12/23/93	女	01030505	卢迪	管理	T	memo	gen
09/23/92	女	01040501	范晓蕾	外语	T	memo	gen
05/10/92	男	01050508	王青	金融	F	memo	gen
09/04/91	男	01060301	李振宇	中文	F	memo	gen

图 3.21　改变字段显示位置

将"性别"字段移到了第二列。

注意：这种方式只能临时改变字段在浏览窗口的当前显示位置，而不会改变表结构中的字段位置。若要永久改变字段在表结构中的位置，可以用 3.5.1 节中介绍的修改表结构的方法。

（2）在浏览窗口中有选择地浏览记录

对于一个数据量很大的表，用户可能不想在浏览窗口中显示表中的所有记录或所有字段信息，而只想有选择地显示某些记录或某些字段的信息，在 VFP 中可以通过对记录或字段的筛选来实现。

① 菜单方式　打开浏览窗口，选择"表|属性"命令，打开"工作区属性"对话框。在"数据过滤器"文本框中输入筛选条件，单击"确定"按钮，浏览窗口中就只显示满足筛选条件的记录。

按图 3.22 所示设置筛选条件，浏览窗口中只显示所有女生的记录（如图 3.23 所示）。删除"数据过滤器"文本框中的筛选表达式，可恢复显示所有记录。

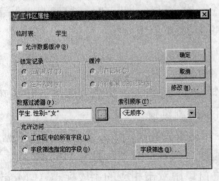

图 3.22　"工作区属性"对话框

图 3.23　筛选记录

在"工作区属性"对话框的"允许访问"栏中选中"字段筛选指定的字段"单选项（如图 3.24（a）所示），单击"字段筛选"按钮，打开"字段选择器"对话框。在"所有字段"列表框中选中要显示的字段，并单击"添加"按钮，或者直接双击要显示的字段，将其移入"选定字段"列表框，如图 3.24（b）所示。设置完毕后，返回"工作区属性"对话框，单击"确定"按钮，浏览窗口中便只显示选定的字段内容。

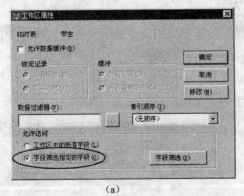

（a）

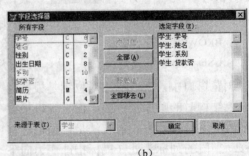

（b）

图 3.24　设置字段的筛选

按图 3.24 所示进行设置，浏览窗口中只显示所筛选的字段内容（如图 3.25 所示）。

若要恢复显示所有字段，只要在"工作区属性"对话框中的"允许访问"栏内选择"工作区中的所有字段"单选项，即可取消对字段访问的限制。

② 命令方式

格式 1：SET　FILTER　TO　[<条件表达式>]

功能：设置数据过滤器，使得数据表中只有满足指定条件的记录才可以被访问。

说明：<条件表达式>代表筛选条件，满足该条件的记录可以访问，不满足该条件的记录不允许访问；若没有指定<条件表达式>，则表示取消当前表的筛选条件，使表中所有记录都可以访问。

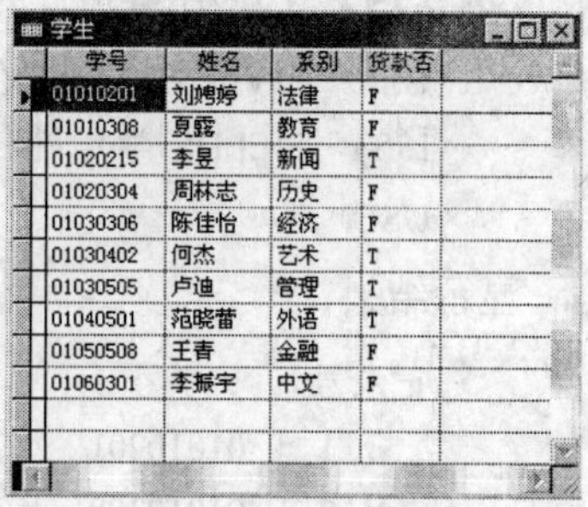

图 3.25　字段筛选

【例 3.10】　用命令方式浏览"学生"表中所有女生的记录。

```
USE E:\VFP6\DATA\学生
SET FILTER TO  性别="女"
BROWSE
USE
```

【例 3.11】　取消例 3.10 中的记录筛选，浏览"学生"表中所有学生的记录。

```
USE   E:\VFP6\DATA\学生
SET   FILTER   TO                       && 取消当前表的记录筛选条件
BROWSE
USE
```

格式 2：SET　FIELDS　TO　ALL|<字段名表>

功能：设置字段过滤器，使得数据表中只有指定的字段才可以被访问。

说明：若指定<字段名表>，则出现在字段名表中的字段可以访问，数据表中的其他字段不允许访问；若使用 ALL 选项，则取消对字段的限制，表中所有字段都可以访问。

【例 3.12】　用命令方式浏览"学生"表中的学号、姓名、系别和贷款否 4 个字段。

```
USE   E:\VFP6\DATA\学生
SET   FIELDS   TO   学号,姓名,系别,贷款否    && 只能访问当前表记录的 4 个字段
BROWSE
USE
```

【例 3.13】　取消例 3.12 中对字段访问的限制，浏览"学生"表中所有字段内容。

```
USE E:\VFP6\DATA\学生
SET   FIELDS   TO   ALL                  && 可以访问当前表记录的所有字段
BROWSE
USE
```

（3）显示记录

使用 LIST 或 DISPLAY 命令可以在 VFP 主窗口中显示记录内容。

格式：LIST|DISPLAY [<范围>][[FIELDS] <表达式表>][WHILE <条件>][FOR<条件>]

功能：连续或分页显示当前数据表文件的全部或部分记录内容。

说明：命令中各选项的含义可参照 2.5 节中的说明。当命令中不带<范围>和<条件>选项时，LIST 命令默认显示全部记录，而 DISPLAY 命令仅显示当前记录。

【例 3.14】 显示"学生"表中所有女生的学号、姓名和所在系信息。

    USE E:\VFP6\DATA\学生.DBF
    LIST FIELDS 学号,姓名,系别 FOR 性别="女"
    USE

显示结果：

记录号	学号	姓名	系别
1	01010201	刘娉婷	法律
2	01010308	夏露	教育
3	01020215	李昱	新闻
5	01030306	陈佳怡	经济
7	01030505	卢迪	管理
8	01040501	范晓蕾	外语

3.4.2 记录的定位

1. 记录指针

向表中输入记录时，系统会按照输入次序为每个记录加上相应的记录号。VFP 为每一个打开的数据表都设置了一个用来指示记录位置的指针，称为记录指针。记录指针存放的是记录号，用来标识数据表的当前记录。图 3.26 示意了表文件的逻辑结构，最上面的记录是首记录（标识为 TOP），最下面的记录是尾记录（标识为 BOTTOM）。首记录之前有一个文件起始标识，称为 Begin of File（BOF）；尾记录或末记录之后有一个文件结束标识，称为 End of File（EOF）。

表文件刚打开时，记录指针总是指向首记录的。通过移动记录指针，定位记录，就可以对指定的当前记录进行操作了。

2. 记录指针的移动

记录指针的移动包括绝对移动、相对移动和条件定位三种方式，可以通过菜单或命令操作来实现。

（1）菜单方式

当打开的数据表处于浏览、编辑等状态时，在 VFP 的主菜单中会出现一个"表"菜单项，提供了记录定位的各种操作。

① 在项目管理器中，选择"学生"表，单击"浏览"按钮，打开浏览窗口。

② 选择"表|转到记录"命令，展开其下级子菜单，如图 3.27 所示。可以根据需要选择其中的一项。

- 第一个 指向数据表的首记录（第一条记录）。
- 最后一个 指向数据表的尾记录（末记录）。
- 下一个 指向当前记录的下一条记录。
- 上一个 指向当前记录的上一条记录。
- 也可以直接在浏览窗口中单击某条记录，使其成为当前记录，在当前记录所在行的最左列有一个向右的黑三角标记，见图 3.21。
- 记录号 指向给定记录号的某条记录。执行该命令后，系统将弹出一个图 3.28 所示的对话框，要求输入记录号的数值。单击"确定"按钮后，指针即指向用户指定的记录位置。
- 定位 指向满足条件的第一条记录。执行该命令后，出现图 3.29 所示的对话框，供用户设置定位记录的条件和范围。

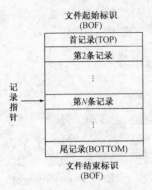

图 3.26　表文件逻辑结构

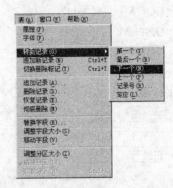

图 3.27　"表"菜单中的记录定位命令

图 3.28　输入记录号对话框

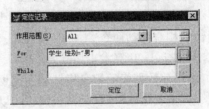

图 3.29　"定位记录"对话框

可以直接在"For"条件或者"While"条件文本框中输入一个条件表达式，也可以单击文本框右边的"…"按钮，打开图 3.30 所示的表达式生成器，生成一条表达式。

假设表达式为"性别="男""，可以按如下方法操作：首先在"字段"列表框中双击"性别"字段，该字段名即出现在表达式生成器上方的表达式文本编辑框中；然后从"逻辑"函数列表框中选择"="运算符，或直接输入"="；在"="后输入字符串常量""男""。单击"确定"按钮后，该表达式即出现在图 3.29 所示的条件文本框中。

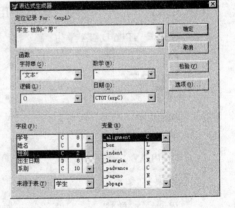

图 3.30　表达式生成器

最后，单击"定位"按钮，记录指针即指向满足条件的第一条记录。

（2）命令方式

在程序设计中，定位记录主要使用命令方式，它比菜单方式更方便、灵活。

① 指针的绝对移动命令

格式：GO│GOTO [RECORD]＜记录号＞│TOP│BOTTOM

功能：将当前数据表的记录指针移到指定记录号的记录上。GO TOP 表示将指针移到首记录，GO BOTTOM 表示将指针移到末记录。

说明：GO 命令与 GOTO 命令功能相同。

【例 3.15】　用命令方式定位并显示"学生"表的第 1 条、第 6 条和最后一条记录。

　　　USE E:\VFP6\DATA\学生

　　　GO　TOP　　　　　　　　　　　　　　&& 强调移动记录指针到首记录处

```
        DISPLAY
        GO   6                              && 移动记录指针到第 6 条记录处
        DISPLAY
        GO   BOTTOM                         && 移动记录指针到末记录处
        DISPLAY
```

显示结果：

记录号	学号	姓名	性别	出生日期	系别	贷款否	简历	照片
1	01010201	刘娉婷	女	07/12/92	法律	.F.	Memo	Gen

记录号	学号	姓名	性别	出生日期	系别	贷款否	简历	照片
6	01030402	何杰	男	03/08/93	艺术	.T.	memo	gen

记录号	学号	姓名	性别	出生日期	系别	贷款否	简历	照片
10	01060301	李振宇	男	09/04/91	中文	.F.	memo	gen

② 指针的相对移动命令

格式：SKIP [+|−][〈算术表达式〉]

功能：将当前数据表的记录指针从当前记录位置向前或向后移动若干条记录位置。

说明：〈算术表达式〉可以是常量，也可以是已赋过值的变量，但该值必须为整数，表示相对于当前记录位置要移动的记录个数。〈算术表达式〉前带 "+"，表示使记录指针从当前位置向下移动（"+" 可以省略）；〈算术表达式〉前带 "−"（"−" 不可省略），表示使记录指针从当前位置向上移动。SKIP 命令与 SKIP 1 命令等价。

【例 3.16】 打开 "学生" 表，使用 SKIP 命令移动记录指针。

```
        USE E:\VFP6\DATA\学生
        GO   2                         && 绝对移动记录指针到第 2 条记录处
        DISPLAY
        SKIP   5                       && 相对移动记录指针 5 条记录（至第 7 条记录处）
        DISPLAY
        SKIP   −3                      && 相对移动记录指针−3 条记录（至第 4 条记录处）
        DISPLAY
```

显示结果：

记录号	学号	姓名	性别	出生日期	系别	贷款否	简历	照片
2	01010308	夏露	女	11/20/93	教育	.F.	memo	gen

记录号	学号	姓名	性别	出生日期	系别	贷款否	简历	照片
7	01030505	卢迪	女	12/23/93	管理	.T.	memo	gen

记录号	学号	姓名	性别	出生日期	系别	贷款否	简历	照片
4	01020304	周林志	男	03/12/93	历史	.F.	memo	gen

③ 条件定位命令

格式：LOCATE   [〈范围〉]   FOR   〈条件〉   [WHILE〈条件〉]

功能：在当前数据表的指定范围内查找满足条件的第一条记录。

说明：

● 如找到满足条件的记录，则指针指向该记录；如没有找到，则指针指向表文件结束位置。可以用 FOUND( )函数测试是否找到满足条件的记录。

● FOR 〈条件〉表示在指定范围内，定位满足条件的第一条记录。

● WHILE 〈条件〉表示仅当条件满足时才进行记录的定位。如指定范围内的第一条记录就不满足条件，则立即结束操作，不论后面是否还有符合条件的记录存在。

● 如要使指针指向下一条满足条件的记录，必须使用继续定位命令 CONTINUE。

【例 3.17】 打开"学生"表，用 LOCATE 命令定位所有女生的记录。

```
USE   E:\VFP6\DATA\学生
LOCATE   FOR 性别="女"
?FOUND( )                        && 显示结果 .T.
DISPLAY                          && 显示当前记录
```

显示结果：

记录号	学号	姓名	性别	出生日期	系别	贷款否	简历	照片
2	01010308	夏露	女	11/20/93	教育	.F.	memo	gen

继续执行命令：

```
CONTINUE                        && 用 LOCATE 命令继续查找必须用 CONTINUE 配合
DISPLAY
```

显示结果：

记录号	学号	姓名	性别	出生日期	系别	贷款否	简历	照片
3	01020215	李昱	女	08/11/91	新闻	.T.	memo	gen

可继续使用 CONTINUE 命令定位其他性别为"女"的记录，直到?FOUND( )为.F.。

3.5 数据表的维护

数据表的维护主要包括两方面，一是表结构的修改，二是对记录的添加、编辑和删除操作。

3.5.1 表结构的修改

数据表结构的修改包括增加或删除字段，修改字段名、类型、宽度，增加、删除或修改索引。对于数据库表，还可以修改或删除有效性规则等（索引和有效性规则见 3.6.2 节和 3.7.2 节），修改表结构可以在表设计器中进行，而且最好在输入记录数据之前进行。

1．项目管理器方式

打开项目管理器，将数据库中的表展开，选择要修改结构的表，单击"修改"按钮，或双击要修改的表后，进入表设计器窗口。

（1）修改已有的字段 直接修改字段的名称、类型和宽度即可。

（2）增加新字段

① 在原有字段后增加新字段 将光标移到最后，定义新的字段名、类型和宽度。

② 在两个字段之间插入新字段 选中要插入新字段的行（将鼠标指向字段行最左边按钮，鼠标指针变为双箭头，单击按钮即可选中该字段行），再单击"插入"按钮，便会插入一个新字段，原来字段下移一行。可在新字段位置上输入新的字段名，定义类型和宽度。

（3）删除字段　选定要删除的字段，然后单击"删除"按钮。

（4）改变字段顺序　将鼠标移到字段行最左边的按钮上，按住鼠标，然后上、下拖动到合适位置处再松开鼠标。

表结构修改完毕后，单击"确定"按钮，退出表设计器。

2. 命令方式

格式：MODIFY　STRUCTURE

功能：打开表设计器，显示并修改当前数据表的结构。

改变表的结构时，系统会自动备份当前的表文件。备份文件的扩展名是.BAK，备注文件的备份文件扩展名是.TBK。如在修改表结构时出现错误，可把修改后的表文件删除，再把.BAK 文件和.TBK 文件分别改为原文件扩展名.DBF 和.FPT，即恢复原来的数据表文件。

【例 3.18】　用命令方式打开并修改"学生"表的结构。

```
USE E:\VFP6\DATA\学生
MODIFY　STRUCTURE
USE
```

3.5.2　记录的添加

记录的添加一般是从数据表的末记录之后追加，也可从任一条记录之前或之后插入，还可从其他表文件中追加进来。

1. 在浏览窗口中追加记录

在建立数据表的结构时，如没有选择"立即输入数据"而只建一个无记录的空表，或者要在已有记录的数据表中再增加一些记录，可以用追加的方式向表中输入数据。

（1）菜单方式

通过项目管理器或 BROWSE 命令打开浏览或编辑窗口，选择"显示|追加方式"命令，则在原有末记录后出现一个空记录，如图 3.31 所示，供用户输入具体内容。一次可以追加多条新记录，直到关闭浏览窗口。

说明：打开浏览或编辑窗口后，如选择"表|追加新记录"命令，则一次只能向表中追加一条新记录。

（2）命令方式

格式：APPEND[BLANK]

功能：在当前数据表的尾部（末记录之后）添加记录。

说明：APPEND BLANK 命令只是在当前数据表的末尾添加一条空白记录，并不打开浏览或编辑窗口。可以用下面将要介绍的 BROWSE 等编辑命令交互修改空白记录，或用 REPLACE 命令直接修改该空白记录。

在命令窗口中输入 APPEND 命令并按回车键后，将会出现一个编辑窗口，如图 3.32 所示，此时，一次可以连续输入多条新记录，直到关闭该窗口。

2. 记录的插入

要在数据表的原有记录中间插入新记录，可以使用 INSERT 命令完成。

格式：INSERT [BEFORE] [BLANK]

功能：在当前数据表的任一条记录之前或之后插入一条记录。

说明：如带 BEFORE 选项，则在当前记录之前插入一条新记录。如不带 BEFORE 选项，则默认在当前记录之后插入一条新记录。带 BLANK 选项，表示插入一条空记录。

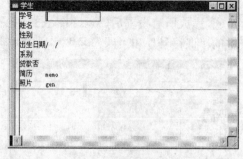

图 3.31　追加记录　　　　　　　　　　　　图 3.32　APPEND 命令窗口

执行 INSERT 命令，也会出现图 3.32 所示的界面。

例如，要在第 3 条记录和第 4 条记录之间插入一条新记录，可以使用下面的命令：

```
GO 3
INSERT                    && 或者使用以下方式
GO 4
INSERT    BEFORE
```

3．从其他文件中追加记录

如当前数据表中要添加的记录已经在其他文件中存在，可以将这些记录从其他文件中追加到当前数据表记录的末尾。

假设有一个"课程安排"表，包含课程号(C, 3)、课程名(C, 20)、教师(C, 8)、教室(C, 10)、上课时间(C, 30)字段，其结构已经建好，但记录为空，需要从已包含数据的"课程"表中提取相对应的记录，可以用以下方法完成。

（1）菜单方式

① 选择"文件|打开"命令，打开"课程安排"表；再从"显示"菜单中选择"浏览"或"编辑"命令，打开浏览或编辑窗口。

② 选择"表|追加记录"命令，出现图 3.33 所示的"追加来源"对话框。在"类型"列表框中选择源文件的类型，在"来源于"文本框中输入来源文件名（或单击浏览按钮，选择来源的文件），此处为"e:\vfp6\data\课程.dbf"。

③ 单击对话框中的"选项"按钮，打开图 3.34 所示的"追加来源选项"对话框，单击"字段"按钮，出现"字段选择器"。在"所有字段"列表框中选定所需的字段，单击"添加"按钮，将其添加至"选定字段"列表框，如图 3.35 所示。

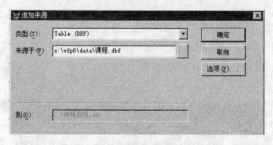

图 3.33　"追加来源"对话框　　　　　　　图 3.34　"追加来源选项"对话框

如对来源的表文件中的记录有条件限制，可以单击"For"按钮，在出现的表达式生成器窗口中输入一个条件表达式。

④ 完成所有设置后，返回图 3.33 所示的对话框，单击"确定"按钮，即可将"课程"表中的"课程号"和"课程名"字段的内容追加到"课程安排"表中，结果如图 3.36 所示。

图 3.35 字段选择器

图 3.36 从"课程"表中追加的记录

（2）命令方式

格式：APPEND　FROM　<源表文件名>　[FIELDS <字段名表>] [FOR <条件>]

功能：将满足条件的记录按指定的字段从源表文件追加到当前数据表的末尾。

说明：只有名称和类型相匹配的字段内容才予以追加。如源表文件字段的宽度大于当前表相应字段的宽度，字符型字段将被截尾，数值型字段填写"*"号以示溢出。

【例 3.19】　　用命令方式将"课程"表中的相应数据追加到"课程安排"表中。

　　USE　E:\VFP6\DATA\课程安排

　　APPEND　FROM　E:\VFP6\DATA\课程.DBF　FIELDS　课程号,课程名

　　BROWSE

　　USE

3.5.3　记录的编辑

1. 在浏览窗口中编辑记录

（1）项目管理器方式

打开项目管理器，将数据库展开至表项，选择要编辑记录的表，单击"浏览"按钮，打开浏览窗口，再用定位记录的方法找到要修改的记录，将光标定位在要修改的字段值上，直接修改即可。全部修改完毕后，关闭浏览窗口，所做的修改将自动保存在表文件中。

若要修改备注型字段或通用型字段内容，可以在浏览窗口中双击相应的字段标志（"Memo"或"Gen"），打开编辑窗口进行相应的编辑或修改。

（2）命令方式

格式：BROWSE　[FIELDS <字段名表>]　[FREEZE <字段名>]

　　　　　　　　　　　　[NOAPPEND] [NOMODIFY] [FOR <条件表达式>]

功能：打开浏览窗口，显示表文件的记录，并进行全屏幕编辑和修改。

说明：

① FIELDS <字段名表> 指定在浏览窗口中出现的字段，并以在字段名表中指定的顺序显示。无此选项，表示可编辑所有字段。

② FREEZE <字段名> 使光标冻结在某字段上，以便仅能修改该字段，其他字段则只能浏览不能修改。

③ NOAPPEND 禁止向数据表中追加记录。

④ NOMODIFY 禁止修改或删除数据表中的记录。

⑤ FOR〈条件表达式〉指定一个条件，使得浏览窗口中只显示满足条件的记录。

【例 3.20】 用命令方式打开"学生"表，显示并修改姓名、系别和贷款否 3 个字段。

```
USE   E:\VFP6\DATA\学生
BROWSE  FIELDS  姓名,系别,贷款否
USE
```

结果如图 3.37 所示。

2．批量修改记录

上述方法只能在浏览窗口中对记录逐条进行编辑修改，如要同时对一批记录中的某个字段或某几个字段进行编辑修改，可以使用成批修改记录的操作。

（1）菜单方式

打开数据表，使其显示在浏览或编辑窗口中，然后选择"表|替换字段"命令，出现图 3.38 所示的"替换字段"对话框。在"字段"下拉列表框中选择当前数据表中要替换的字段，在"替换为"文本框中输入要替换指定字段内容的表达式（也可以单击文本框右侧的"…"按钮，利用表达式生成器建立表达式），在"替换条件"栏中根据需要指定记录范围和条件。

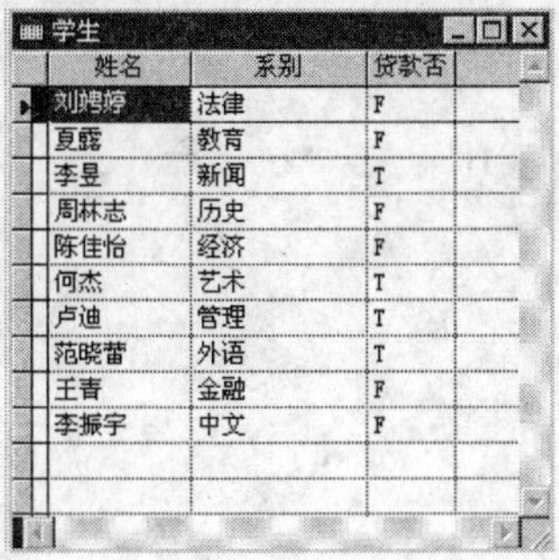

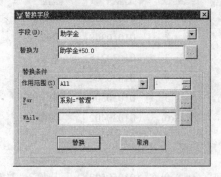

图 3.37　BROWSE 命令编辑记录　　　　　　　图 3.38　"替换字段"对话框

假设已在"学生"表中增加了一个"助学金"字段（类型为 N，宽度为 6，小数位数为 2），若要给管理系的每个学生增加 50.0 元助学金，可在"替换字段"对话框中按图 3.38 所示进行相应的设置。单击"替换"按钮后，"学生"表中所有管理系学生的助学金都增加了 50.0 元，结果如图 3.39 所示。

（2）命令方式

格式：REPLACE [〈范围〉] [〈字段1〉WITH〈表达式1〉[ADDITIVE][,〈字段2〉WITH〈表达式2〉] [ADDITIVE]…] [FOR〈条件〉] [WHILE〈条件〉]

图 3.39　替换"助学金"字段结果

功能：对当前数据表中指定范围内满足条件的记录进行批量修改。

说明：

① 该命令可以同时修改多个字段的内容，即用〈表达式1〉的值替换〈字段1〉中的数据、

用<表达式 2>的值替换<字段 2>中的数据，…，依次类推。

② 如表达式值的长度比数值型字段定义的宽度大，此命令首先截去多余的小数位，剩下小数部分四舍五入；如还达不到要求，则以科学计数法保存此字段的内容；如还不满足，此命令将用星号（*）代替该字段内容。

③ ADDITIVE 选项只适用于备注型字段的修改。若有此选项，表示将表达式的内容添加在原来备注内容的后面；否则，表达式的内容将会覆盖原来的备注内容。

④ 若无 FOR 选项，则对<范围>指定的记录进行替换；若无<范围>选项，则对整个数据表中符合条件的记录进行替换。若两个选项均默认，则仅对当前记录进行替换。

【例 3.21】 打开"学生"表，给管理系的每个学生减去 15.5 元助学金，用 REPLACE 命令完成，并显示结果。

```
USE   E:\VFP6\DATA\学生
REPLACE   助学金   WITH   助学金-15.50   FOR   系别="管理"
LIST   学号,姓名,系别,助学金
USE
```

显示结果：

记录号	学号	姓名	系别	助学金
1	01010201	刘娉婷	法律	0.00
2	01010308	夏露	法律	0.00
3	01020215	李昱	新闻	0.00
4	01020304	周林志	历史	0.00
5	01030306	陈佳怡	经济	0.00
6	01030402	何杰	艺术	0.00
7	01030505	卢迪	管理	34.50
8	01040501	范晓蕾	外语	0.00
9	01050508	王青	金融	0.00
10	01060301	李振宇	中文	0.00

3.5.4　记录的删除

数据表中不需要的数据可以随时删除。在 VFP 中,删除记录有逻辑删除和物理删除两种。逻辑删除只是给记录加上删除标记，并没有从数据表中将其清除，需要时还可以恢复；物理删除则是真正地从表文件中清除记录，不可再恢复。

1. 记录的逻辑删除

记录的逻辑删除有以下三种方法。

（1）鼠标操作

打开项目管理器，将数据库展开至表项，选中要操作的表，单击"浏览"按钮，打开浏览窗口。单击要逻辑删除的记录的第一个字段前面的空白处，使其颜色变黑，表示此记录已被逻辑删除了，如图 3.40 所示。

使用这种方法可以给多条记录加逻辑删除标记。

（2）菜单方式

打开浏览窗口，选择"表|删除记录"命令，出现"删除"对话框。根据需要分别设置"作

用范围"、"FOR"条件或者"WHILE"条件，然后单击"删除"按钮，即进行了逻辑删除。

图 3.40　逻辑删除记录

按图 3.41 所示进行设置，结果将逻辑删除"学生"表中所有男生的记录。

（3）命令方式

格式：DELETE [<范围>] [FOR <条件>] [WHILE <条件>]

功能：给当前数据表文件中满足条件的记录加删除标记。

说明：如省略<范围>和<条件>选项，则只给当前记录加删除标记。

【例 3.22】　打开"学生"表，将最后一条记录逻辑删除。

```
USE    E:\VFP6\DATA\学生
GO    BOTTOM                    && 将记录指针移至末记录
DELETE
DISPLAY
USE
```

显示结果：

记录号	学号	姓名	性别	出生日期	系别	贷款否	简历	照片
11	*01020310	张三	男	12/05/92	管理	.F.	memo	gen

2．逻辑删除记录的恢复

使用以下方法可以取消记录的逻辑删除标记。

（1）鼠标操作

在浏览窗口中，单击逻辑删除标记，取消黑色方框，即恢复了已删除的记录。

（2）菜单方式

打开浏览窗口，选择"表|恢复记录"命令，出现"恢复记录"对话框。根据需要分别设置"作用范围"、"For"条件或者"While"条件，然后单击"恢复记录"按钮，即可将满足条件的记录恢复。按图 3.42 所示进行设置，将恢复"学生"表中所有被逻辑删除的男生记录。

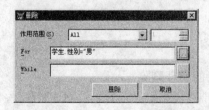

图 3.41　"删除"对话框

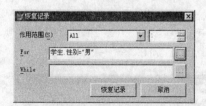

图 3.42　"恢复记录"对话框

（3）命令方式

格式：RECALL [<范围>] [FOR <条件>] [WHILE <条件>]

功能：取消记录的逻辑删除标记，恢复被逻辑删除的记录。

说明：如省略<范围>和<条件>选项，则只将当前记录的逻辑删除标记取消。

【例3.23】 打开"学生"表，先逻辑删除1993年以前出生的学生记录，再将其恢复。

CLEAR   && CLEAR 命令用来清除主窗口中的显示内容

USE   E:\VFP6\DATA\学生

DELETE   FOR   YEAR(出生日期)<1993

LIST   姓名,性别,出生日期,系别

RECALL   ALL

LIST   姓名,性别,出生日期,系别

USE

显示结果：

记录号	姓名	性别	出生日期	系别
1	*刘娉婷	女	07/12/92	法律
2	夏露	女	11/20/93	教育
3	*李昱	女	08/11/91	新闻
4	周林志	男	03/12/93	历史
5	*陈佳怡	女	10/09/92	经济
6	何杰	男	03/08/93	艺术
7	卢迪	女	12/23/93	管理
8	*范晓蕾	女	09/23/92	外语
9	*王青	男	05/10/92	金融
10	*李振宇	男	09/04/91	中文
11	*张三	男	12/05/92	管理

记录号	姓名	性别	出生日期	系别
1	刘娉婷	女	07/12/92	法律
2	夏露	女	11/20/93	教育
3	李昱	女	08/11/91	新闻
4	周林志	男	03/12/93	历史
5	陈佳怡	女	10/09/92	经济
6	何杰	男	03/08/93	艺术
7	卢迪	女	12/23/93	管理
8	范晓蕾	女	09/23/92	外语
9	王青	男	05/10/92	金融
10	李振宇	男	09/04/91	中文
11	张三	男	12/05/92	管理

3．记录的物理删除

（1）将带逻辑删除标记的记录物理删除

① 菜单方式

打开浏览窗口，选择"表|彻底删除"命令，在图3.43所示的对话框中单击"是"按钮，所有带逻

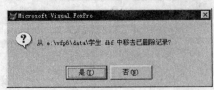

图3.43 确认对话框

辑删除标记的记录就从当前表文件中彻底清除了。

② 命令方式

格式：PACK

功能：把当前数据表中带逻辑删除标记的记录从磁盘中彻底删除。

【例 3.24】　打开"学生"表，先逻辑删除最后一条记录，再将其物理删除。

```
USE   E:\VFP6\DATA\学生
GO   BOTTOM
DELETE
DISPLAY
PACK
LIST 姓名,性别,系别
USE
```

显示结果：

记录号	学号	姓名	性别	出生日期	系别	贷款否	简历	照片
11	*01020310	张三	男	12/05/92	管理	.F.	memo	gen

记录号	姓名	性别	系别
1	刘娉婷	女	法律
2	夏露	男	教育
3	李昱	男	新闻
4	周林志	男	历史
5	陈佳怡	女	经济
6	何杰	男	艺术
7	卢迪	女	管理
8	范晓蕾	女	外语
9	王青	男	金融
10	李振宇	男	中文

注意：被物理删除的记录是不能够再恢复的，所以对该命令要慎用。

（2）记录的一次性删除

使用 ZAP 命令可以一次性将当前数据表中的所有记录从表文件中删除，仅保留表结构。

格式：ZAP

功能：将数据表中的所有记录一次性彻底删除，只保留数据表结构。

说明：

① 执行 ZAP 命令与先执行 DELETE ALL，再执行 PACK 命令效果相同。要将当前数据表中的所有记录从表文件中删除，直接执行 ZAP 命令要快得多。

② 执行 ZAP 命令后，当前数据表中的所有记录都被物理删除，且不可恢复，所以使用 ZAP 命令一定要十分谨慎。

【例 3.25】　用 ZAP 命令删除"课程安排"表中的所有记录。

```
CLEAR
USE   E:\VFP6\DATA\课程安排
```

?RECCOUNT( )   && RECCOUNT( ) 函数用来统计当前数据表中的记录个数

ZAP

?RECCOUNT( )

USE

显示结果：

 6

 0

3.5.5　数据表的复制

为了防止数据丢失或损坏，应该定期对数据表进行备份，以防不测。另外，有的时候需要根据已建立的数据表间接建立其他数据表文件，这时可进行数据表的复制操作。

1．数据表文件的复制

（1）菜单方式

① 选择"文件|打开"命令或 USE 命令，打开要复制的表文件。

② 选择"文件|导出"命令，打开图 3.44 所示的"导出"对话框，选择复制的文件类型（此处为 DBF 表文件），输入复制后的目标文件名（可在"E:\VFP6"下建立一个名为"DATA-COPY"的子文件夹，用来保存备份的表文件）。如执行该操作时没有打开数据表，可以在"来源于"文本框中输入被复制的源文件（或者单击文本框右边的"浏览"按钮，选择一个源文件）。

如要复制的不是整个数据表，而是数据表中的部分内容，可以单击"选项"按钮，打开图 3.45 所示的"导出选项"对话框，选择要复制的记录及要复制的字段。

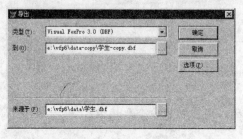

图 3.44　"导出"对话框

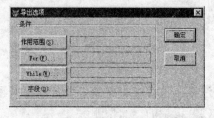

图 3.45　"导出选项"对话框

③ 单击"确定"按钮，则当前表文件或表文件中指定的记录或指定的字段内容就被复制到目标位置。

用"导出"方式对数据表进行复制时，VFP 系统会自动将表的备注文件（.FPT）一起复制，也就是表文件（.DBF）和表备注文件（.FPT）是同时被复制的。在 Windows 的资源管理器中进行复制操作时，如只复制表文件，而没有复制表的备注文件，则复制以后的表文件是打不开的，此时 VFP 系统会显示一个消息框，告知用户"缺少备注文件"。

（2）命令方式

格式：COPY　TO　〈新表文件名〉　[〈范围〉] [FIELDS〈字段名表〉]

     [FOR〈条件〉] [WHILE〈条件〉]

功能：将当前数据表文件的内容全部或部分复制到新文件中。

说明：无任何选项时，将复制一个与当前数据表文件的结构和内容完全相同的新表文件。

如指定<范围>、<字段名表>或<条件>，则将指定的记录或字段复制到新表文件中。

【例 3.26】 将"学生"表中法律系的学生记录复制到"法律学生"表中。

    USE   E:\VFP6\DATA\学生.DBF

    COPY   TO   E:\VFP6\DATA-COPY\法律学生.DBF   FOR   系别="法律"

    USE   E:\VFP6\DATA-COPY\法律学生

    LIST

    USE

显示结果：

记录号	学号	姓名	性别	出生日期	系别	贷款否	简历	照片
1	01010201	刘娉婷	女	07/12/92	法律	.F.	Memo	gen

2．数据表结构的复制

用 COPY STRUCTURE 命令可将一个数据表的结构复制到新表中。

格式：COPY STRUCTURE TO 〈新表文件名〉 [FIELDS〈字段名表〉]

功能：将当前表文件的结构全部或部分复制到新的数据表文件中。

说明：如选择带 FIELDS〈字段名表〉选项，则仅将指定的字段复制到新表文件中；否则，将源数据表的整个结构复制到新表文件中。复制产生的新表文件是一个只有结构而没有记录的空表文件。

【例 3.27】 利用"学生"表的表结构，建立一个新的"贷款情况"表，其中包括"姓名"、"系别"和"贷款否"3 个字段。

    USE   E:\VFP6\DATA\学生.DBF

    COPY STRUCTURE TO E:\VFP6\DATA-COPY\贷款情况.DBF FIELDS 姓名,系别,贷款否

    USE   E:\VFP6\DATA-COPY\贷款情况.DBF

    LIST   STRUCTURE

    USE

显示结果：

表结构:		E:\VFP6\DATA-COPY\贷款情况.DBF					
数据记录数:		0					
最近更新的时间:		05/18/10					
代码页:		936					
字段	字段名	类型	宽度	小数位	索引	排序	Nulls
1	姓名	字符型	8				否
2	系别	字符型	10				否
3	贷款否	逻辑型	1				否
** 总计 **			20				

3．数据表文件的更名

（1）项目管理器方式

若表文件属于一个项目，可以在项目管理器中对其重命名。方法是：选中要重命名的表，选择"项目|重命名文件"命令；或者右击要重命名的表，从快捷菜单中选择"重命名"（如图 3.46 所示），出现图 3.47 所示的"重命名文件"对话框，输入新的文件名即可。

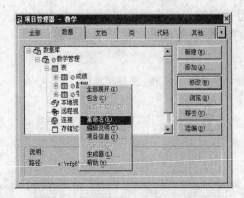
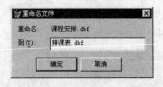

图 3.46　对数据库表重命名　　　　　　图 3.47　"重命名文件"对话框

在创建数据表的过程中，当定义了备注型字段或通用型字段时，VFP 系统会自动建立一个扩展名为.FPT 的备注文件；当为数据表创建了结构复合索引时（索引的建立将在 3.6.2 节中介绍），又会生成一个扩展名为.CDX 的索引文件，它们都属于数据表的辅助文件，其主文件名与数据表的主文件名相同。在项目管理器中为表文件更名时，VFP 系统会自动为表文件的这些辅助文件同时更名，从而保证了数据表的完整性和一致性；否则，更名后的数据表就不能正常使用。

若要在 Windows 的资源管理器中对表文件执行重命名操作，必须一一更改表文件及其辅助文件的主文件名，麻烦又容易出错。所以，要为项目中的数据表重命名，最好在项目管理器中进行。

（2）命令方式

格式：RENAME　〈源表文件名〉　TO　〈新的表文件名〉

功能：将源表文件名改成新的表文件名。

说明：

① 源表文件名和新表文件名中必须带扩展名。如源数据表文件带备注文件，那么单独对源表文件改名后，必须再对.FPT 文件改名，否则更名后的表文件无法打开。

② 可以使用通配符对一组文件进行更名。

3.5.6　数据表与数组之间的数据交换

在数据表记录与数组之间进行数据交换是应用程序设计中经常使用的一种操作，它具有传送数据多、传递速度快、使用方便等特点。

1．将表的当前记录复制到数组

格式：SCATTER　[FIELDS〈字段名表〉]　[MEMO]　TO　〈数组名〉|MEMVAR

功能：将当前数据表中的当前记录按字段顺序复制到指定的数组或内存变量中。

说明：

① FIELDS〈字段名表〉指定要传送的字段内容。若省略该选项，则将当前记录的所有字段值传送给数组元素或内存变量。

② 带 MEMO 选项，表示可以将备注型字段的内容复制到数组中（对应数组元素的类型为字符型，宽度与备注型字段的实际内容相同）；否则，备注型字段不被复制。

③ TO〈数组名〉指出数据传递到的数组，当前记录的字段内容将按顺序分别复制到该数组的各个元素中，且从数组的第一个元素开始存放。若指定的〈数组名〉不存在（即没有用

DIMENSION 语句定义）或已定义的数组元素的个数少于字段个数，则系统将自动建立或重新定义该数组；若已定义的数组元素的个数多于字段个数，则多余的数组元素内容将不被复制。

④ 使用 MEMVAR 选项表示将字段内容传递到一组内存变量中，且一个字段对应产生一个内存变量，内存变量的名字、类型、宽度与相应的字段变量相同。带 MEMO 选项时，接收备注型字段的内存变量类型为字符型，宽度与备注型字段的实际内容相同。

【例 3.28】 SCATTER 命令应用举例。

```
CLEAR   MEMORY
USE   E:\VFP6\DATA\学生
```

① 将"学生"表的第 1 条记录复制到数组 AA 中，包括备注型字段的内容

```
GO 1                    && 此命令可省略，但为确保记录指针指向首记录，故用之
SCATTER   TO   AA   MEMO
```

② 将表中第 2 条记录的姓名、性别和系别 3 个字段复制到数组 BB 中

```
SKIP                    && 在记录指针指向首记录的基础上，相对移动指针至第 2 条记录
SCATTER   FIELDS   姓名,性别,系别   TO   BB
```

③ 将最后一条记录复制给内存变量

```
GO   BOTTOM            && 绝对移动记录指针至末记录
SCATTER   MEMVAR
DISPLAY   MEMORY
USE
```

显示结果：

AA	Pub	A	
（ 1）		C	"01010201"
（ 2）		C	"刘娉婷"
（ 3）		C	"女"
（ 4）		D	07/12/92
（ 5）		C	"法律"
（ 6）		L	.F.
（ 7）		C	"刘娉婷同学品学兼优，大学一年级获得一等奖学金，并且被评为校"三好"学生。"
BB	Pub	A	
（ 1）		C	"夏露"
（ 2）		C	"女"
（ 3）		C	"教育"
学号	Pub	C	"01060301"
姓名	Pub	C	"李振宇"
性别	Pub	C	"男"
出生日期	Pub	D	09/04/91
系别	Pub	C	"中文"
贷款否	Pub	L	.F.

已定义　　8 个变量，　占用了 238 个字节

1016 个变量可用

2．将数组复制到表的当前记录

格式：GATHER　FROM　〈数组名〉|MEMVAR　[FIELDS〈字段名表〉]　[MEMO]

功能：从数组的第 1 个元素开始，将各元素的值顺序复制到当前记录的指定字段中。

说明：

① MEMVAR 表示将同名的内存变量值复制到当前记录的指定字段中，若没有内存变量与指定字段同名，则该字段内容将不被复制。

② 带 FIELDS 〈字段名表〉选项表示只将数组或内存变量的值复制到指定的字段中；否则，复制到当前记录的所有字段中。

③ 带 MEMO 选项表示可以将数组或内存变量的值复制到备注型字段，否则将不被复制。

④ 数组必须已经定义过，并且各数组元素的类型与相应的字段类型相同。

⑤ 如字段个数多于数组元素的个数，则后面多余的字段将不被复制；如数组元素的个数多于字段个数，则多余的数组元素将被忽略。

【例 3.29】　　GATHER 命令应用举例。

```
USE　E:\VFP6\DATA\学生
APPEND　BLANK　　　　　　　&& 在"学生"表记录的末记录后增加一条空记录
*　将数组 BB（见例 3.28）中的数据复制到当前的空记录中
GATHER　FROM　BB　FIELDS 姓名,性别,系别
DISPLAY
APPEND　BLANK
GATHER　MEMVAR　　　　　　&& 将例 3.28 中内存变量的值传递给当前记录
DISPLAY
USE
```

显示结果：

记录号	学号	姓名	性别	出生日期	系别	贷款否	简历	照片
11		夏露	女	/ /	教育	.F.	memo	gen

记录号	学号	姓名	性别	出生日期	系别	贷款否	简历	照片
12	01060301	李振宇	男	09/04/91	中文	.F.	memo	gen

3.6　数据表的排序与索引

原始数据表文件中的记录在表中是按照输入时的顺序排列的，称为物理顺序，VFP 用记录号予以标识。通常用户在输入记录时，都是随机而不会按照某种特定的顺序输入，所以当用户需要表中的记录能按照某种顺序来显示或处理时，如按照出生日期由小到大排列（即年龄由大到小），按照成绩由高到低排列等，可以使用 VFP 中的排序或索引功能来重新组织数据表的记录顺序，使其与期望的顺序一致。

3.6.1　数据表的排序

数据表的排序就是把数据表中的记录按照某个字段值的大小顺序重新排列，作为排序依

据的字段称为"关键字"。排序操作的结果是生成一个新的数据表文件，其结构和数据可以与源文件完全相同（也可以取自源文件的一部分字段）。排序可以按照关键字值从小到大的顺序进行，也可以按照关键字值由大到小的顺序进行；前者称为升序，后者称为降序。

在 VFP 中，数据大小的比较：数值型数据按其数值的大小比较，字符型数据按其机内码顺序比较，西文字符按 ASCII 码的值，汉字按汉字国标码的值；常用的一级汉字是按照拼音顺序排列的，也就是字典顺序；日期型数据按年、月、日的顺序比较。

在 VFP 中，排序是用 SORT 命令实现的。

格式：SORT　TO　〈文件名〉　ON　〈字段名 1〉　[/A][/D][/C]

　　　　[,〈字段名 2〉 [/A] [/D] [/C]…] [ASCENDING/DESCENDING]

　　　　[〈范围〉][FOR〈条件〉] [WHILE〈条件〉] [FIELDS 〈字段名表〉]

功能：将当前数据表中指定范围内满足条件的记录，按指定字段的升序或降序重新排列，并将排序后的记录按 FIELDS 子句指定的字段写入新的表文件中。

说明：

① ON 子句中字段名 1、字段名 2 等为排序关键字，不包括逻辑型字段、备注型字段和通用型字段。其中，字段名 1 为主要关键字，字段名 2 为次要关键字，依此类推；排序时先比较主关键字的值，当主关键字值相同时，再比较次关键字的值，依此类推。

② FIELDS 子句指定排序以后的新表所包含的字段个数；若无此选项，则新表中包含原表中的所有字段。

③ 选项 /A 表示按字段值的升序排列，可以省略不写；/D 表示按字段值的降序排列；/C 表示按指定的字符型字段排序时，不区分字母的大小写。/C 可以与/D 或/A 合用，如/AC 或/DC。

④ 如对所有关键字段均按升序排序，可使用 ASCENDING 选项；按降序方式可使用 DESCENDING 选项。但/A, /D, /C 比 ASCENDING 或 DESCENDING 优先权高。

⑤ 排序后产生一个新文件，原来的表文件仍存在，且原记录顺序和数据内容未变。

【例 3.30】 对"学生"表中所有贷款的学生按"系别"升序排序，并将排序后的新表文件以"贷款学生"为名，存放在"E:\VFP6\DATA-COPY"文件夹中。

```
USE   E:\VFP6\DATA\学生
SORT  TO  E:\VFP6\DATA-COPY\贷款学生    ON   系别  FOR   贷款否
USE  E:\VFP6\DATA-COPY\贷款学生         && 打开排序后产生的新文件"贷款学生.DBF"
LIST
USE
```

显示结果：

记录号	学号	姓名	性别	出生日期	系别	贷款否	简历	照片
1	01030505	卢迪	女	12/23/93	管理	.T.	memo	gen
2	01040501	范晓蕾	女	09/23/92	外语	.T.	memo	gen
3	01020215	李昱	女	08/11/91	新闻	.T.	memo	gen
4	01030402	何杰	男	03/08/93	艺术	.T.	memo	gen

【例 3.31】 将"学生"表按"系别"升序排序，系别相同者，按"学号"降序排序。排序后的新文件以"各系学生"为名，存放在"E:\VFP6\DATA-COPY"文件夹中。

```
USE   E:\VFP6\DATA\学生
```

```
SORT   TO   E:\VFP6\DATA-COPY\各系学生   ON   系别,学号/D
USE   E:\VFP6\DATA-COPY\各系学生     && 打开排序后产生的新文件"各系学生.DBF"
DISPLAY   ALL
USE
```

显示结果：

记录号	学号	姓名	性别	出生日期	系别	贷款否	简历	照片
1	01010201	刘娉婷	女	07/12/92	法律	.F.	Memo	gen
2	01030505	卢迪	女	11/20/93	管理	.T.	memo	Gen
3	01010308	夏露	女	11/20/93	教育	.F.	memo	gen
4	01050508	王青	男	05/10/92	金融	.F.	memo	gen
5	01030306	陈佳怡	女	10/09/92	经济	.F.	memo	gen
6	01020304	周林志	男	03/12/93	历史	.F.	memo	gen
7	01040501	范晓蕾	女	09/23/92	外语	.T.	memo	gen
8	01020215	李昱	女	08/11/91	新闻	.T.	memo	gen
9	01030402	何杰	男	03/08/93	艺术	.T.	memo	gen
10	01060301	李振宇	男	09/04/91	中文	.F.	memo	gen

3.6.2 数据表的索引

排序虽然实现了数据记录的有序排列，但排序结果建立了许多内容相同而只是排列次序不同的数据表文件，因而造成大量数据冗余，浪费了存储空间。且当对数据表进行增、删、改操作时，也会使数据表中的记录变得无序，必须再使用排序命令对数据表进行重新排序，这很不方便，通过创建索引可以解决上述问题。

1．基本概念

（1）索引   是由指针构成的文件，这些指针逻辑上按照索引关键字的值进行排序。索引文件和表文件分别存储，并且不改变表中记录的物理顺序。实际上，创建索引是创建一个由指向表文件记录的指针构成的文件。如要根据特定顺序处理表记录，可选择一个相应的索引。使用索引不仅可重新安排数据表中已处理记录的顺序，还极大地便利了对表的查看和访问。

索引与排序相比，两者都重新安排原数据表中记录的顺序。不同的是：排序的结果是从物理上改变原表中的记录顺序，产生一个与原表内容相同而只是记录顺序不同的新表；而索引的结果仅是从逻辑上改变系统处理记录的顺序，不产生新表，从而节省了存储空间。

（2）索引的类型   从索引的组织方式上分，VFP 中的索引有以下 3 类。

① 独立索引   是指在索引文件中只能包含一个单一的关键字或者组合关键字的索引。独立索引文件的扩展名为.IDX，它分为压缩索引文件和非压缩索引文件两类。前者能够节省磁盘空间，而且查询速度较快；后者是与 xBASE 相容的索引文件。

② 结构复合索引   是指在索引文件中可以包含多个索引项的索引，其中每个索引项称为索引标识（Index Tag）。结构复合索引文件的扩展名为.CDX，是 VFP 中最重要也最常用的一种索引类型，它具有以下几个特点。

- 结构复合索引的文件主名与数据表文件主名相同。
- 在同一索引文件中可以包含多个索引关键字。
- 在打开数据表时自动打开索引文件。

● 在对数据表进行添加、修改、更新、删除等操作时自动维护索引。

③ 非结构复合索引　索引文件的扩展名也是.CDX，但文件主名与数据表文件不相同，它不会随着数据表文件的打开而打开，需要使用单独的打开命令。

复合索引文件全部自动压缩。

（3）索引关键字　是指在数据表中建立索引用的字段或字段表达式，可以是表中的单个字段，也可以是表中几个字段组成的表达式。创建索引文件，就是根据索引关键字值的大小从逻辑上重新安排数据表中各条记录的组织顺序。

（4）索引关键字的类型　VFP中的索引关键字可分为以下4种：

① 主索引（Primary Indexes）　是指在指定字段或字段表达式中不允许出现重复值的索引，它要求该索引关键字的值必须唯一，不允许重复。例如，学生的学号一般不应该相同，因此在"学生"表中可以为"学号"字段建立主索引来满足这个要求；但不能为"系别"字段建立主索引，因为一个系中肯定不止一个学生，实际情况也是如此。

一个数据库表只能有一个主索引，自由表中没有主索引类型。

② 候选索引（Candidate Indexes）　候选索引和主索引具有相同的特性，当某个表已经建立了一个主索引时，可以将表中其他字段或字段表达式的值唯一的索引字段设置为候选索引。例如，在"课程"表中已经为"课程号"字段建立了主索引，如要求每门课程的名称也不能相同，则可以为"课程名"字段建立候选索引。

在数据库表和自由表中可以建立多个候选索引。

③ 唯一索引（Unique Index）　指索引文件对每一个特定的关键字只存储一次，而忽略后面出现重复值的记录。唯一索引的"唯一性"指的是索引项的唯一，而不是索引字段值的唯一。例如，在"学生"表中如为"性别"字段建立唯一索引，结果在索引文件中按照该索引项将只存储两条记录，即表中第一个男生记录和第一个女生记录。

在数据库表和自由表中可以建立多个唯一索引。

④ 普通索引（Regular Indexes）　指此索引字段的数据允许出现重复值，并且索引项中也允许出现重复值。例如，在"学生"表中应该为"性别"字段和"系别"字段都建立普通索引。

在数据库表和自由表中可以建立多个普通索引。

2．索引的建立

在所有的索引类型中，结构复合索引是 VFP 中最重要也是最常用的，本节主要介绍这种类型的索引。如没有特别说明，下面提到的索引均指结构复合索引。

（1）在表设计器中建立索引

利用表设计器不仅可以很方便地创建表结构，也可以为创建索引提供一个非常直观的交互环境。具体操作是：在项目管理器中选定需要建立索引的表，单击"修改"按钮，打开表设计器窗口，选择"索引"选项卡（如图3.48所示）。

① 在"索引名"文本框中输入索引项的名称作为索引标识，索引名最多10字节。

② 在"类型"下拉列表框中选择索引类型。对于数据库表，有主索引、候选索引、唯一索引和普通索引四种；对于自由表，只有候选索引、唯一索引和普通索引三种。

③ 在"表达式"文本框中输入索引关键字表达式，或者单击文本框右边的"…"按钮，在表达式生成器中建立索引表达式。

索引关键字可以是单个字段，也可以是多个字段的组合；当为多个字段时，通常用字符串运算符 "+" 联接。如组成表达式的字段类型不相同，必须将它们转换为相同的数据类型。

例如，在"学生"表中，用"系别"和"性别"两个字段组成一个索引项时，相应的索引表达式应表示为"系别+性别"，其含义是：先按系别索引，当"系别"相同时，再按"性别"索引。当用"系别"和"出生日期"两个字段组成一个索引项时，相应的索引表达式应表示为"系别+DTOC(出生日期)"。又如，在"成绩"表中，用"课程号"和"成绩"两个字段组成一个索引项时，相应的索引表达式应表示为"课程号+STR(成绩,5,1)"。

④ 在"排序"项中单击箭头按钮，选择排序方式：箭头向上表示按索引关键字值的升序（由小到大）排列，箭头向下表示按索引关键字值的降序（由大到小）排列，系统默认为升序。

⑤ 如只对数据表中满足条件的记录建立索引，可以在"筛选"文本框中输入筛选条件，该项一般不使用。

说明：单字段的索引，其索引名可以与字段名相同；组合字段的索引，其索引名最好能反映索引关键字所代表的索引含义。例如，"系别"和"性别"两个字段组成的索引关键字，其索引名可取为"系别_性别"。

对单字段的索引也可以在"字段"选项卡的"索引"栏中直接建立，方法是：从定义索引的下拉列表框中选择"升序"或"降序"选项，其结果是在该字段上建立一个普通索引，索引名与字段名相同，索引关键字就是对应的字段。若要修改这个结果，可以选择"索引"选项卡。

对于不需要的索引项，可以在"索引"选项卡中将其选定，再单击"删除"按钮。

按上述方法，在"学生"表中分别建立4个索引：学号（主索引）、性别（普通索引）、系别与性别（普通索引）、系别与出生日期（普通索引），结果如图3.48所示。

图3.49显示了在项目管理器中展开"学生"表后的各索引项标志。

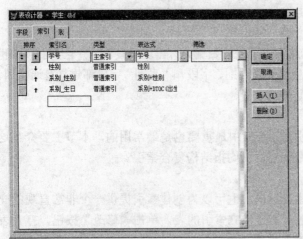

图3.48　在表设计器中建立索引

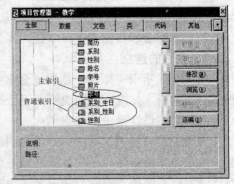

图3.49　在项目管理器中查看索引项

索引可以提高查询速度，但是维护索引也要付出代价。对于结构复合索引，当对表进行添加、删除和修改等操作时，系统会自动维护索引，从而降低了添加、删除和修改等操作的速度。所以建立索引也应有所选择，应根据实际需要建立索引，并不是越多越好。

（2）用 INDEX 命令建立索引

格式1：INDEX　ON　〈索引关键字表达式〉　TAG　〈索引标识名〉

　　　　[UNIQUE│CANDIDATE] [ASCENDING│DESCENDING] [FOR〈条件〉]

功能：建立结构复合索引。

说明：

① 〈索引关键字表达式〉可以是单个字段，也可以是多个字段组合，其含义同上。

② TAG〈索引标识名〉表示在复合索引文件中建立一个指定的索引标识。

③ UNIQUE 表示建立唯一索引，CANDIDATE 表示建立候选索引。不带这两个选项，表示建立普通索引。

④ ASCENDING|DESCENDING 表示索引关键字以递增或递减的方式建立索引，默认为升序。

⑤ FOR〈条件〉表示仅对数据表中满足条件的记录建立索引。

使用 INDEX 命令只能建立普通索引、唯一索引和候选索引，没有主索引。

若要删除复合索引中的某个索引项，可以使用 DELETE TAG 命令。

格式 2：DELETE　TAG　ALL |〈索引标识名〉

功能：从复合索引文件中删除全部索引或指定的索引项。

说明：使用 ALL 选项将删除复合索引文件中的全部索引项，该复合索引文件将自动被删除。使用〈索引标识名〉选项只删除指定的索引项。

【例 3.32】　用 INDEX 命令为"学生"表建立结构复合索引，包含 4 个索引项：学号（候选索引）、性别（普通索引）、系别与性别（普通索引）、系别与出生日期（普通索引）。

```
USE   E:\VFP6\DATA\学生
INDEX   ON   学号   TAG   学号   CANDIDATE
INDEX   ON   性别   TAG   性别   DESCENDING
INDEX   ON   系别 ＋ 性别   TAG   系别_性别
INDEX   ON   系别 ＋ DTOC(出生日期)   TAG   系别_生日
USE
```

3．按索引顺序浏览记录

建立索引后，就可以按照索引关键字值的顺序来显示或处理记录了。如上所述，一个复合索引文件中可以建立多个索引项，每一项代表了处理记录的一种逻辑顺序；但在同一时刻，系统只能使用一种索引顺序。所以在使用索引前，应先指定将要使用的索引项。

（1）菜单方式

在项目管理器中选定"学生"表，单击"浏览"按钮打开浏览窗口，再选择"表|属性"命令，打开图 3.50 所示的"工作区属性"对话框。在"索引顺序"下拉列表框中选择当前要使用的某个索引项，单击"确定"按钮，浏览窗口中的记录就会按照所选的索引顺序排列。

依次选择"学号"、"性别"、"系别_性别"和"系别_生日"4 种索引，在浏览窗口中的显示结果如图 3.51 所示。

在图 3.50 所示的对话框中，如从"索引顺序"

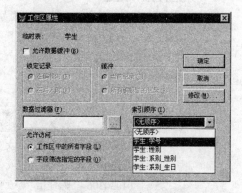

图 3.50　设置索引顺序

列表中选择"无顺序"选项，则表示不使用任何索引，只按实际输入时的物理顺序来显示或处理记录。

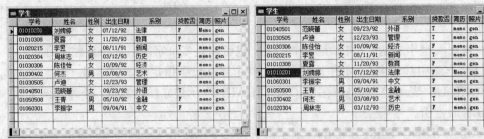

(a) 按"学号"排序	(b) 按"性别"排序
(c) 按"系别_性别"排序	(d) 按"系别_生日"排序

图 3.51　按索引顺序组织记录

（2）命令方式

格式：SET　ORDER　TO　[TAG〈索引标识名〉]

功能：在打开的复合索引文件中设置一个索引标识作为主标识，使数据表中的记录按该索引顺序处理。

说明：不带 TAG〈索引标识名〉选项，表示取消使用任何索引。

【例 3.33】　接例 3.32，假设已在"学生.CDX"复合索引文件中建立了 4 个索引项，将"性别"和"系别_性别"索引项分别设置为当前索引，并显示"学生"表的记录，最后取消索引。

```
CLEAR                        && 清除主窗口中的显示内容
USE  E:\VFP6\DATA\学生
SET  ORDER  TO  TAG 性别      && 命令方式将"性别"索引项设置为当前索引
DISPLAY  ALL
SET  ORDER  TO  TAG 系别_性别  && 命令方式将"系别_性别"索引项设置为当前索引
DISPLAY  ALL
SET  ORDER  TO               && 取消索引
DISPLAY  ALL
```

显示结果：

记录号	学号	姓名	性别	出生日期	系别	贷款否	简历	照片
8	01040501	范晓蕾	女	09/23/92	外语	.T.	memo	gen
7	01030505	卢迪	女	12/23/93	管理	.T.	memo	gen
5	01030306	陈佳怡	女	10/09/92	经济	.F.	memo	gen
3	01020215	李昱	女	08/11/91	新闻	.T.	memo	gen
2	01010308	夏露	女	11/20/93	教育	.F.	memo	gen
1	01010201	刘娉婷	女	07/12/92	法律	.F.	Memo	gen

记录号	学号	姓名	性别	出生日期	系别	贷款否	简历	照片
10	01060301	李振宇	男	09/04/91	中文	.F.	memo	gen
9	01050508	王青	男	05/10/92	金融	.F.	memo	gen
6	01030402	何杰	男	03/08/93	艺术	.T.	memo	gen
4	01020304	周林志	男	03/12/93	历史	.F.	memo	gen
记录号	学号	姓名	性别	出生日期	系别	贷款否	简历	照片
10	01060301	李振宇	男	09/04/91	中文	.F.	memo	gen
6	01030402	何杰	男	03/08/93	艺术	.T.	memo	gen
3	01020215	李昱	女	08/11/91	新闻	.T.	memo	gen
8	01040501	范晓蕾	女	09/23/92	外语	.T.	memo	gen
4	01020304	周林志	男	03/12/93	历史	.F.	memo	gen
5	01030306	陈佳怡	女	10/09/92	经济	.F.	memo	gen
9	01050508	王青	男	05/10/92	金融	.F.	memo	gen
2	01010308	夏露	女	11/20/93	教育	.F.	memo	gen
7	01030505	卢迪	女	12/23/93	管理	.T.	memo	gen
1	01010201	刘娉婷	女	07/12/92	法律	.F.	Memo	gen
记录号	学号	姓名	性别	出生日期	系别	贷款否	简历	照片
1	01010201	刘娉婷	女	07/12/92	法律	.F.	Memo	gen
2	01010308	夏露	女	11/20/93	教育	.F.	memo	gen
3	01020215	李昱	女	08/11/91	新闻	.T.	memo	gen
4	01020304	周林志	男	03/12/93	历史	.F.	memo	gen
5	01030306	陈佳怡	女	10/09/92	经济	.F.	memo	gen
6	01030402	何杰	男	03/08/93	艺术	.T.	memo	gen
7	01030505	卢迪	女	11/20/93	管理	.T.	memo	gen
8	01040501	范晓蕾	女	09/23/92	外语	.T.	memo	gen
9	01050508	王青	男	05/10/92	金融	.F.	memo	gen
10	01050508	李振宇	男	09/04/91	中文	.F.	memo	gen

3.6.3　数据表的查询

数据表建立之后，虽然可以通过 BROWSE，DISPLAY，LIST 等命令来查询指定条件的记录，但速度较慢。在数据库应用系统中，一个数据表中的数据量往往非常大，可能有上百条、上千条或更多记录，使用这样的查询命令不能满足应用系统的运行要求。在 VFP 系统中，当对数据表建立索引以后，可以使用 FIND, SEEK 等专门的数据表查询命令，实现快速记录指针定位，从而大大提高整个数据库应用系统的运行效率。

1．FIND 命令

格式：FIND〈字符串〉|〈数值〉

功能：在索引文件中找到索引关键字值与指定字符串或数值相符的第 1 条记录，并将记录指针指向它。

说明：

① 只有对已经建立过索引的数据表文件才能使用该命令，并且索引文件的关键字必须是要查找的字段。

② 该命令只能查找字符型和数值型的索引关键字，字符串可以省略定界符。

③ 当通过字符型内存变量检索时，命令中必须使用宏替换"&"，表示按内存变量的内容检索。

④ 检索到匹配的记录时，记录指针将指向该记录。测试函数 FOUND( )返回值为.T.，EOF( )函数返回值为.F.，RECNO( )函数返回对应的记录号；否则，FOUND( )函数返回值为.F.，EOF( )函数返回值为.T.，此时，RECNO( )函数返回末记录号加 1 的数值。

【例3.34】 假设已在"学生"表中按学号建立索引，用 FIND 命令进行查询。

```
USE   E:\VFP6\DATA\学生
SET   ORDER   TO   TAG 学号
FIND   01040501
?RECNO( )                    && 结果显示为 8
DISPLAY
```

显示结果：

记录号	学号	姓名	性别	出生日期	系别	贷款否	简历	照片
8	01040501	范晓蕾	女	09/23/92	外语	.T.	memo	gen

```
XH="01060301"
FIND   &XH
?FOUND( )                    && 结果显示为 .T.
DISPLAY
```

显示结果：

记录号	学号	姓名	性别	出生日期	系别	贷款否	简历	照片
10	01060301	李振宇	男	09/04/91	中文	.F.	memo	gen

2．SEEK 命令

格式：SEEK ⟨表达式⟩ [ORDER [TAG] ⟨索引标识名⟩][ASCENDING|DECENDING]

功能：在索引文件中查找关键字内容与表达式相同的第 1 条记录。

说明：

① 只有对已经建立过索引的数据表文件才能使用该命令，并且索引文件的关键字必须是要查找的字段。

② 该命令可以处理任何类型的关键字表达式。当查找字符型常量时，需要使用字符串定界符。

③ 可以直接查找字符型、数值型、日期型、逻辑型内存变量，不需要任何变换。

④ ORDER 选项指定按复合索引中的哪个索引项定位。

⑤ ASCENDING|DESCENDING 选项指定以升序或降序搜索数据表。当表中的记录很多时，根据索引关键字的值决定从前面开始查找还是从后面开始查找，可以提高查询的速度。

【例3.35】 假设已在"学生"表中按"性别"及"系别_性别"建立索引，用 SEEK 命令进行查询。

```
USE   E:\VFP6\DATA\学生
SEEK   "女" ORDER   性别
DISPLAY
```

显示结果：

记录号	学号	姓名	性别	出生日期	系别	贷款否	简历	照片
8	01040501	范晓蕾	女	09/23/92	外语	.T.	memo	gen

SET ORDER TO TAG 系别_性别

SEEK　〞历史〞+〞男〞

?FOUND( )　　　　　　　　&& 结果显示为 .T.

DISPLAY

显示结果:

记录号	学号	姓名	性别	出生日期	系别	贷款否	简历	照片
4	01020304	周林志	男	03/12/93	历史	.F.	memo	gen

SEEK　〞历史〞+〞女〞

?FOUND( )　　　　　　　　&& 结果显示为 .F.

说明:

① FIND 命令和 SEEK 命令只能用于已经建立过索引的数据表文件记录的查询。

② 在 3.4.2 节有关记录定位的内容中介绍过 LOCATE 命令,它按指定的条件在当前数据表中查找记录,若找到,就将记录指针指向该记录。如数据表文件没有使用索引,则 LOCATE 命令就按物理顺序检索记录;如数据表文件使用了索引,则 LOCATE 命令就按索引顺序检索记录。

3.6.4　数据表的统计与汇总

在 VFP 中,不仅可以对数据表中的记录进行检索,还可以对表中相应的记录进行统计,对数值型数据可以进行求和、求平均值及分类汇总等计算。

1. 数据表的统计

(1) 计数命令

格式:COUNT　[<范围>] [FOR <条件>] [WHILE <条件>] [TO <内存变量名>]

功能:在当前数据表文件中,统计指定范围内满足条件的记录个数。

说明:

① 如默认全部选项,则统计数据表中的全部记录个数。

② TO <内存变量名>选项指定内存变量,用来存放统计结果。如没有此项,统计结果只显示不保存。

【例 3.36】　分别统计"学生"表中所有的学生人数和没有贷款的学生人数。

USE　E:\VFP6\DATA\学生

COUNT　TO　ALL_STUDENT

?〞学生总人数为〞,ALL_STUDENT

COUNT　FOR　贷款否　TO　NON_LOAN

?〞没有贷款的学生人数为〞+STR(NON_LOAN,3)

显示结果:

学生总人数为　　　　10

没有贷款的学生人数为　4

(2) 求和命令

格式:SUM [<字段表达式表>][<范围>] [TO <内存变量名表>]

TO ARRAY〈数组名〉] [FOR〈条件〉] [WHILE〈条件〉]

功能：对当前数据表中满足条件的记录根据指定的数值型字段表达式按列求和。

说明：

① 没有任何选项时，对当前数据表中的所有数值型字段求和。

② 〈字段表达式表〉指定求和的各个字段，各字段之间用逗号分隔。若没有此项，则对全部数值型字段分别按列求和。

③ TO〈内存变量名表〉指定保存求和结果的各内存变量，其数目必须与求和字段的数目相同。TO ARRAY〈数组名〉指定保存求和结果的数组，该数组必须已经存在。

【例 3.37】 统计"成绩"表中学号为"01020215"的学生各门课程的总成绩。

  USE E:\VFP6\DATA\成绩

  SUM 成绩 FOR 学号="01020215"   && 结果为 247.50

（3）求平均值命令

  格式：AVERAGE [〈字段表达式表〉] [〈范围〉] [TO〈内存变量名表〉]|

        TO ARRAY〈数组名〉] [FOR〈条件〉] [WHILE〈条件〉]

功能：对当前数据表中满足条件的记录按指定的数值型字段求平均值。

说明：各选项的含义与 SUM 命令相同。

【例 3.38】 求"成绩"表中学号为"01020215"的学生的平均分。

  USE E:\VFP6\DATA\成绩

  AVERAGE 成绩 FOR 学号="01020215"   && 结果为 82.50

2．数据表的分类汇总

数据表的分类汇总也叫做同类项合并或分类求和，是对数据表中的数值型字段按照排序或索引关键字值的不同分类，按组分别求和。

  格式：TOTAL ON 〈汇总关键字〉 TO 〈表文件名〉 [FIELDS〈字段名表〉]

        [〈范围〉] [FOR〈条件〉] [WHILE〈条件〉]

功能：在当前数据表的指定范围内，以汇总关键字的值分类，对满足条件的记录按指定的数值字段求和，并将结果保存在新的表文件中。

说明：

① 使用 TOTAL 命令前，当前表必须按〈汇总关键字〉进行排序或索引。

② 如不指定范围、条件和 FIELDS 选项，则对全部记录的所有数值型字段按关键字值进行分类求和；否则，只对指定范围内满足条件的记录按指定的字段分类求和。

③ 分类求和的结果将产生一个新的表文件（.DBF），其结构与当前表文件相同，但不包括备注型字段。当前表中关键字值相同的一类记录，在新表中只有一条记录，其数值型字段的值是同类记录之和。如带 FIELDS 选项，则其他没有指定的数值型字段和其他类型的字段将是此类记录的第一条记录相应的字段值。

④ 数值型字段求和时，如求和结果的长度超过该字段定义的宽度，系统会自动修改新表的数值字段宽度以存放该结果。

【例 3.39】 对"成绩"表中的成绩按"学号"进行分类汇总（即求每个学生各门课程的总成绩）。

  USE E:\VFP6\DATA\成绩

```
INDEX   ON   学号   TAG   学号
TOTAL   ON   学号   TO   E:\VFP6\DATA-COPY\成绩汇总
USE   E:\VFP6\DATA-COPY\成绩汇总
LIST
USE
```

显示结果：

记录号	学号	课程号	成绩
1	01010201	101	167.0
2	01010308	101	169.5
3	01020215	101	247.5
4	01020304	101	262.0
5	01030306	104	77.0
6	01030402	104	58.0
7	01030505	104	76.5
8	01040501	101	151.0
9	01050508	106	190.0
10	01060301	103	76.5

由显示结果可以看出，在分类汇总生成的新表中"课程号"字段已经没有实际意义了。

3.7   数据字典的建立

在 VFP 中，数据库文件（.DBC）文件不仅可用于组织和管理 VFP 中的表（.DBF），还可作为一个数据字典来存储和管理有关表、记录和字段的规则、默认值、触发器、表间关系等。数据字典的各种功能使得对数据库的设计和修改更加灵活。VFP 的数据字典具有如下功能：

- 设置长表名和长字段名。
- 设置主关键字和候选关键字。
- 指定字段的输入掩码和显示格式。
- 设置字段的默认值。
- 设置字段的标题。
- 创建字段和记录的有效性规则。
- 设置触发器。
- 为字段、表和数据库添加注释。
- 创建数据库表间的永久关系。
- 创建存储过程。

一些数据词典的功能（如长字段名、主关键字、默认值、字段规则、触发器等）可以在建立数据库表的过程中创建。

3.7.1   设置表的字段属性

在 VFP 中创建数据库表时，可以为数据库表的字段设置一些自由表所没有的属性。在数据库表的表设计器中有一个显示组框，在该组框中可以定义字段输入的掩码、显示的格式和字段标题等。

1. 输入掩码

输入掩码是指定义字段中的值必须遵守的标点、空格和其他格式要求，以限制或控制用户输入的数据格式，屏蔽非法输入，从而减少人为的数据输入错误，保证输入的字段数据具有统一的风格，提高输入的效率。例如，在"课程"表中，如规定课程号的格式由字母 JC和 1～3 位数字组成（此时该字段的宽度应设置为 5），则可在表设计器中选中"课程号"字段，然后在"输入掩码"文本框中输入"JC999"，如图 3.52 所示。

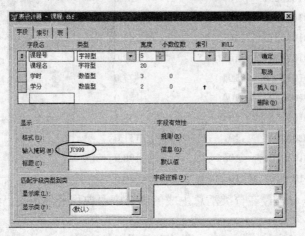

图 3.52　设置字段的输入掩码

2. 格式

格式实质上就是一种输出掩码，它决定了字段在浏览窗口、表单、报表等界面中的显示样式。例如，在"课程"表中，如要求凡是课程名中带字母的必须一律显示为大写字母，则格式可以定义为 20 个"!"（假设课程名的数据宽度为 20）。这样在输入课程名数据时，只要遇到小写字母，系统就会自动转换为大写字母。

表 3.7 所示为常用掩码及其含义。

表 3.7　常用掩码及其含义

掩　码	含　　义
!	将小写字母转换成大写字母
#	允许输入数字、空格和正负号
,	分隔小数点左边的数字串（三位一组）
.	规定小数点的位置
9	允许输入数字和正负号
A	只允许输入、输出字母字符
D	使用当前系统设置的日期格式
L	在数值前显示填充的前导零，而不是空格字符
N	只允许输入字母和数字
T	禁止输入字段的前导空格和结尾空格字符
X	允许输入任何字符
Y	只允许输入逻辑字符 Y，y，N，n，且将 y 和 n 转换成 Y 和 N

3. 字段标题

在数据库表中允许字段名最多使用 128 字节，即长字段名，但使用时可能会很不方便。一般字段名都比较简短，但为了在浏览窗口、表单或报表中显示时让其他人更容易了解该字段所代表的含义，可以为字段指定一个字符串作为在浏览窗口、表单或报表中显示时的标题文字。如没有为字段设置标题，就显示相应的字段名。所以，当字段名是英文或缩写时，通过指定标题可以使界面更友好。例如，在"学生"表中，可以为"系别"字段指定标题"学生所在系"，在浏览窗口中浏览学生表信息时，原来的列标头"系别"就会变为"学生所在系"，如图 3.53 所示。

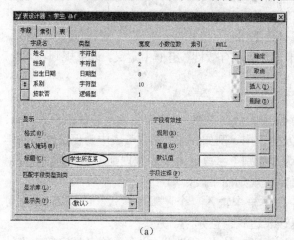

图 3.53　设置字段标题

需要注意的是，字段标题仅仅改变在浏览窗口、表单或报表中显示表记录时字段名称栏所显示的文字内容，在程序中引用该字段变量时仍应用其字段名。

4. 字段注释

在数据库表中可以为每个字段加上一些详细的注解，或一些说明性的文字，使得数据表更容易被人理解，便于日后其他人对数据表进行维护。例如，在"成绩"表中，可以为"成绩"字段加上注释："成绩字段是指平时测验、期中测验和期末测验的总评成绩"。此时，在"项目管理器"中打开"成绩"表，选中"成绩"字段后，窗口底部的"说明"栏中就会显示该注释信息，如图 3.54 所示。

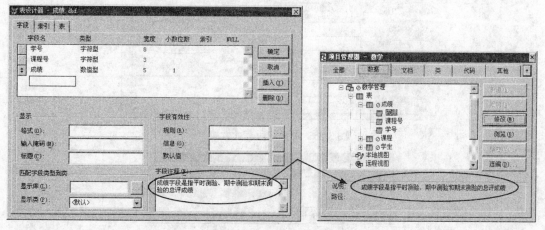

图 3.54　为字段添加注释

除了能给表中的各个字段添加注释外，还可以为整个数据库表添加注释，只要从表设计器中选择"表"选项卡，在"表注释"编辑框中输入需要的注释内容即可。当在项目管理器中选中该表时，就会在底部的"说明"栏中显示出该表的注释信息。

3.7.2　设置表的有效性规则

数据库表的有效性规则包括字段级规则和记录级规则两种，分别用来控制输入数据库表的某个字段和某条记录中的信息类型是否符合指定的要求。字段级和记录级规则将把所输入的值与所定义的规则表达式进行比较，只有输入的值满足规则要求时才接受，否则就拒绝，从而保证了数据的有效性和可靠性，大大减少数据错误。

字段规则可以在表设计器"字段"选项卡的"字段有效性"组框中定义，记录规则在"表"选项卡的"记录有效性"组框中定义。

1. 字段级规则

设置字段的有效性规则，可以控制输入字段中的数据类型，以便检验输入的数据是否正确。字段级规则在输入字段值或改变字段值时才发生作用。例如，在"学生"表中为保证输入的学生性别只能是"男"或"女"两个值，可以为"性别"字段建立字段级规则，具体方法如下：

（1）选择"字段"选项卡，然后选中要定义规则的字段，如"性别"字段。

（2）在"字段有效性"组框的"规则"文本框中输入一个逻辑表达式（即规则），也可以单击"…"按钮，在表达式生成器中创建该表达式：性别 $ "男女"。

（3）在"信息"文本框中输入违反有效性规则时的提示信息（注意，信息是字符串表达式，必须加字符串定界符）："性别必须是'男'或'女'，不接受其他值。"。

如没有输入提示信息，系统将显示默认的提示信息。

按图 3.55 所示设置字段规则和相应的提示信息后，当用户将某个学生的性别"男"误输入为"难"时，系统即显示图 3.56 所示的提示框，并拒绝接受该数据。

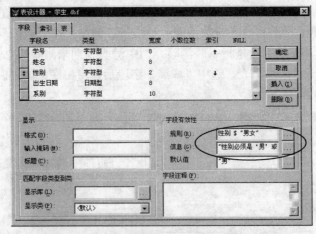

图 3.55　定义字段有效性规则

图 3.56　违反字段有效性规则时的提示信息

2．默认值

为字段定义一个默认值后，在创建新记录时系统能够自动为该字段填入默认值，从而简化操作，提高数据输入的速度。默认值可以是任何有效的表达式，但表达式的返回值必须和该字段的数据类型一致。

例如，在"学生"表中，如男生居多，就可以为"性别"字段设置默认值"男"，见图3.55。这样，在"学生"表中每增加一条新记录，"性别"字段就会自动取值为"男"；如是一条女生记录，可将记录值"男"改为"女"。

3．记录级规则

使用记录的有效性规则，可以控制用户输入记录中的信息类型，检验输入的整条记录是否符合要求。字段级有效性规则只对应一个字段，记录级有效性规则通常用来比较同一条记录中的两个或两个以上字段值，以确保它们遵守在数据库中建立的有效性规则。记录的有效性规则通常在输入或修改记录时激活，在删除记录时一般不起作用。

例如，在"学生"表中输入记录时要求"学号必须满8位，并且性别只能是'男'或'女'两个值"，这种情况下就可以为"学生"表建立记录级规则，具体方法如下：

（1）选择"表"选项卡，在"记录有效性"组框的"规则"文本框中输入一个逻辑表达式，也可以单击"…"按钮，在表达式生成器中创建该表达式：

　　　LEN(ALLTRIM(学号))=8　.AND.　性别 $"男女"

（2）在"信息"文本框中输入如下提示信息：

　　　"学生的学号必须是8位，并且性别只能取'男'或'女'两个值。"

如没有输入提示信息，则违反记录有效性规则时系统将显示默认的提示信息。

按图3.57所示设置记录规则和相应的提示信息后，在输入学生记录时，只要违反了规则中的任意一个条件，系统就会显示出错信息，并拒绝接受该条记录。

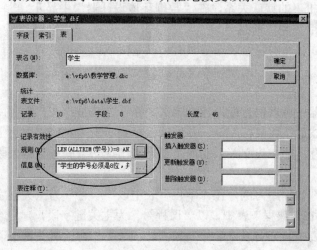

图3.57　定义记录有效性规则

3.7.3　设置触发器

所谓触发器，是指在数据库表中对记录进行插入、删除、更新等操作时，系统自动启动一个程序来完成指定的任务。在VFP中有3种形式的触发器。

（1）插入触发器　是在数据库表中插入记录时所触发的检测程序，该程序可以是表达式或自定义函数。检测结果为真时，接受插入的记录；否则，插入的记录将不被存储。

（2）更新触发器　是在数据库表中修改记录后按回车键时所触发的检测程序，该程序可以是表达式或自定义函数。如检测结果为真，则保存修改后的记录；否则，不保存修改后的记录，同时还原修改之前的记录值。

（3）删除触发器　是在数据库表中删除记录时所激发的检测程序，该程序可以是表达式或自定义函数。如检测结果为真，该记录可以被删除；如返回值为假，则该记录禁止被删除。

这 3 种触发器均可以在表设计器中创建。

例如，在教学管理数据库的"学生"表中，为避免用户不慎删除记录，可以创建一个简单的删除触发器，当用户执行删除记录操作时，触发器显示提示信息，并让用户选择是否删除。创建删除触发器的操作如下：在表设计器中选择"表"选项卡，然后在"触发器"组框中的"删除触发器"文本框中输入表达式：

图 3.58　使用触发器

MESSAGEBOX("真的要删除吗？ ",275,"提示信息")=6

当用户删除表中的记录时，VFP 便激活该触发器，显示图 3.58 所示的信息。选择"是"，系统就删除这条记录；选择"否"或"取消"，记录将不被删除。

3.7.4　永久关系的创建

永久关系是数据库表之间的关系，它存储在数据库文件（.DBC）中。永久关系的功能主要表现在：

- 在"查询设计器"和"视图设计器"中，自动作为默认联接条件。
- 在"数据库设计器"中，显示为联系数据表索引的关系线。
- 作为表单和报表的默认关系，在"数据环境设计器"中显示。
- 用来存储参照完整性信息。

在数据库中建立关系的两个表通常具有公共字段或语义相关的字段。其中，包含主关键字段（即建立主索引的字段）的表称为父表，另一个包含外部关键字段的表称为子表。

1．关系的建立

在数据库设计器中可以很方便地建立永久关系，方法是：在"数据库设计器"中选中父表中的主索引名，然后按住鼠标左键，并拖动鼠标到子表的对应索引名上，鼠标箭头会变为小矩形状。松开鼠标，即在建立关系的两个表之间出现一条联系数据表索引的直线，永久关系就建好了。

以"教学管理"数据库为例，在"学生"表中以"学号"为主关键字段，建立索引名为"学号"的主索引；在"课程"表中，以"课程号"为主关键字段，建立名为"课程号"的主索引；在"成绩"表中，分别以"学号"和"课程号"作为索引关键字，建立名为"学号"和"课程号"的两个普通索引。现在分别以"学生"表和"课程"表为父表，"成绩"表为子表，在"学生"表和"成绩"表之间、"课程"表和"成绩"表之间创建两个永久关系。

打开项目管理器，选择"教学管理"数据库，双击它，或者单击"修改"按钮，打开数据库设计器，如图 3.59 所示。先用鼠标选中"学生"表中的"学号"主索引，然后按住鼠标左键，并拖动鼠标到"成绩"表的"学号"索引，鼠标箭头变为小矩形状。松开鼠标后，在这两个表之间出现一条黑色的关系连线。

用同样的方法可以建立"课程"表和"成绩"表之间的关系，结果如图 3.60 所示。

在建立关系时，系统会自动根据索引类型来决定关系的类型。若子表为普通索引，则两表之间建立的是一对多的关系，如图 3.60 所示；若子表也为主索引，则两表之间建立的就是一对一的关系。

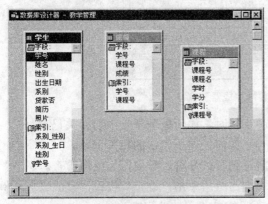

图 3.59 数据库设计器　　　　　　　　　　图 3.60 表之间的关系

2．关系的编辑

在数据库设计器中可以对已建立的关系重新编辑修改，方法是：右击要修改的关系线，线条变粗，从快捷菜单中选择"编辑关系"命令，出现如图 3.61 所示的"编辑关系"对话框。只要从下拉列表框中重新选择表或相关表的索引名即可修改关系。

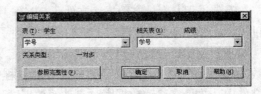

图 3.61 "编辑关系"对话框

3．关系的删除

如要删除数据库表之间的永久关系，可在数据库设计器中单击两表之间的关系线，选中它（关系线变粗），按 Delete 键即可。

3.7.5　参照完整性的设置

参照完整性是指建立一组规则，当用户插入、更新或删除一个数据表中的记录时，通过参照引用另一个与之有关系的数据表中的记录，来检查对当前表的数据操作是否正确。在 VFP 中，对建立了关系的两个数据库表，通过实施参照完整性规则，可以确保当父表中没有关联记录时，记录不得添加到子表中；当因改变主表的值而导致子表中出现孤立记录时，主表的值不能改变；当主表记录在子表中有匹配记录时，该主表记录不能删除。

在 VFP 中，利用参照完整性生成器可以帮助确定要实施的规则类型、要实施规则的表，以及能导致 VFP 检查参照完整性规则的系统事件。

在建立参照完整性之前，先打开数据库设计器，选择"数据库|清理数据库"命令，再选择"数据库|编辑参照完整性"命令，出现图 3.62 所示的"参照完整性生成器"窗口，其中包含"更新规则"、"删除规则"和"插入规则"三个选项卡，分别用来定义更新规则、删除规则和插入规则。

图 3.62 "参照完整性生成器"窗口

（1）更新规则规定了当更新父表中的主关键字值时，如何处理子表中的相关记录。

（2）删除规则规定了当删除父表中的记录时，如何处理子表中的相关记录。

（3）插入规则规定了当在子表中插入或更新记录时，是否进行参照完整性检查。

可以根据需要选择一种合适的参照完整性规则，然后单击"确定"按钮，完成设置。例如，在"教学管理"数据库中可以建立图 3.62 所示的参照完整性规则。

3.7.6 存储过程

存储过程是存储在数据库文件（.DBC）中的 VFP 代码，是专门操作数据库中数据的代码过程。在打开一个数据库时，它们便加载到了内存中。因此，存储过程可以提高数据库性能。

使用存储过程主要是为了创建用户自定义函数，字段级规则和记录级规则将引用这些函数。当把一个用户自定义函数作为存储过程保存数据库中时，函数的代码将保存在.DBC 文件中，并且在移动数据库时自动随数据库移动。使用存储过程可以不必在数据库文件之外管理用户自定义函数，使得应用程序更容易管理。

本节详细介绍了 VFP 中有关数据字典的各种功能，需要说明的是：这些功能都是数据库表所特有的，如将数据库表移出数据库，成为自由表后，这些特有的属性将会全部丢失。如要将其添加到数据库中，必须重新创建这些功能。

3.8 多数据表的操作

前面所有的操作都是对一个数据表进行的，在实际工作中，常常需要同时使用几个数据表中的数据，这就涉及多数据表的操作问题。

3.8.1 工作区的选择

1. 工作区

在 VFP 中，对数据表进行操作之前，必须先将其打开，即从外部存储器调入内存工作区，然后才能使用。VFP 系统允许在 32767 个工作区中打开和操作数据表，但同一时刻一个工作区只能打开一个数据表文件。如在同一工作区中打开了另一个数据表文件，则系统自动关闭前一个已打开的数据表文件。如需要同时使用多个数据表文件，则需要在不同的工作区中分别打开。

在 VFP 中，每个工作区都有一个编号，称为工作区号，用 1, 2, 3, 4 等表示，对 1～10 号工作区，还可以用 A～J 等 10 个英文字母来表示。系统默认在第 1 个工作区中工作。以前打开数据表时，虽然没有指定工作区，但实际上都是在第 1 个工作区打开和操作表的。

2．选择工作区

使用 SELECT 命令可以选择需要使用的工作区。

格式：SELECT 〈工作区号|别名|0〉

功能：选择需要使用的工作区。

说明：

① 别名是指该数据表文件的另一个更便于阅读、操作或记忆的文件名。可以在用 USE 命令打开数据表时定义该表的别名，相应的命令格式：

USE 〈数据表文件名〉 ALIAS 〈数据表文件的别名〉

② 如在某个工作区中打开数据表文件的同时，为该文件定义了别名，则可以使用别名代表该工作区进行操作；若没有定义别名，则使用数据表文件名代表该工作区。

③ SELECT 0 表示让系统自动选择工作区号最小的空闲工作区作为当前工作区。

④ 执行 SELECT 命令后，最后选择的工作区为当前工作区。

在每个工作区打开的数据表文件都有各自独立的记录指针。通常，在一个工作区中移动记录指针时不会影响其他工作区的记录指针。

对当前工作区中的数据表可以直接进行读、写等任何操作；而对于其他工作区中的数据表，则只能读取该区记录指针指向的当前记录，并且要用〈别名〉.〈字段名〉或〈别名〉->〈字段名〉的格式来指定其他工作区的字段。

注意：在某个工作区打开数据表之后，返回该工作区时不必再次打开同一个数据表。

【**例 3.40**】 在不同的工作区打开"学生"表和"成绩"表，然后显示第 1 条记录所对应的学号、姓名、系别、课程号和成绩信息。

```
SELECT  1
USE  E:\VFP6\DATA\学生  ALIAS  XS  && 在 1 号工作区打开"学生"表，并指定别名 XS
?RECNO( )                           && 结果为 1，说明 1 号工作区指针指向第 1 条记录
SELECT 2
USE  E:\VFP6\DATA\成绩  ALIAS  CJ  && 在 2 号工作区打开"成绩"表，并指定别名 CJ
?RECNO( )                           && 结果为 1，说明 2 号工作区指针指向第 1 条记录
SELECT  XS                          && 返回 1 号工作区
DISPLAY  学号,姓名,系别,B->学号, B->课程号,B->成绩
GO  5                               && 将 1 号工作区指针指向第 5 条记录
SELECT  B                           && 返回 2 号工作区
?RECNO( )                           && 结果为 1，说明 2 号工作区指针没有变动
SELECT A&& 返回 1 号工作区
DISPLAY  学号,姓名,系别,B.学号,B.课程号,B.成绩
CLOSE  ALL                          && 关闭所有工作区中的所有文件
```

显示结果：

记录号	学号	姓名	系别	B->学号	B->课程号	B->成绩
1	01010201	刘娉婷	法律	01010201	101	93.5

记录号	学号	姓名	系别	B->学号	B->课程号	B->成绩
5	01030306	陈佳怡	经济	01010201	101	93.5

从这个例子看到，刚打开"学生"表和"成绩"表时，它们各自的记录指针都是指向第 1 条记录（第 1 个 DISPLAY 命令的显示结果）。当在"学生"表（1 号工作区）中将记录指针移到第 5 条记录时，"成绩"表（2 号工作区）中的记录指针并没有随之移动，仍指向第 1 条记录（第 2 个 DISPLAY 命令的显示结果），也就是说，移动当前工作区的记录指针并不能带动其他工作区的记录指针同步移动。要保持两个工作区的记录指针同步移动，必须建立工作区之间数据表的关联。

也可以在 USE 命令中直接指定在哪个工作区中打开表，例如：

```
USE  E:\VFP6\DATA\学生  IN  1  ALIAS  XS
USE  E:\VFP6\DATA\课程  IN  2  ALIAS  KC
USE  E:\VFP6\DATA\成绩  IN  3  ALIAS  CJ
```

执行上述命令后，将分别在工作区 1, 2, 3 中打开"学生"表、"课程"表和"成绩"表，同时为它们指定相应的别名。

3.8.2　数据表的联接

1. 数据表的关联

例 3.40 表明，每个工作区都有各自独立的记录指针，通常情况下这些指针是不会同步移动的。通过在数据表之间建立关联，可以让两个数据表的记录指针同步移动。这种关联仅在两个表之间建立一种逻辑关系，即建立记录指针之间的联系，而不产生一个新的数据表文件，所以这种操作也称为数据表间的逻辑联接。使用 SET RELATION 命令可以建立数据表之间的关联。

格式：SET RELATION TO [<关键字表达式 1> INTO <工作区号>|<别名>]
　　　　　　[,<关键字表达式 2> INTO <工作区号>|<别名>…] [ADDITIVE]

功能：当前工作区中的数据表文件与其他工作区中的数据表文件通过关键字建立关联。

说明：

① 关键字表达式的值必须是相关联的两个数据表共同具有的字段，并且<别名>表文件必须已经按关键字表达式建立了索引文件并处于打开状态。

② 在一条 SET RELATION 命令中可以创建单个父表与多个子表之间的关联，各个关系之间用逗号隔开。

③ ADDITIVE 选项表示用本命令建立关联时仍然保留该工作区与其他工作区已经建立的关联。当要建立多个关联时，必须使用 ADDITIVE 选项。

④ 两个数据表建立关联后，当前表（父表）的记录指针移到某一记录时，被关联的数据表（子表）的记录指针也自动指向关键字值相同的记录上。如在子表中没有找到匹配的记录，指针将指向子表文件尾，即函数 EOF( )的值为.T.。

⑤ 当子表具有多个关键字值相同的记录时，指针只指向关键字值相同的第 1 条记录。要找到关键字值相同的其他记录，可以使用命令：

SET SKIP TO <别名 1>[, <别名 2>…]

⑥ 不带参数的 SET RELATON TO 命令表示删除当前工作区中所有的关系。

⑦ 如需要切断父表与子表之间的关联，可以使用命令：

SET RELATION OFF INTO 〈工作区号〉|〈别名〉

【例 3.41】 在"学生"表与"成绩"表之间建立关联，并显示学号、姓名、系别、课程号和成绩等字段的内容。

```
SELECT  2
USE  E:\VFP6\DATA\成绩
INDEX  ON  学号 TAG  学号      && 在"成绩"表中以"学号"为关键字建立索引
SELECT  1
USE  E:\VFP6\DATA\学生
SET RELATION TO 学号 INTO B    && "学生"表作为父表，"成绩"表作为子表，建立关联
DISPLAY  ALL  学号,姓名,系别, B->学号,B->课程号,B->成绩
SET  SKIP  TO  B
DISPLAY  ALL  学号,姓名,系别, B->学号,B->课程号,B->成绩
GO  5                         && 将1号工作区记录指针指向第5条记录
DISPLAY  学号,姓名,系别, B->学号,B->课程号,B->成绩
CLOSE  ALL
```

显示结果：

记录号	学号	姓名	系别	B->学号	B->课程号	B->成绩
1	01010201	刘娉婷	法律	01010201	101	93.5
2	01010308	夏露	教育	01010308	101	87.0
3	01020215	李昱	新闻	01020215	101	85.0
4	01020304	周林志	历史	01020304	101	82.0
5	01030306	陈佳怡	经济	01030306	104	77.0
6	01030402	何杰	艺术	01030402	104	58.0
7	01030505	卢迪	管理	01030505	104	76.5
8	01040501	范晓蕾	外语	01040501	101	65.5
9	01050508	王青	金融	01050508	106	98.0
10	01060301	李振宇	中文	01060301	103	76.5
记录号	学号	姓名	系别	B->学号	B->课程号	B->成绩
1	01010201	刘娉婷	法律	01010201	101	93.5
1	01010201	刘娉婷	法律	01010201	103	73.5
2	01010308	夏露	教育	01010308	101	87.0
2	01010308	夏露	教育	01010308	103	82.5
3	01020215	李昱	新闻	01020215	101	85.0
3	01020215	李昱	新闻	01020215	102	76.5
3	01020215	李昱	新闻	01020215	105	86.0
4	01020304	周林志	历史	01020304	101	82.0
4	01020304	周林志	历史	01020304	102	91.5
4	01020304	周林志	历史	01020304	105	88.5
5	01030306	陈佳怡	经济	01030306	104	77.0
6	01030402	何杰	艺术	01030402	104	58.0

7	01030505	卢迪	管理	01030505	104	76.5
8	01040501	范晓蕾	外语	01040501	101	65.5
8	01040501	范晓蕾	外语	01040501	103	85.5
9	01050508	王青	金融	01050508	106	98.0
9	01050508	王青	金融	01050508	102	92.0
10	01060301	李振宇	中文	01060301	103	76.5
记录号	学号	姓名	系别	B->学号	B->课号	B->成绩
5	01030306	陈佳怡	经济	01030306	104	77.0

从这个例子可以看出，在两个表之间建立逻辑关联后，记录指针就可以同步移动，保证了显示记录内容的一致性。

表之间的这种逻辑联接是一种临时关系，会随着数据表的关闭而自动关闭，下次再使用时必须重新建立。3.7.4 节中介绍的数据库表之间的永久关系则是存储在数据库文件（.DBC）中的，随着数据库的打开而打开，每次使用时不需要重新建立。但永久关系不能控制不同工作区中记录指针的联动。

2. 数据表的物理联接

数据表之间的物理联接是指将两个表文件联接生成一个新的表文件，新表文件中的字段从两个表中选取。使用 JOIN 命令可以在两个数据表之间建立物理联接。

格式： JOIN WITH〈工作区号〉|〈别名〉TO〈新表文件名〉

　　　　[FIELDS〈字段名表〉] FOR〈联接条件〉

功能：将不同工作区中的两个表文件联接生成一个新的表文件。

说明：

① 生成的新表文件扩展名仍为.DBF。

② FIELDS〈字段名表〉指定新表文件中所包含的字段，这些字段必须是原来两个表文件中的字段。如无此选项，新表文件中的字段将是原来两个表中的所有字段，字段名相同的只保留一项。

③ FOR〈联接条件〉指定两个表文件联接的条件，只有满足条件的记录才联接。

执行该命令后，当前表文件从第 1 条记录开始，与联接表的全部记录逐个比较。若满足联接条件，就把这两条记录联接起来，作为一条记录存放到新表文件中；若不满足联接条件，则进行下一条记录的比较。然后，当前表文件的记录指针指向下一条记录，重复上述过程，直到当前表文件中的全部记录处理完毕。联接过程中，如当前表文件的某一条记录在联接表中找不到相匹配的记录，则不在新表文件中生成记录。如两个表的记录数分别为 M 和 N，则新数据表的记录数最多为 $M \times N$ 条。

【例 3.42】 将"学生"表和"成绩"表通过"学号"联接起来，生成新的数据表文件"学生-成绩"，新表文件中包含如下字段：学号、姓名、系别、课程号、成绩。

```
SELECT  B
USE   E:\VFP6\DATA\成绩
SELECT  A
USE   E:\VFP6\DATA\学生
JOIN  WITH  B  TO  E:\VFP6\DATA-COPY\学生-成绩
FIELDS  学号,姓名,系别,B.课程号,B.成绩   FOR  学号=B.学号
```

```
SELECT   C
USE   E:\VFP6\DATA-COPY\学生-成绩
LIST
CLOSE   ALL
```

显示结果：

记录号	学号	姓名	系别	课程号	成绩
1	01010201	刘娉婷	法律	101	93.5
2	01010201	刘娉婷	法律	103	73.5
3	01010308	夏露	法律	101	87.0
4	01010308	夏露	法律	103	82.5
5	01020215	李昱	计算机	101	85.0
6	01020215	李昱	计算机	102	76.5
7	01020215	李昱	计算机	105	86.0
8	01020304	周林志	计算机	101	82.0
9	01020304	周林志	计算机	102	91.5
10	01020304	周林志	计算机	105	88.5
11	01030306	陈佳怡	管理	104	77.0
12	01030402	何杰	管理	104	58.0
13	01030505	卢迪	管理	104	76.5
14	01040501	范晓蕾	秘书	101	65.5
15	01040501	范晓蕾	秘书	103	85.5
16	01050508	王青	机械	106	98.0
17	01050508	王青	机械	102	92.0
18	01060301	李振宇	中文	103	76.5

习 题 3

3.1 思考题

1. 在 VFP 中，项目管理器的作用是什么？

2. 什么是自由表和数据库表？如何将自由表转为数据库表？如何将数据库表转为自由表？

3. 如何在项目中添加或新建数据库？如何在数据库中添加或新建数据表？

4. 向表中添加记录有几种方法？

5. 筛选字段或记录的作用是什么？如何对字段或记录进行筛选？

6. 什么是索引？索引和排序有何区别？

7. 索引关键字的类型有哪几种？

8. 在 VFP 中有哪些检索记录的命令？使用时有什么要求？

9. 什么是数据字典？在 VFP 中，数据字典有哪些功能？

10. 什么是有效性规则？如何创建字段级和记录级规则？

11. 参照完整性有何作用？

12. 数据表之间的永久关系和临时关系的区别是什么？

13. 有哪两种删除记录的方法？它们的区别是什么？

14. 为什么要使用多工作区？如何选择当前工作区？

3.2 选择题

1. 打开数据库的命令是（　　）。

　　（A）USE DATABASE　　（B）OPEN DATABASE　　（C）USE　　　　　　（D）OPEN

2. 下面关于结构复合索引的特点中不正确的是（　　）。

　　（A）索引文件主名与表文件同名

　　（B）索引文件随着表文件的打开而打开

　　（C）对表进行添加、修改、删除等操作时，索引结果会自动更新

　　（D）一个索引文件中只能包含一个索引项

3. 假设数据表文件的当前记录号为 50，将记录指针移到 35 号的命令是（　　）。

　　（A）SKIP -35　　　　（B）SKIP　35　　　　（C）SKIP　15　　　　（D）SKIP -15

4. 对一个数据表文件执行了 LIST 命令之后，再执行?EOF( )命令的结果是（　　）。

　　（A）.F.　　　　　　（B）.T.　　　　　　（C）0　　　　　　　（D）1

5. ZAP 命令的作用是（　　）。

　　（A）将当前工作区内打开的数据表文件中所有记录加上删除标记

　　（B）将当前工作区内打开的数据表文件删除

　　（C）将当前工作区内打开的数据表文件中所有记录做物理删除

　　（D）将当前工作区内打开的数据表文件结构删除

6. 在 VFP 中定义数据表结构时，有一个数值型字段要求保存 4 位整数、2 位小数，并且其值可能为负，则该字段的宽度应定义为（　　）。

　　（A）8　　　　　　　（B）7　　　　　　　（C）6　　　　　　　（D）5

7. 某“职工”表中有职称（C）和工资（N）两个字段，计算所有职称为正教授或副教授的工资总额，并将结果赋给内存变量 ZGZ，应使用命令（　　）。

　　（A）SUM 工资 TO ZGZ FOR 职称="副教授".AND."教授"

　　（B）SUM 工资 TO ZGZ FOR 职称="副教授".OR."教授"

　　（C）SUM 工资 TO ZGZ FOR 职称="副教授".AND. 职称="教授"

　　（D）SUM 工资 TO ZGZ FOR 职称="副教授".OR. 职称="教授"

8. 在职工工资数据表中，对工资字段按升序索引。若使用该索引顺序，执行 GO TOP 命令后，当前记录号应为（　　）。

　　（A）1　　　　　　（B）0　　　　（C）工资值最低的记录号　　（D）工资值最高的记录号

9. 若已打开"学生.DBF"表文件，要统计该表中的记录数，应使用的命令是（　　）。

　　（A）TOTAL　　　　（B）SUM　　　　　（C）COUNT　　　（D）AVERAGE

10. 在职工.DBF 数据表中，已经对"职称"字段建立了索引，现在要查找职称为教授的职工，应该用命令（　　）。

　　（A）LOCATE　职称="教授"　　　　　（B）FIND 职称="教授"

　　（C）FIND 教授　　　　　　　　　（D）SEEK 职称="教授"

11. 某数据表中定义了 1 个备注型字段和 1 个通用型字段，则相应的.FPT 备注文件个数是（　　）。

　　（A）0　　　　　　（B）1　　　　　　（C）2　　　　　（D）不能确定

12. 下面关于排序和索引的叙述中正确的是（　　）。

　　（A）排序和索引操作的结果都会生成一个新的数据表文件

（B）排序和索引操作的结果都不会改变原数据表中的记录顺序

（C）排序和索引操作的结果都会改变原数据表中的记录顺序

（D）排序和索引操作都可以指定多个关键字表达式

13. 在 VFP 中，自由表和数据库表之间的关系是（　　）。

（A）自由表和数据库表可以相互转换，但数据库表转换为自由表后将丢失某些属性

（B）自由表和数据库表可以相互转换，且数据库表转换为自由表后没有任何改变

（C）数据库表可以转换为自由表，但自由表不能转换为数据库表

（D）自由表可以转换为数据库表，但数据库表不能转换为自由表

14. 数据表 STUDENT.DBF 中有学号（C）和出生年月（D）两个字段，下列索引表达式正确的是（　　）。

（A）学号 + CTOD(出生年月)　　　　　　（B）学号 + 出生年月

（C）学号 +"出生年月"　　　　　　　　　（D）学号 + DTOC(出生年月)

15. 删除某个数据表的备注文件后（　　）。

（A）无法打开该数据表

（B）可以打开数据表，但不能查看其中的备注型字段内容

（C）可以打开数据表，但备注型字段丢失

（D）对数据表没有任何影响

3.3　填空题

1. 职工数据表中有年龄（N，2）和性别（C，2）两个字段，找出所有 40 岁女职工和 50 岁男职工的记录的查找条件是_____。

2. 教材数据表文件中，有字符型字段"编号"，要求将编号中第 2 个字母为 T 的记录逻辑删除，应使用命令_____。

3. 如打开一个空数据表文件，用函数 RECNO( )测试，其结果一定是_____。

4. 执行下列命令后，表 DB1 的当前记录为_____，表 DB2 的当前记录为_____。

```
SELECT  1
USE   DB1
SELECT  2
USE   DB2
SELECT  1
SKIP   5
```

5. 数据表由_____和_____两部分组成。

6. 内存变量"成绩"与当前数据表"CJ.DBF"中的字段变量"成绩"同名，要将当前记录中"成绩"字段的值存入内存变量"成绩"中，应使用的命令是_____。

7. 如当前数据表中有 10 条记录，当前记录号为 1，则执行命令 SKIP −1 后，再执行命令?RECNO( )，结果是_____。

8. 在不同工作区之间相互切换时，应使用命令_____。

9. 在数据表中，图片型数据应存储在_____字段中。

10. 在一个数据库表中，_____索引只能有一个，其他索引可以有多个。

3.4　上机练习题

1. 创建项目、数据库和数据表。要求：

（1）在 E 盘上建立工作目录"E:\VFP 练习"和"E:\VFP 练习\数据"。

（2）创建名为"档案管理.PJX"的项目文件，保存在"E:\VFP 练习"中。

（3）在"档案管理"项目中创建名为"职工档案.DBC"的数据库文件，保存在"E:\VFP 练习"中。

（4）在"职工档案"数据库中创建一个名为"职工.DBF"的数据库表，保存在"E:\VFP 练习\数据"文件夹中。利用表设计器建立表结构，并输入记录，内容如表 3.8 所示。

（5）创建一个名为"工资.DBF"的自由表，保存在"E:\VFP 练习\数据"文件夹中。利用表设计器建立表结构，如表 3.9 所示（内容暂不输入）。

表 3.8 职 工 表

职工号 C, 6	姓名 C, 8	性别 C, 2	出生日期 D, 8	职称 C, 8	婚否 L, 1	基本工资 N, 7, 2	部门 C, 6	简历 M, 4	照片 G, 4
101011	朱文友	男	07/12/85	助工	F	910.00	一车间		
101012	刘辉	男	11/09/54	高工	T	2965.57	一车间		
101013	周惠平	女	08/09/66	经济师	T	2245.58	财务科		
101014	朱晓晓	男	12/08/81	助工	F	1035.90	二车间		
101015	陈刚	男	08/09/66	工程师	T	2082.38	设计室		
101016	沈卫毅	女	09/11/52	经济师	T	2124.19	财务科		
101017	陈立军	男	08/02/78	会计师	F	1015.59	财务科		
101018	李为民	男	03/09/81	助工	F	941.90	三车间		
101019	徐艳红	女	11/06/68	会计师	T	1054.56	财务科		
101020	张明明	女	08/20/60	经济师	T	2505.25	财务科		

说明：表中第一行上方文字表示字段名，下方字符的第 1 位表示数据类型，第 2 位表示数据宽度，第 3 位表示数值型数据的小数位数。简历和照片的内容可自己定义。

表 3.9 工 资 表

职工号 C, 6	姓名 C, 8	基本工资 N, 7, 2	奖金 N, 6, 2	补贴 N, 6, 2	水电费 N, 6, 2	实发工资 N, 7, 2
101011	朱文友	910.00	195.57	50.00	80.00	
101012	刘辉	2965.57	255.00	100.00	125.50	
101013	周惠平	2245.58	234.68	100.00	95.50	
101014	朱晓晓	1035.90	315.15	80.00	116.00	
101015	陈刚	2082.38	216.38	100.00	105.80	
101016	沈卫毅	2124.19	356.00	100.00	85.00	
101017	陈立军	1015.59	285.78	80.00	132.00	
101018	李为民	941.90	180.58	50.00	78.60	
101019	徐艳红	1054.56	215.35	80.00	163.00	
101020	张明明	2505.25	315.50	100.00	178.50	

（6）将"工资"表添加到"职工档案"数据库中，使其成为数据库表。

2. 编辑数据表记录。

（1）从职工表中将职工号、姓名和基本工资 3 个字段的内容追加到工资表中。

（2）在"工资"表中输入奖金、补贴和水电费 3 个字段的内容。

（3）用"表"菜单或 REPLACE 命令计算"工资"表中的实发工资。

（4）打开浏览窗口，显示"职工"表记录，并在最后增加 2 条新记录，内容自己定义。

（5）逻辑删除"职工"表中新增加的 2 条记录，再将其物理删除。

3. 浏览记录

按要求分别用菜单或命令方式浏览或显示"职工"表中的记录。

（1）浏览或显示所有记录。

（2）浏览或显示所有男职工的姓名、职称、部门和基本工资 4 个字段内容。

（3）浏览或显示在 1970 年以前出生的所有女职工的记录内容。

4. 创建和使用索引。

（1）在"职工"表中，建立以下 4 个索引项（前 2 个为单项索引，后 2 个为多项索引）：

职工号（主索引）、职称（普通索引）

职称与基本工资（普通索引）、部门与出生日期（普通索引）

（2）在"工资"表中，建立以下 3 个索引项：

职工号（主索引）、基本工资（普通索引，升序）、实发工资（普通索引、降序）

（3）分别按（1）、（2）中建立的索引项浏览表记录。

5. 对"职工"数据表进行以下属性设置：

（1）"职工号"字段的标题设置为"工作证编号"，有效性规则为：职工号的前 2 位必须为"10"且输入的职工号必须满 6 位。相应的提示信息为"职工号不符合要求"。

（2）"性别"字段的默认值设置为"男"。

6. 在"职工"表和"工资"表之间建立永久关系。

第4章 查询和视图

查询是数据库管理系统中最常用，也最重要的功能，它为用户快速、方便地使用数据库中的数据提供了一种有效的方法。在 VFP 中，查询和视图是检索和操作数据库的两个基本手段，都可以用来从一个或多个相关联的数据表中提取有用的信息。查询可以根据表或视图定义，它不依赖于数据库而独立存在，可以显示但不能更新由查询检索到的数据。视图兼有表和查询的特点，它可以更改数据源中的数据，但不能独立存在，必须依赖于某一个数据库。因此，两者在功能和操作上既有很多相似之处，也存在某些不同。本章将分别介绍查询和视图的概念、创建和使用。

4.1 查　　询

4.1.1 查询的概念

第 3 章中介绍过与数据检索有关的操作和命令，如 LIST, DISPLAY, LOCATE, FIND 和 SEEK 等，以及通过设置字段和记录过滤器，从数据表中筛选出需要的数据，但这些操作都只是在一个数据表中进行的。以教学管理数据库为例，如要了解每个学生各门课程的考试成绩，就要用到数据库中的"学生"、"课程"和"成绩"三个表：从"学生"表中获取姓名，从"课程"表中获取课程名，从"成绩"表中通过"学号"和"课程号"获取每个学生各门课程的成绩。这种多个表之间的数据检索可以利用 VFP 提供的查询功能来实现。通过查询，可以对一个或多个彼此相关联的表或视图中的数据，按指定的条件和内容进行检索，从而得到用户所需要的各种有用信息。不仅如此，利用查询功能还可以获取对原始数据的某些统计信息，如每个学生各门课的总成绩或平均成绩等。因此，VFP 中的这类查询能够对数据源进行各种组合、有效地筛选记录、管理数据，以及对查询结果进行排序，并以用户需要的方式输出。

在 VFP 中，可以利用 SQL 结构化查询语言设计查询，也可以利用查询设计器在交互式环境下建立查询，第 5 章中将详细介绍 SQL 语言，本章主要介绍查询设计器的使用。利用查询设计器可以得到一个扩展名为.QPR 的查询文件，通过运行该查询文件，用户可以获取所需的检索信息。利用查询设计器建立查询的一般过程是：

（1）选择查询的数据源（包括自由表、数据库表和视图）。

（2）选择出现在查询结果中的字段。

（3）设置查询条件来查找满足用户要求的记录。

（4）设置排序或分组来组织查询结果。

（5）选择查询去向，即查询结果的输出类型，如浏览（默认）、表、报表等。

（6）运行查询，获得查询结果。

4.1.2 查询的创建

在 VFP 中创建查询文件有两种方法：一种是利用查询向导来创建，另一种是利用查询设计器来创建。前者主要是针对初学者而设计的，用户可以通过系统提供的操作步骤，一步一步地跟着进行下去，非常详细，但也非常费时。本节主要介绍查询设计器的使用。

1. 启动查询设计器

通过新建一个查询文件可以进入查询设计器。

（1）项目管理器方式

打开"教学.PJX"项目文件，在项目管理器中选择"数据"选项卡下的"查询"数据项，单击"新建"按钮，出现"新建查询"对话框（如图 4.1 所示）。选择"新建查询"命令，出现图 4.2 所示的"添加表或视图"对话框，选择查询的数据源。

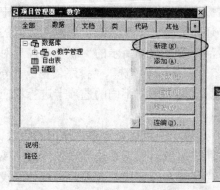

图 4.1　新建查询文件　　　　　　　　　　图 4.2　"添加表或视图"对话框

在"数据库"列表框中列出了目前已经打开的所有数据库，本例选择"教学管理"数据库，在"数据库中的表"列表框中显示了当前数据库中的所有数据表（若选中"选定"栏里的"视图"选项，则在该处显示的就是数据库中的所有视图），根据需要从中选择一个表或视图，单击"添加"按钮，则选中的表或视图便添加到查询设计器中。用这种方法可以将需要的表或视图一一添加到查询设计器窗口中，如图 4.3 所示。当添加多个数据表，且数据表之间没有建立永久关系时，还会出现图 4.4 所示的"联接条件"对话框，要求用户建立表之间的联接。

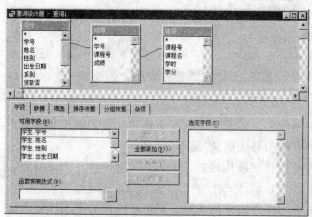

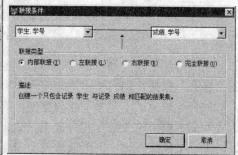

图 4.3　"查询设计器"窗口　　　　　　　图 4.4　"联接条件"对话框

如要使用自由表作为查询数据的来源，可以在图 4.2 所示的对话框中单击"其他"按钮，从弹出的"打开"对话框中选择。

（2）菜单方式

选择"文件|新建"命令，在"新建"对话框中选择"查询"文件类型，然后单击"新建文件"按钮。

（3）命令方式

格式：CREATE QUERY [<查询文件名>]

功能：打开查询设计器，创建指定的查询文件。

2．查询设计器的使用

查询设计器为创建查询提供了一个可视化的交互设计界面，整个设计器窗口分上、下两部分：上部分显示的是数据源部分，即查询中用到的数据表或视图，其中包含了该数据表中的字段及其索引信息；如两个数据表间存在关联关系，还将显示一条关系线，把建立关联的两个数据表中的相应字段联接起来。双击关系线，将激活一个图 4.4 所示的"联接条件"对话框，用以编辑关联条件。查询设计器的下部有"字段"、"联接"、"筛选"、"排序依据"、"分组依据"和"杂项" 6 个选项卡，如图 4.5 所示。只要根据实际需求对不同的选项卡进行相应的设置，即可完成查询的设计。

（1）选择查询输出字段　如图 4.5 所示，在"字段"选项卡中可以指定查询输出的字段、函数和表达式。方法是：从"可用字段"列表框中选定所需字段，然后单击"添加"按钮或直接双击它，该字段便添加到"选定字段"列表框中。当需要全部字段都被选为可查询字段时，可单击"全部添加"按钮。

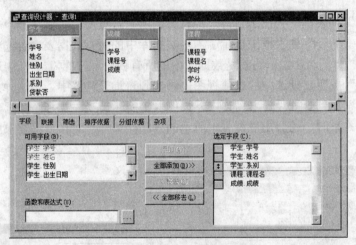

图 4.5　选择查询字段

在"选定字段"列表框中，可以拖动字段左边的垂直双箭头来调整字段的输出顺序。单击"移去"按钮，则可从"选定字段"列表框中移去所选项。

如查询输出的不是单个字段信息，而是由该字段构成的一个表达式时，可在"函数和表达式"文本框中输入一个相应的表达式，并为该表达式指定一个易于阅读和理解的别名。例如，在一个成绩查询中需要获取每个学生各门课程的平均成绩，就可在"函数和表达式"文本框中输入表达式"AVG（成绩.成绩）AS 平均成绩"（AS 后面的部分为前面字段表达式的别名，在浏览时可作为列标题显示）；也可单击表达式文本框右边的"…"按钮，在表达式生成器中建立该表达式，然后单击"添加"按钮，将该表达式添加到"选定字段"列表框中。

（2）建立数据表间的联接　当一个查询是基于多个表时，这些表之间必须是有联系的，系统就是根据它们之间的联接条件来提取表中相关联的数据信息。数据表间的联接条件可以在"联接"选项卡中指定,如图 4.6 所示。

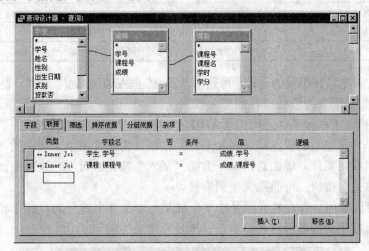

图 4.6　建立数据表间的联接

① 类型　指定联接条件的类型,默认情况下,联接条件的类型为"内部联接"。在联接类型的下拉列表中,可以选择其他类型的联接条件,其含义如表 4.1 所示。

如在查询用到的多个数据库表之间建立过永久关系,查询设计器会将这种关系作为表间的默认联系,自动提取联接条件;否则,在新建查询并添加一个以上的表时,系统会弹出图 4.4 所示的"联接条件"对话框,让用户指定联接条件。对话框下部的"描述"栏中详细说明了当选择不同的联接选项时,每个表的字段如何互相联系。

表 4.1　联接条件类型及含义

联 接 类 型	含 义
Inner Join(内部联接)	只返回完全满足联接条件的记录(是最常用的联接类型)
Right Outer Join(右联接)	返回右侧表中的所有记录及左侧表中相匹配的记录
Left Outer Join(左联接)	返回左侧表中的所有记录及右侧表中相匹配的记录
Full Join(完全联接)	返回两个表中的所有记录

② 字段名　指定一个作为联接条件的父关联字段。当创建一个新的联接条件时,可单击字段文本框右边的下拉按钮,从列出的所有可用字段中选择一个字段。

③ 条件　指定一个运算符,比较联接条件左边与右边的值,如表 4.2 所示。

表 4.2　条件运算符及其含义

运 算 符	含 义
=	左边字段的值与右边的值相等
Like	左边字段的值包含与右边的值相匹配的字符
==	左边字段的值与右边的值必须逐字符完全匹配
>	左边字段的值大于右边的值
>=	左边字段的值大于或等于右边的值
<	左边字段的值小于右边的值
<=	左边字段的值小于或等于右边的值

运　算　符	含　　义
IS NULL	左边字段的值是 NULL（空）值
Between	左边字段的值包含在右边用逗号分隔的两个值之间
In	左边字段的值必须与右边用逗号分隔的几个值中的一个相匹配

如要进行与指定条件相反的比较，可选中"条件"框左边的"否"选项，表示反转该条件。

④ 值　指定一个作为联接条件的子关联字段。

⑤ 逻辑　指定各联接条件之间的"AND（与）"和"OR（或）"的关系。

单击"类型"项左边的"↔"（联接条件）按钮，将打开图 4.4 所示的"联接条件"对话框，重新编辑联接条件。单击对话框下方的"插入"按钮，可在选定行前面插入一个新的联接；单击"移去"按钮，可删除选定的联接。

（3）指定查询条件　查询通常都是按某个或某几个条件来进行的，如图 4.7 所示，在"筛选"选项卡中可以建立筛选表达式，以选择满足查询条件的记录。

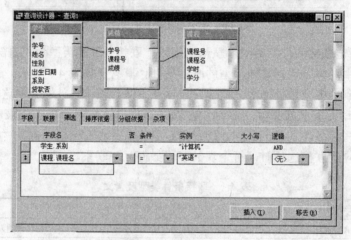

图 4.7　设置查询条件

① 字段名　指定用于筛选条件的字段名，单击文本框右边的下拉按钮，可显示所有可用字段。注意，备注型字段和通用型字段是不允许建立筛选表达式的。

② 条件　指定比较操作的运算符，与"联接"选项卡中的条件运算符含义相同。

③ 实例　指定查询条件的值。若该值为字符串，则需要加上字符串定界符。

④ 大小写　单击"大小写"选项，可指定比较时是否区分大小写。

⑤ 逻辑　根据需要，查询条件可以设置一条或多条。当有多个查询条件时，需要指定这些条件是"AND（与）"还是"OR（或）"的关系。"与"关系表示这些条件必须同时满足，"或"关系表示这些条件中只要满足一个就可以。

按图 4.7 所示的设置，其查询条件表示为：从教学管理数据库中查找所有"计算机"系学生"英语"课的成绩。

（4）组织查询结果　为便于查看和管理，对于查询得到的数据，可以按某种指定的顺序排列或分组排列。

① 设置数据排序　如图 4.8 所示，在"排序依据"选项卡中可以指定排序的依据，即在查询结果中将哪些字段指定为排序关键字，以及按升序还是按降序排列。

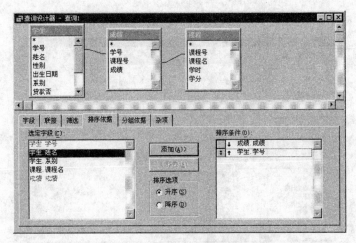

图 4.8　设置"排序依据"

从"选定字段"列表中选择一个字段，单击"添加"按钮，将其添加到"排序条件"列表框中，作为排序的一个依据（即排序关键字）。同时，可以在"排序选项"栏中选择"升序"或"降序"的排序方式（系统默认为"升序"），并在"排序条件"列表框的字段左边用箭头标识设定结果：箭头向上（↑）表示递增，箭头向下（↓）表示递减。

用同样的方法可以指定其他作为排序关键字的字段。注意，关键字在"排序条件"列表框中的先后顺序不同，其查询结果的显示形式也不同。上下拖动字段名最左边的垂直双箭头，可以改变字段的排列顺序。

按图 4.8 设置的排序条件是：主关键字为"成绩"，次关键字为"学号"，查询的结果将按"成绩"字段的降序排列（即分数由高到低）。当有成绩相同的记录时，再按学号的升序排列。

② 设置分组排序　分组排序对即将查询输出的结果按某字段中相同的数据来分组。该功能必须与某些操作（如 SUM( ), COUNT( ), AVG( )，MAX( )等）联合使用，可以完成一组记录的计算，使得在查询得到的结果中不仅有单项字段的数据信息，还有经过各种运算后得到的统计信息。在"分组依据"选项卡中可以指定分组依据，如图 4.9 所示。

该选项卡中的操作与"排序依据"选项卡中的操作基本相同。从"可用字段"列表框中选择一个字段，单击"添加"按钮，将其添加到"分组字段"列表框中，作为分组的一个依据。根据需要可选择多个分组字段，系统将按照它们在"分组字段"列表中显示的顺序分组。拖动字段左边的垂直双箭头，可以更改字段顺序和分组层次。

若要对分组字段限定条件，可以单击"满足条件"按钮，在"满足条件"对话框中输入所要限定的条件。

如要在查询中统计每个学生各门课程的平均分，可以在查询输出的字段中添加一个合计字段"AVG(成绩.成绩) AS 平均成绩"，然后在"分组依据"选项卡中选择"学号"字段作为分组依据，如图 4.9 所示。

（5）杂项选择　如图 4.10 所示，在"杂项"选项卡中可以选择要输出的记录范围，系统默认将查询得到的结果全部输出。

● "无重复记录"复选框　选中它，表示输出结果中不允许有重复记录存在；否则，可以出现重复记录。

● "全部"复选框　选中它，表示输出所有符合条件的记录；否则，可在"记录个数"

框中指定输出的记录数目，或指定占所有可输出记录的百分比。

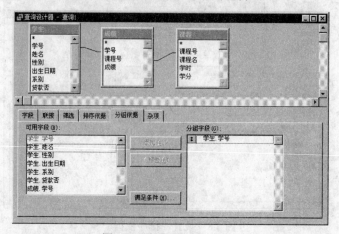

图 4.9　设置"分组依据"

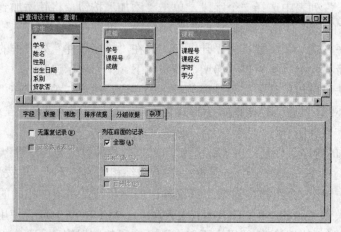

图 4.10　设置"杂项"

3．查询去向的选择

默认情况下，查询的结果将在浏览窗口中输出。此外，用户可以根据需要选择其他输出形式。

打开查询设计器后，主菜单中出现"查询"菜单。选择"查询|查询去向"命令，可打开图 4.11 所示的"查询去向"对话框，其中列出了 7 种输出去向。

图 4.11　"查询去向"对话框

（1）浏览　将查询结果输出到浏览窗口（系统默认的输出去向）。

（2）临时表　将查询结果存入一个临时的只读数据表中。关闭此数据表，查询结果将丢失。

（3）表　将查询结果存入一个数据表文件。关闭此数据表后，查询结果仍保留在文件中，可以作为一个自由表使用。

（4）图形　将查询结果以图形方式输出。图形类型有：直方图、饼图、曲线图，用户还可根据需要选择平面图形或立体图形。

（5）屏幕　将查询结果输出到屏幕上。

（6）报表　将查询结果输出到报表文件中。

（7）标签　将查询结果输出到标签文件中。

4．查询文件的保存

对于一个新建的查询文件，VFP 系统默认的文件名为"查询 1.QPR"、"查询 2.QPR"等。当用户完成查询设计后，可以选择"文件|另存为"命令，在"另存为"对话框中选择新的存储位置，并输入合适的文件名，如图 4.12 所示。

另外，如用户没有保存新建的查询，单击查询设计器窗口右上角的"关闭"按钮，退出查询设计器时，系统会显示一个图 4.13 所示的提示框，询问用户是否保存当前的查询文件。单击"否"按钮，系统将按默认的文件名和默认路径保存该文件；单击"是"按钮，则出现图 4.12 所示的"另存为"对话框，选择新的存储位置并输入新的文件名即可。

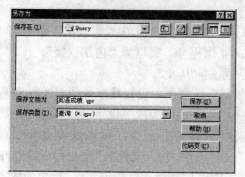

图 4.12　保存查询文件

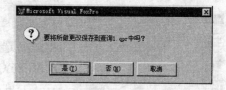

图 4.13　保存查询文件提示框

5．查询的运行

利用查询设计器进行的设置将得到一个查询文件（.QPR），在该文件中保存了建立查询时用户所做的各种设置信息，而非查询后的结果。只有运行该查询文件，才能按指定的查询去向输出查询结果。

（1）如要运行一个已建立的查询文件，可以从项目管理器的"数据"选项卡中展开查询项，选定要运行的查询，然后单击"运行"按钮运行查询，如图 4.14 所示。

（2）当查询设计器处于打开状态时，选择"查询|运行查询"命令，或单击工具栏中的运行按钮（!）运行查询。

图 4.14　在项目管理器中运行查询

（3）命令方式

格式：DO〈查询文件名〉

说明：查询文件名中必须带扩展名.QPR。

6．查询的修改

如查询结果有错误，可以重新打开查询设计器，选择不同的选项卡，修改相应的设置。

（1）项目管理器方式

打开项目管理器，展开"查询"项，选中要修改的查询文件后单击"修改"按钮，重新进入查询设计器。

（2）命令方式

格式：MODIFY　QUERY [<查询文件名>]

功能：打开查询设计器，修改查询。

7．举例

下面以"教学管理"数据库为例，利用"查询设计器"创建查询。

【**例 4.1**】　建立名为"历史系成绩.QPR"的查询，输出历史系学生各门课程的考试成绩，要求包括姓名、课程名、成绩等信息，并按课程排序，同一门课按成绩由高到低排序，结果在浏览窗口输出。

操作步骤：

① 如图 4.1 和图 4.2 所示，打开"教学"项目管理器，选择"查询"项，单击"新建"按钮，在"添加表或视图"对话框中选择"学生"表、"成绩"表和"课程"表，进入查询设计器。

② 在"字段"选项卡中选择输出字段：学生.姓名、课程.课程名、成绩.成绩。

③ 如 3 个表之间没有建立永久关系，可以在"联接"选项卡中设置联接：学生.学号=成绩.学号，类型为"内部联接"；课程.课程号=成绩.课程号，类型为"内部联接"。

④ 在"筛选"选项卡中设置筛选条件：学生.系别="历史"。

图 4.15　例 4.1 查询结果

⑤ 在"排序依据"选项卡中设置排序条件：课程.课程名为主关键字（升序）、成绩.成绩为次关键字（降序）。

⑥ 选择"文件|另存为"命令，将该查询文件保存在"E:\VFP6\QUERY"文件夹中，输入文件名"历史系成绩.QPR"。

⑦ 单击工具栏中的"!"按钮运行查询文件，结果如图 4.15 所示。

⑧ 关闭查询设计器。

【**例 4.2**】　建立名为"平均成绩.QPR"的查询，输出所有男生各门课程的平均成绩，要求包括系别、姓名、平均成绩等信息，并按系别排序，结果在浏览窗口输出。

操作步骤：

① 打开"教学"项目管理器，选择"查询"项，单击"新建"按钮，在"添加表或视图"对话框中选择"学生"表和"成绩"表，进入查询设计器。

② 在"字段"选项卡中选择输出字段：学生.姓名、学生.系别。在"函数和表达式"文本框中输入（或利用表达式生成器建立）：AVG（成绩.成绩）AS 平均成绩。单击"添加"按钮，将该表达式添加到"选定字段"列表框中。

③ 如"学生"表和"成绩"表之间没有建立永久关系，可以在"联接"选项卡中设置联接：学生.学号=成绩.学号，类型为"内部联接"。

④ 在"筛选"选项卡中设置筛选条件：学生.性别="男"。

⑤ 在"排序依据"选项卡中设置排序条件：学生.系别（升序）。

⑥ 在"分组依据"选项卡中设置分组字段：学生.学号。

⑦ 选择"文件|另存为"命令，将该查询文件保存在"E:\VFP6\QUERY"文件夹中，输

入文件名“平均成绩.QPR”。

⑧ 单击工具栏中的“!”按钮运行该查询，结果如图 4.16 所示。

⑨ 关闭查询设计器。

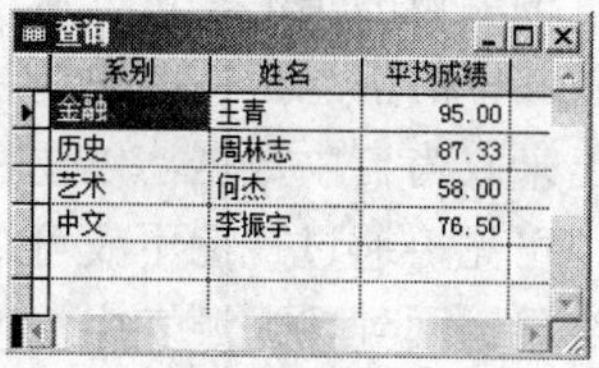

系别	姓名	平均成绩
金融	王青	95.00
历史	周林志	87.33
艺术	何杰	58.00
中文	李振宇	76.50

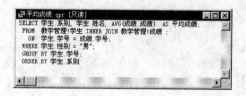

图 4.16　例 4.2 查询结果

4.1.3　查询文件的查看

利用查询设计器得到的查询文件（.QPR）是一个文本文件，用户可以查看其内容。只要查询设计器处于打开状态，就可以选择“查询|查看 SQL”命令打开一个只读窗口，其中显示了一条 SQL 语句，它包含了用户创建这个查询的所有信息。有关 SQL 语句的语法格式和功能将在第 5 章中详细介绍，本节主要分析在利用查询设计器建立查询时，SQL 语句中的各项与各选项卡中的设置结果有何对应关系，为后面学习 SQL 语言打下基础。

以上面建立的“平均成绩.QPR”查询文件为例，在项目管理器中，选中该查询文件，单击“修改”按钮，打开相应的查询设计器，然后选择“查询|查看 SQL”命令，出现图 4.17 所示的窗口，显示一条按照建立“平均成绩.QPR”查询文件步骤生成的 SQL 语句。下面将该语句分解为几部分进行分析。

图 4.17　查看 SQL 语句

① SELECT 学生.系别，学生.姓名, AVG（成绩.成绩）AS 平均成绩;

对应“字段”选择卡中选择的输出字段

② FROM　教学管理！学生 INNER JOIN 教学管理!成绩;

　　ON　学生.学号 = 成绩.学号;

对应“添加表和视图”对话框中选择的数据源和“联接”选项卡中的联接关系

③ WHERE 学生.性别 ="男";

对应“筛选”选项卡中设置的筛选条件

④ GROUP BY 学生.学号;

对应“分组依据”选项卡中选择的分组字段

⑤ ORDER BY 学生.系别

对应“排序依据”选项卡中选择的排序关键字

从上面的分析可以看出：SQL 语句中的各项与查询设计器中各个选项卡的设置信息相对应，但写一条 SQL SELECT 语句要比利用查询设计器创建一个查询文件方便多了，它是数据库应用程序中最常用的一种语句。另外，用户还可以复制此窗口中的文本内容，将它粘贴到命令窗口或程序中使用。

4.2　视　　图

4.2.1　视图的概念

视图是 VFP 提供的一种可定制且可更改的数据集合。它兼有“表”和“查询”的特点，与查询类似的是，它可以从一个或多个相关联的表中提取有用信息；与表类似的是，它可以更新其中的信息，并将更新结果永久保存在磁盘上。利用视图可以将数据暂时从数据库中分离出来成为自由数据，以便在主系统之外收集和修改数据。

可见，通过视图不仅可以从一个或多个表中提取数据，还可以在改变视图数据后，把更新结果送回到数据源表中，也就是通过视图来更改源表中的数据。但视图不能以自由表文件的形式单独存在，它必须依赖于某一个数据库，并且只有在打开相关的数据库之后，才能创建和使用视图。视图是数据库中的一个特有功能。

视图通常分为本地视图和远程视图两种。前者使用 VFP 的 SQL 语法从视图或表中选择信息；后者使用远程 SQL 语法从远程 ODBC（Open DataBase Connectivity，开放数据库互连）数据源表中选择信息。用户可以将一个或多个远程视图添加到本地视图中，以便在同一个视图中同时访问 VFP 数据和远程 ODBC 数据源中的数据。本章主要介绍本地视图的创建和使用。

4.2.2　视图的创建

在 VFP 中，可以利用视图设计器在交互环境下创建视图，方法与创建查询相似。

1．启动视图设计器

视图必须依赖于某一个数据库，它是数据库中一个特有的功能。要创建基于本地表（包括 VFP 表、任何使用.DBF 格式的表和存储在本地服务器上的表）的视图，首先需要创建或打开一个数据库。

图 4.18　新建本地视图

（1）项目管理器方式

打开"教学"项目，在项目管理器中选择"数据"选项卡，将"教学管理"数据库展开，选择"本地视图"，如图 4.18 所示，然后单击"新建"按钮，出现"新建本地视图"对话框。选择"新建视图"选项，在"添加表或视图"对话框中选择建立视图的数据源，关闭对话框即进入视图设计器窗口。

（2）命令方式

格式：CREATE VIEW

功能：打开视图设计器，创建视图。

说明：执行该命令之前，必须先打开要建立视图的数据库。

例如，可以在命令窗口中输入以下命令：

OPEN DATABASE E:\VFP6\教学管理

CREATE VIEW

2．视图设计器的使用

与查询设计器界面相比，视图设计器中只多了一个"更新条件"选项卡，其他都相同。因此，两者的使用方式几乎完全一样。例如，选择数据源和输出字段，指定相关表的联接，设置筛选记录条件，组织数据的输出结果等。不同的是，当需要用视图中的数据更新源表时，必须通过"更新条件"选项卡设置更新属性。表 4.3 给出了查询与视图的比较。

表 4.3　查询与视图的比较

特　　　性	查　　　询	视　　　图
文件属性	作为独立文件（.QPR）存储在磁盘中，不属于数据库	不是一个独立的文件，是数据库的一部分
数据来源	本地表、其他视图	本地表、其他视图、远程数据源
结果的存储形式	结果可以存储在数据表、图表、报表、标签等文件中	只能是临时的数据表
数据引用	不能被引用	可以作为表单、报表、查询或其他视图的数据源
更新数据	查询的结果是只读的	可以更新数据并回送到数据源表中

4.2.3　用视图更新数据

通过在视图设计器的"更新条件"选项卡中设置更新属性，可以把对视图数据的修改回送到数据源表中。在例 4.1 中创建了一个"历史系成绩"的查询，运行该查询文件，可以得到历史系学生各门课程的考试成绩，但这个查询结果是不能更改的。下面创建一个检索历史系成绩的本地视图，通过该视图可以更新"成绩"表中的成绩信息。

【例 4.3】　在"教学管理"数据库中创建一个本地视图，用于检索并更新历史系学生的成绩。

操作步骤：

① 在项目管理器中选择"本地视图"，然后单击"新建"按钮。

② 按照 4.1.2 节中创建"历史系成绩"查询的步骤，选取"教学管理"数据库中的 3 个数据表作为建立视图的数据源表，然后进入视图设计器。在"字段"选项卡中选择"课程.课程名"、"成绩.学号"、"学生.姓名"、"成绩.成绩" 4 个字段。在"联接"选项卡、"筛选"选项卡和"排序依据"选项卡中的设置与查询中的设置相同。

③ 选择"更新条件"选项卡设置更新属性，如图 4.19 所示。

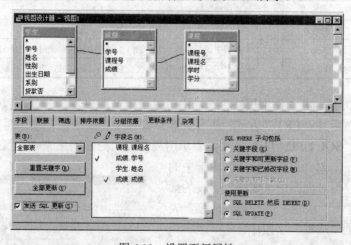

图 4.19　设置更新属性

● 指定可以更新的源表　在"表"列表框中指定视图可以修改的源表，默认可以更新"全部表"的相关字段（即在"字段"选项卡中选择的输出字段）。如只允许更新某个表的数据，则从下拉列表框中选择该表。

● 指定关键字和可以更新的字段　在"字段名"列表框中显示了可更新的源表中的所有相关字段。在字段名左边有两列标记："钥匙"符号代表关键字段，如源表中有一个主关键字段，并且已选为输出字段，则视图设计器将自动使用这个主关键字段作为视图的关键字段。VFP 用这些关键字段唯一标识那些已在视图中修改过的源表中的记录。若要设置关键字段，可以在字段名前单击该列（同时在"钥匙"符号下面显示一个"√"）。"铅笔"符号代表更新，要使表中的字段是可更新的，在表中必须有已定义的关键字段，系统通过源表的关键字段完成更新。单击字段名前的可更新列，可以将该字段设置为可更新的（同时在"铅笔"符号下面显示一个"√"），它表示允许在视图中修改这些字段，并将修改结果回送到源表的相应字段中，即通过视图更新源表数据。如字段未被标识为可更新的，虽然可以在表单中或浏览窗口中修改这些字段，但修改的值不会回送到源表中。

单击"重置关键字"按钮，可以在改变了关键字段后重新把它们恢复到源表中的初始设置。单击"全部更新"按钮，可以使表中所有字段可更新（此时表中必须有已定义的关键字）。

● 使源表可更新　如要将视图记录中的修改传送回源表，必须至少设置一个关键字段，同时必须选中"发送 SQL 更新"选项；否则，视图的修改结果不传送回源表。

● 控制如何检查更新冲突　当在一个多用户环境中工作时，服务器上的数据也可以被其他用户访问，也许这些用户也在试图更新远程服务器上的数据。为了让 VFP 系统检查用视图操作的数据在更新之前是否被其他用户修改过，可以使用"SQL WHERE 子句包括"框中的各个选项，来帮助管理多用户访问同一数据时带来的记录更新问题。在允许更新之前，VFP 先检查远程数据源表中的指定字段，看它们在记录被提取到视图中后有没有改变。如数据源表中的这些记录被修改，就不允许更新操作。

"SQL WHERE 子句包括"框中各选项的含义如表 4.4 所示。

表 4.4　SQL WHERE 子句选项

选　项	含　义
关键字段	当源表中的关键字段被改变时，更新失败
关键字和可更新字段	当源表中标记为可更新的字段被改变时，更新失败
关键字和已修改字段	当在视图中改变的任一字段的值在源表中已被改变时，更新失败
关键字段和时间戳	当源表上记录的时间戳在首次检索之后被改变时，更新失败

● 选择更新方式　在"使用更新"选项中可以指定向源表发送 SQL 更新时的更新方式。"SQL DELETE 然后 INSERT"方式，表示先删除源表中更新的原记录，再向源表中插入更新后的新记录。"SQL UPDATE"方式，表示用视图中的更新结果来修改源表中的旧记录。

按图 4.19 所示，对"更新条件"选项卡中的各项进行设置，使得对视图中"成绩"字段的修改，可以通过"学号"关键字回送到"成绩"表中与学号相匹配的"成绩"字段中。

④ 对于一个新建的视图，系统默认的名称为"视图 1"、"视图 2"等，用户可以另取一个

图 4.20　"保存"对话框

名字，方法是：选择"文件|另存为"命令，出现图 4.20 所示的"保存"对话框。在"视图名称"文本框中输入新的视图名称"可更新成绩"，单击"确定"按钮，该视图便以"可更新成绩"的名字存储到"教学管理"数据库中，如图 4.21 所示。

 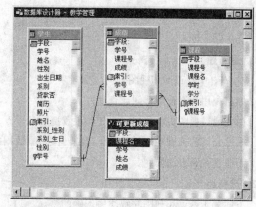

图 4.21 数据库中的视图

⑤ 当视图设计器处于打开状态时，可以选择"查询|运行查询"命令，或单击工具栏中的按钮"!"运行视图，结果如图 4.22 所示（与"历史系成绩"查询的结果完全一样）。也可以在项目管理器中选中视图，单击"浏览"按钮。

如视图已经保存过，当修改视图中的某个数据时，例如，将学号为"01020304"的周林志同学的历史成绩由 91.5 改为 81.5（如图 4.23 所示）时，打开"成绩"表浏览，将会看到"成绩"表中该同学的历史成绩随之更新为 81.5，如图 4.24 所示。

图 4.22　浏览视图　　　图 4.23　修改视图数据图　　　4.24　更新"成绩"表

⑥ 单击视图设计器窗口右上角的"关闭"按钮，退出视图设计器。

4.2.4　视图的使用

视图建立之后，就可以像数据表一样使用了，如显示数据或更新数据等。视图在使用时，作为临时表在自己的工作区中打开。如该视图基于本地表，则 VFP 将同时在另一个工作区中打开源表。

VFP 允许对视图进行以下操作：

（1）使用 USE〈视图名〉命令打开视图。

（2）使用 USE 命令关闭视图。

（3）在"浏览"窗口中显示或修改视图数据，如图 4.22 和图 4.23 所示。

（4）使用 SQL 语句操作视图。

（5）在文本框、表格控件、表单或报表中使用视图作为数据源。

习 题 4

4.1 思考题

1. 在 VFP 中，查询和视图有何区别？

2. 如何利用查询设计器创建查询？

3. 如要通过视图更新数据，应如何设置更新条件？

4. 本章介绍的查询功能与前面学过的一些检索数据的命令有什么不同？

5. 简述视图和表的异同。

4.2 选择题

1. 下面关于查询和视图的叙述中正确的是（   ）。

（A）查询不是一个独立的文件，它只能存在于数据库中

（B）视图是一个独立的文件，通过视图可以更改相关数据表中的数据

（C）查询的结果是只读的，对它所进行的修改不会反映到相关的数据表中

（D）利用查询和视图提取的信息都只能在屏幕上显示

2. 建立视图的数据源不能是（   ）。

（A）数据库表　　　　（B）自由表　　　　（C）其他视图　　　　（D）查询文件

4.3 填空题

1. 建立查询文件后，必须____，才能得到查询结果。

2. 如要将查询结果保存下来作为数据表使用，则在设计查询时，应将查询去向设置为_____。

3. 视图是_____的一个特有功能。

4. 建立查询的数据源可以是_____、_____和_____。

5. 如查询是基于多个表的，则这几个表之间必须建立_____关系。

6. 根据数据源的不同，视图可分为_____和_____两种。

4.4 上机练习题

1. 在第 3 章上机练习中建立的"档案管理"项目中创建查询。

（1）建立名为"男职工工资奖金.QPR"的查询，输出各部门男职工的工资，包括职工号、姓名、职称、部门、实发工资、奖金等信息，并按实发工资由高到低排序，工资相同的按奖金由高到低排序，结果在浏览窗口输出。

（2）建立名为"部门平均工资.QPR"的查询，输出各部门的部门平均工资，包括部门、部门平均工资等信息，并按部门平均工资由低到高排序，结果在浏览窗口输出。

2. 在第 3 章上机练习中建立的"职工档案"数据库中创建视图。

（1）建立名为"更新男职工奖金"的视图，要求"奖金"字段可以更新，其他要求与第 1 题中的"男职工工资奖金"查询相同。

第5章　结构化查询语言 SQL

VFP 数据库管理系统除了本身具有众多功能丰富的 VFP 命令外,还支持结构化查询语言 SQL（Structured Query Language）。SQL 是关系数据库的一种标准语言,利用 Rushmore 技术实现优化处理,在当今关系数据库管理系统中应用普遍。SQL 作为一种数据库语言,可以嵌入其他语言（如 VFP）之中,且一条 SQL 命令可以代替多条 VFP 命令,使得对数据库的操作更加便捷。SQL 语言不仅能够实现数据查询,还能实现数据定义、数据操纵和数据控制等功能。

5.1　SQL 语言概述

几乎所有的关系数据库管理系统都支持 SQL 标准。SQL 语言的主要特点是:

（1）高度集成化　SQL 语言集数据定义、数据操纵、数据查询和数据控制功能于一体,可独立完成数据库操作和管理中的全部工作,为数据库应用系统的开发提供了良好的手段。

（2）非过程化　SQL 是一种非过程化的语言,用户不必告诉计算机怎么做,只要提出做什么,SQL 语言就可以将要求提交系统,自动完成全部工作从而大大减轻了用户的负担,还有利于提高数据独立性。

（3）简洁易学　SQL 语言功能极强,但却非常简洁,完成数据定义（CREATE, DROP, ALTER）、数据操纵（INSERT, UPDATE, DELETE）、数据控制（GRANT, REVOKE）和数据查询（SELECT）等核心功能只用到 9 个命令动词。许多复杂的工作通过一条简单的 SQL 命令就可以完成。它语法非常简单,接近英语自然语法,易学易用。

（4）用法灵活　SQL 语言既能以人机交互方式来使用,也可以嵌入到程序设计语言中以程序方式使用,如 VFP 就将 SQL 语言直接嵌入到自身的语言中,使用方便、灵活。

本章主要介绍 VFP 在 SQL 方面支持的数据定义、数据操纵和数据查询三个功能,VFP 由于自身在安全控制方面的缺陷,没有提供数据控制功能。

5.2　数　据　定　义

标准 SQL 的数据定义功能非常广泛,包括数据库、表、视图、存储过程、规则及索引的定义等。数据定义语言由 CREATE（创建）, DROP（删除）, ALTER（修改）3 个命令组成。这 3 个命令关键词针对不同的数据对象分别有 3 条命令,如操作数据表时可以使用 CREATE, DROP 和 ALTER 命令,操作视图时也可以使用这 3 条命令。

5.2.1　表的定义

第 3 章介绍了利用表设计器建立数据表的方法,在 VFP 中也可以通过 SQL 的 CREATE TABLE 命令建立数据表。

1. 命令格式

CREATE　TABLE│DBF〈表名 1〉　[NAME〈长表名〉][FREE]

 (〈字段名 1〉〈字段类型〉[(〈宽度〉[,〈小数位数〉])])[NULL│NOT NULL]

 [CHECK〈有效性规则 1〉[ERROR〈提示信息 1〉]]

 [DEFAULT〈默认值〉]

 [PRIMARY KEY│UNIQUE]

  [REFERENCES〈表名 2〉[TAG〈标识名 1〉]]

 [NOCPTRANS]

 [,〈字段名 2〉…]

 [,PRIMARY KEY〈主关键字〉　TAG〈标识名 2〉

 │,UNIQUE〈候选关键字〉TAG〈标识名 3〉]

 [,FOREIGN KEY〈外部关键字〉TAG〈标识名 4〉[NODUP]

  REFERENCES〈表名 3〉[TAG〈标识名 5〉]]

 [,CHECK〈有效性规则 2〉[ERROR〈提示信息 2〉]])

 │FROM　ARRAY〈数组名〉

说明：

① CREATE TABLE│DBF〈表名 1〉指定要创建的表的名字。TABLE 与 DBF 选项作用相同，前者是 SQL 标准的关键词，后者是 VFP 的关键词。

② NAME〈长表名〉指定长表名，最多包括 128 个字符。

③ FREE 指定建立一个自由表。

④〈字段名 1〉〈字段类型〉[(〈宽度〉[,〈小数位数〉])] 分别定义字段名、类型、宽度和小数位数，其中的字段类型要用单个字母表示，如表 5.1 所示。

表 5.1　数据表中字段类型说明

字段类型	字段宽度	小数位	说明
C	n	—	字符型，宽度为 n（最大为 254）
D	—	—	日期型
T	—	—	日期时间型
N	n	d	数值型，宽度为 n，小数位为 d
F	n	d	浮点型，宽度为 n，小数位为 d
I	—	—	整型
B	—	d	双精度型
Y	—	—	货币型
L	—	—	逻辑型
M	—	—	备注型
G	—	—	通用型

注：对于 N, F, B 类型，若没有指定小数位，则默认为不带小数。

⑤ NULL│NOT NULL 指定字段是否允许为空值。

⑥ CHECK〈有效性规则 1〉[ERROR〈提示信息 1〉] 设置字段的有效性规则及出错时的提示信息。

⑦ DEFAULT〈默认值〉设置字段的默认值。

⑧ PRIMARY KEY|UNIQUE 设置主索引或候选索引，标识名与字段名相同。

⑨ REFERENCES <表名 2> [TAG <标识名 1>] 指定与之建立永久关系的父表。

⑩ NOCPTRANS 防止字符字段和备注字段转换到另一个代码页。

⑪ PRIMARY KEY <主关键字> TAG <标识名 2> 指定主索引和主索引标识名。

⑫ UNIQUE <候选关键字> TAG <标识名 3> 指定候选索引和候选索引标识名。

⑬ FOREIGN KEY <外部关键字> TAG <标识名 4> [NODUP] 指定外部索引和索引标识名。包含 NODUP，表示创建一个候选外部索引。

⑭ FROM ARRAY <数组名> 根据指定数组的内容建立表，数组的元素依次是字段名、类型、宽度和小数位数。

注意：

① 新表自动在最低可用工作区以独占方式打开，并可通过别名引用。

② 建表时若没有打开相关数据库或在 CREATE TABLE 命令中使用了 FREE 选项，则建立的是自由表，此时 NAME, CHECK, DEFAULT 等数据库表才有的属性设置将不能使用。

从 CREATE TABLE 的语法格式可以看出，该命令能够完成表设计器所能完成的所有功能，包括定义表结构、设置主索引、定义字段有效性规则、字段默认值及描述表间关系等。

2. 使用 SQL CREATE 命令

在第 3 章中分别用表设计器创建了"教学管理"数据库中的"学生"、"课程"和"成绩" 3 个表，并在"学生"表中建立了以"学号"为主关键字的主索引，在"课程"表中建立了以"课程号"为主关键字的主索引，在"成绩"表中分别建立了以"学号"和"课程号"为外部关键字的普通索引，通过这些索引项建立了表之间的联接关系。这些操作也可以使用 SQL CREATE 命令完成。

为了与前面已建立的文件区分开来，本章将新建一个名为"JXGL.DBC"的数据库文件，然后用 SQL CREATE 命令建立 3 个数据库表：学生 1.DBF、课程 1.DBF、成绩 1.DBF，结构与表 3.1～表 3.3 相同，并设置文件存储的默认路径为"E:\VFP6\SQL"。

【例 5.1】 创建数据库"JXGL.DBC"和 3 个数据表"学生 1.DBF"、"课程 1.DBF"、"成绩 1.DBF"，并建立表间的联接关系。

```
CREATE DATABASE  JXGL
CREATE TABLE 学生 1(学号  C(8) PRIMARY KEY,;          && 指定学号为主关键字
    姓名  C(8),性别  C(2) DEFAULT "男", ;            && 设置性别的默认值为"男"
    出生日期  D, 系别  C(10),贷款否  L,简历  M,照片  G NULL)
CREATE TABLE 课程 1(课程号  C(3) PRIMARY KEY,;        && 指定课程号为主关键字
    课程名  C(20),学时  N(3),学分  N(2))
CREATE TABLE 成绩 1(学号  C(8),课程号  C(3),;
    成绩  N(5,1) CHECK(成绩>=0 AND 成绩<=100);         && 设置成绩字段有效性规则
    ERROR "成绩必须在 0～100 之间！",;                 && 设置出错提示信息
    FOREIGN KEY 学号 TAG 学号 REFERENCES 学生 1,;     && 分别指定学号、课程号为外部
                                                    && 关键字以及与学生 1 和课程 1
    FOREIGN KEY 课程号 TAG 课程号 REFERENCES 课程 1)  && 之间的联接
```

说明：上述各语句中，每行后面的分号（；）为续行符。

执行上述命令后，可以在数据库设计器中看到图 5.1 所示的结果，可见利用 SQL

CREATE 命令不仅可以建立数据表，还可以建立表之间的联接关系。

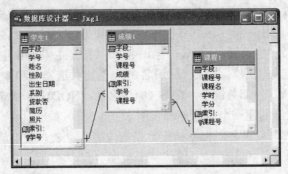

图 5.1 用 SQL CREATE 命令创建的数据表

5.2.2 表结构的修改

SQL 提供了 3 种 ALTER TABLE 命令格式，分别用来完成对表结构不同方面的修改，如添加新字段、修改已有字段、编辑有效性规则、删除字段等。

（1）格式 1

ALTER TABLE〈表名 1〉 ADD│ALTER [COLUMN]〈字段名〉

　　　〈字段类型〉[(〈宽度〉[,〈小数位数〉])][NULL│NOT NULL]

　　　[CHECK〈有效性规则〉[ERROR〈提示信息〉]][DEFAULT〈默认值〉]

　　　[PRIMARY KEY│UNIQUE]

　　　[REFERENCES〈表名 2〉[TAG〈标识名〉]]

功能：修改表中指定的字段或向表中添加新的字段。

说明：

① ADD 表示添加指定的字段，ALTER 表示修改指定的字段。

② 该格式可以修改字段的类型、宽度、有效性规则、错误提示信息、默认值，定义关键字和联接关系等，但不能修改字段名。

【例 5.2】 为"成绩 1"表添加一个字段：平时成绩 N(5)。

　　　ALTER TABLE 成绩 1 ADD 平时成绩 N(5)

【例 5.3】 在"成绩 1"表中，将"平时成绩"字段修改为 N(5,1)，并要求平时成绩不超过 100 分。

　　　ALTER TABLE 成绩 1 ALTER 平时成绩 N(5,1);

　　　CHECK 平时成绩>=0 AND 平时成绩<=100 ERROR "平时成绩不能超过 100 分！"

（2）格式 2

ALTER TABLE〈表名〉ALTER [COLUMN]〈字段名〉[NULL│NOT NULL]

　　　[SET DEFAULT〈默认值〉][SET CHECK〈有效性规则〉[ERROR〈提示信息〉]]

　　　[DROP DEFAULT] [DROP CHECK]

功能：修改或删除表中指定字段的有效性规则或默认值。

说明：执行该命令后，不会影响数据表中的数据。

【例 5.4】 在"成绩 1"表中删除"平时成绩"字段的有效性规则并设置字段默认值为 80。

　　　ALTER TABLE 成绩 1 ALTER 平时成绩 DROP CHECK

ALTER TABLE 成绩 1 ALTER 平时成绩 SET DEFAULT 80

（3）格式 3

ALTER TABLE〈表名 1〉

　　[DROP [COLUMN]〈字段名〉]

　　[SET CHECK〈有效性规则〉l [ERROR〈提示信息〉]]

　　[DROP CHECK]

　　[ADD PRIMARY KEY〈主关键字〉TAG〈标识名 1〉[FOR〈条件 1〉]]

　　[DROP PRIMARY KEY]

　　[ADD UNIQUE〈候选关键字〉[TAG〈候选标识名 1〉[FOR〈条件 2〉]]]

　　[DROP UNIQUE TAG〈候选标识名 2〉]

　　[ADD FOREIGN KEY [〈外部关键字〉] TAG〈标识名 2〉[FOR〈条件 3〉]

　　　　REFERENCES〈表名 2〉[TAG〈标识名 3〉]]

　　[DROP FOREIGN KEY TAG〈标识名 4〉[SAVE]]

　　[RENAME COLUMN〈原字段名〉TO〈新字段名〉]

　　[NOVALIDATE]

功能：删除表中指定的字段、修改字段名；修改记录的有效性规则，包括添加和删除主索引、外部关键字、候选索引及表的合法值限定等。

说明：

① DROP [COLUMN]〈字段名〉删除指定的字段，删除一个字段的同时也删除该字段的默认值和有效性规则。

② SET CHECK〈有效性规则〉[ERROR〈提示信息〉] 设置表的有效性规则（即记录有效性规则）和错误提示信息。

③ DROP CHECK　删除表的有效性规则。

④ ADD PRIMARY KEY〈主关键字〉TAG〈标识名 1〉添加主索引和索引标识名。

⑤ DROP PRIMARY KEY　删除主索引。

⑥ ADD UNIQUE〈候选关键字〉[TAG〈候选标识名 1〉] 添加候选索引和索引标识名。

⑦ DROP UNIQUE TAG〈候选标识名 2〉删除候选索引。

⑧ ADD FOREIGN KEY [〈外部关键字〉]TAG〈标识名 2〉添加外部关键字索引和标识名。

⑨ REFERENCES〈表名 2〉[TAG〈标识名 3〉] 设置与指定表有联接关系的父表。

⑩ DROP FOREIGN KEY TAG〈标识名 4〉[SAVE] 删除外部关键字。带 SAVE 选项，则不从结构索引中删除索引标识；否则，将从结构索引中删除索引标识。

⑪ RENAME COLUMN〈原字段名〉TO〈新字段名〉修改字段名。

⑫ NOVALIDATE 修改表结构时允许违反该表的有效性规则。

注意：

① 修改自由表时，很多选项不能使用，如 CHECK, DEFAULT, FOREIGN KEY, PRIMARY KEY、REFERENCES 或 SET 子句等。

② 该命令格式主要是对表一级的操作，如删除字段、修改字段名，以及定义、修改或删除记录的有效性规则等。

【例 5.5】　在"成绩 1"表中将"平时成绩"字段改名为"平时分"，最后删除该字段。

ALTER TABLE 成绩 1 RENAME COLUMN 平时成绩 TO 平时分

ALTER TABLE 成绩 1 DROP COLUMN 平时分

说明：如被删除的字段建立了索引，则必须先将索引删除，然后才能删除该字段。

5.2.3 表的删除

格式：DROP TABLE 〈表名〉

功能：直接从磁盘上删除指定的表文件。

说明：如要删除的是数据库表，最好先打开相应的数据库，再执行删除操作。否则，虽然从磁盘上删除了表文件，但是表在数据库文件中的信息仍保留着，以后使用时会出现错误提示。

5.3　数　据　操　纵

SQL 的数据操纵功能是指对数据库中的记录进行插入（INSERT）、删除（DELETE）和更新（UPDATE）三个方面的操作。

5.3.1 记录的插入

VFP 支持两种 SQL 插入命令的格式。

（1）格式 1

INSERT INTO〈表名〉[(〈字段名 1〉[,〈字段名 2〉[, …]])]

  VALUES(〈表达式 1〉[,〈表达式 2〉[, …]])

功能：在指定表的尾部添加一条包含指定字段值的新记录。

说明：当需要插入表中所有字段的数据时，〈表名〉后面的字段名可以默认，但插入数据的类型必须与各字段的数据类型一致。若只需要插入表中某些字段的数据，必须一一列出对应的字段名，并且数据位置应与字段名的位置对应。

【例 5.6】　向"学生 1"表中添加两条记录。

    USE　学生 1
    INSERT INTO　学生 1 VALUES('01020314', '张三', '男', {^1992/07/01},;
        '计算机',.T., '张三是北京人',NULL)
    INSERT INTO　学生 1(学号, 姓名) VALUES('01020315', '李四')
    LIST
    USE

显示结果：

记录号	学号	姓名	性别	出生日期	系别	贷款否	简历	照片
1	01020314	张三	男	07/01/92	计算机	.T.	Memo	.NULL.
2	01020315	李四	男	/ /		.F.	memo	gen

（2）格式 2

INSERT INTO〈表名〉FROM ARRAY〈数组名〉|FROM MEMVAR

功能：在指定表的尾部添加一条新记录，其值来自于数组或对应的同名内存变量。

说明：

① 内存变量必须与表中的各字段变量同名。如没有同名的内存变量，则相应的字段为默认值或为空。

② 数组中各元素与表中各字段顺序对应。如数组元素的数据类型与对应的字段类型不一致，则该字段为空；如表中字段个数大于数组元素的个数，则多出的字段为空。

【例5.7】 从数组向"学生1"表中添加一条新记录。

```
DIMENSION  AA(5)
AA(1) = "01020316"
AA(2) = "王月花"
AA(3) = "女"
AA(4) = CTOD("06/09/91")
AA(5) = "计算机"
INSERT INTO  学生 1 FROM ARRAY AA
LIST
USE
```

显示结果：

记录号	学号	姓名	性别	出生日期	系别	贷款否	简历	照片
1	01020314	张三	男	07/01/92	计算机	.T.	Memo	.NULL.
2	01020315	李四	男	/ /		.F.	memo	gen
3	01020316	王月花	女	06/09/91	计算机	.F.	memo	gen

注意：如一个表定义了主索引或候选索引，由于这类关键字段不能为空，所以只能用 SQL 命令插入记录。VFP6.0 以前的插入命令（INSERT 或 APPEND）是先插入一条空记录，再输入各字段的值。由于关键字段不能为空，所以不能成功插入记录。

5.3.2 记录的删除

可以使用 SQL 语言的 DELETE 命令逻辑删除指定数据表中的记录。

格式：DELETE FROM〈表名〉[WHERE〈条件〉]

功能：为指定表中满足条件的记录加逻辑删除标记。

说明：若带 WHERE 子句，只删除满足条件的记录；否则，逻辑删除表中的全部记录。

【例5.8】 将"学生1"表中所有男生的记录逻辑删除。

```
DELETE FROM  学生 1   WHERE  性别="男"
LIST
```

显示结果：

记录号	学号	姓名	性别	出生日期	系别	贷款否	简历	照片
1	*01020314	张三	男	07/01/92	计算机	.T.	Memo	.NULL.
2	*01020315	李四	男	/ /		.F.	memo	gen
3	01020316	王月花	女	06/09/91	计算机	.F.	memo	gen

注意：该命令只是对满足条件的记录进行逻辑删除，而不是真正从磁盘中删除。若要恢复逻辑删除的记录，可执行 RECALL 命令。若要将逻辑删除的记录进行物理删除，还必须执行 PACK 命令。用 PACK 命令删除的记录不可恢复，故要慎用。

5.3.3 记录的更新

可以使用 SQL 语言的 UPDATE 命令修改数据表中的记录。

格式：UPDATE ⟨表名⟩ SET ⟨字段名 1⟩ = ⟨表达式 1⟩

[,⟨字段名 2⟩=⟨表达式 2⟩...][WHERE ⟨条件⟩]

功能：用指定的值更新记录。

【例 5.9】 将"学生 1"表中所有男生的"贷款否"字段值改为".T."。

UPDATE 学生 1 SET 贷款否 =.T. WHERE 性别 ="男"

LIST

显示结果：

记录号	学号	姓名	性别	出生日期	系别	贷款否	简历	照片
1	*01020314	张三	男	07/01/92	计算机	.T.	Memo	.NULL.
2	*01020315	李四	男	/ /		.T.	memo	gen
3	01020316	王月花	女	06/09/91	计算机	.F.	memo	gen

5.4 数 据 查 询

在 VFP 中，查询是一个以.QPR 为扩展名的查询文件，从 4.1.3 节中我们已初步了解到查询的实际内容就是一条 SELECT 语句。在 SQL 语言的所有功能中，数据查询是它的核心，也称为 SQL-SELECT 命令。通过使用 SQL-SELECT 命令，可以对数据源进行各种组合，有效地筛选记录、管理数据，对结果排序，指定输出去向，等等，无论查询多么复杂，其内容只有一条 SELECT 语句。本节将详细介绍 SELECT 命令的语法格式及使用方法。

5.4.1 SQL-SELECT 查询语句

SQL-SELECT 命令可以完成从一个或多个数据表中检索数据的功能，其命令格式为：

SELECT [ALL│DISTINCT] [TOP ⟨数值表达式⟩ [PERCENT]]

[⟨别名 1⟩.]⟨选项 1⟩ [AS ⟨列名 1⟩][,[⟨别名 2⟩.] ⟨选项 2⟩ [AS ⟨列名 2⟩]...]

FROM [FORCE] [⟨数据库名!⟩ ⟨表名 1⟩ [[AS] ⟨别名 1⟩]

[[INNER│LEFT [OUTER]│RIGHT [OUTER]│FULL [OUTER] JOIN

⟨数据库名⟩!] ⟨表名 2⟩ [[AS] ⟨别名 2⟩]

[ON ⟨联接条件⟩ ...]

[[INTO ⟨目标⟩]│[TO FILE ⟨文件名⟩ [ADDITIVE]│ TO PRINTER│ TO SCREEN]]

[PREFERENCE ⟨优先名⟩]

[NOCONSOLE][PLAIN] [NOWAIT]

[WHERE ⟨联接条件 1⟩ [AND ⟨联接条件 2⟩...]

[AND│OR ⟨筛选条件 1⟩ [AND│OR ⟨筛选条件 2⟩...]]]

[GROUP BY ⟨分组列名 1⟩ [, ⟨分组列名 2⟩...]][HAVING ⟨筛选条件⟩]

[UNION [ALL] SELECT ⟨命令⟩]

[ORDER BY ⟨排序项 1⟩ [ASC│DESC] [,⟨排序项 2⟩ [ASC│DESC]...]]

说明：

① SELECT 子句指定在查询结果中包含的字段、常量和表达式。ALL（默认项）表示查询结果中包含所有满足查询条件的记录（包括重复值），DISTINCT 表示在查询结果中剔除重复的记录。

② TOP<数值表达式> [PERCENT]表示在满足查询条件的所有记录中，选取指定数量或百分比的记录。TOP 子句必须同时与 ORDER BY 子句使用，ORDER BY 子句指定按照哪一个字段排序，TOP 子句根据此排序选定最开始的若干条记录。

③ [<别名 1>.]<选项 1>[AS <列名 1>] 中<选项 1>可以是由 FROM 子句指定的数据表中的字段名、常量或表达式。列名是查询结果中每一列的标题名称，可以是选项中指定的名称，也可以是 AS 子句指定的列名。

④ FROM [<数据库名! >]<表名> [[AS] <别名>]]子句列出查询要用到的所有表文件。<数据库名! >指定包含该表的非当前数据库。<别名>为指定的数据表定义一个临时的名称。如指定了临时名称，则在任何 SELECT 命令中用到此数据表名的地方，必须使用这个临时名。

⑤ INNER|LEFT [OUTER]|RIGHT [OUTER]|FULL [OUTER] JOIN <表名 2> ON <联接条件>子句指定表间的联接类型和联接条件，其含义与查询设计器中的联接类型含义相同。INNER JOIN 为内部联接，LEFT JOIN 为左联接，RIGHT JOIN 为右联接，FULL JOIN 为完全联接。

⑥ INTO <目标>子句指定查询结果存放的地方，如数组、临时表、自由表等。若没有 INTO 子句，则默认将结果输出到浏览窗口。

⑦ TO FILE <文件名> [ADDITIVE]|TO PRINTER|TO SCREEN 子句将查询结果输出到指定<文件名>的文本文件中。如此文件不存在，则系统自动创建；如已存在，当有 ADDITIVE 时，输出结果添加到文件原有内容的后面，否则将覆盖原文件的内容。也可以将查询结果输出到打印机或 VFP 主窗口。注意，该选项与 INTO 子句同时使用时，该选项被忽略。

⑧ PREFERENCE<优先名> [NOCONSOLE][PLAIN][NOWAIT]子句中的 PREFERENCE<优先名>保存浏览窗口的属性和选项，供以后使用；NOCONSOLE 禁止显示查询结果；PLAIN 在显示查询输出时，禁止显示列标题；NOWAIT 在打开浏览窗口并且将查询结果输出到该窗口之后，继续程序的执行，不等待浏览窗口的关闭。

⑨ WHERE <联接条件> [AND <联接条件>…][AND|OR <筛选条件>]子句指定查询的筛选条件和多表查询时表间的联接条件。当多个表查询时，WHERE 子句是必须的。<联接条件>定义 FROM 子句中指定的数据表之间相关联的字段间的关系，各个联接条件必须用 AND 操作符联接，联接条件的格式为<字段 1><比较运算符><字段 2>。其中，<字段 1>是某个表中的字段名，<字段 2>是另一个表中的字段名。

⑩ GROUP BY <分组列名 1>[, <分组列名 2>…] [HAVING <筛选条件>] [UNION [ALL] 子句用于将查询结果按一个或多个输出字段分组。HAVING<筛选条件>指定包括在查询结果中的各组必须满足的条件，可以包含任意数量的筛选条件，各筛选条件之间用 AND 或 OR 联接，也可以使用 NOT 对逻辑表达式取反；UNION[ALL]SELECT<命令>把查询结果与另外一个 SELECT 命令的查询结果结合起来，除非加上关键字 ALL，否则将清除重复的记录。

⑪ ORDER BY<排序项> [ASC|DESC]子句指定输出结果中要进行排序的一个或多个字段，ASC 表示升序排列（默认），DESC 表示降序排列。如没有该子句，查询结果不排序。

从上面的语法格式可以看出，SELECT 命令带有很多选项，提供了丰富的查询功能。为了便于理解和掌握 SELECT 命令的语法格式及各子句的含义,将它与查询设计器的操作步骤对照起来,如表 5.2 所示。

表 5.2 SELECT 语句选项含义与查询设计器操作的对应关系

SQL-SELECT 子句	查询设计器操作
SELECT	输出字段或字段表达式("字段"选项卡)
FROM	选择数据源("添加表或视图"对话框)
INNER|LEFT|RIGHT|FULL JOIN	联接类型("联接"选项卡)
ON	联接条件("联接"选项卡)
WHERE	查询条件("筛选"选项卡)
GROUP BY	对查询结果分组("分组依据"选项卡)
ORDER BY	对查询结果排序("排序依据"选项卡)
ALL, DISTINCT, TOP, PERCENT	输出记录数("杂项"选项卡)

事实上,SQL-SELECT 命令比查询设计器的功能更强大,它可以进行多个查询块的嵌套查询,而且对嵌套的层次没有限制,因此可以完成更复杂的查询任务。

下面的查询操作仍以第 3 章中建立的"学生"、"课程"和"成绩"3 个表为数据来源,并将当前的默认工作目录设置为"E:\VFP6\DATA"。

5.4.2 基本查询

查询的基本结构是 SELECT…FROM…WHERE。

【例 5.10】 从"学生"表中查询所有男生的学号、姓名和出生日期。

```
OPEN DATABASE E:\VFP6\教学管理
SELECT 学号,姓名 AS 学生名单,出生日期  FROM  学生  WHERE  性别="男"
```

查询结果:

学号	学生名单	出生日期
01020304	周林志	03/12/93
01030402	何杰	03/08/93
01050508	王青	10/09/92
01060301	李振宇	12/23/91

命令中使用了"姓名 AS 学生名单"选项,因此查询结果中的"姓名"字段的列标题就变成了"学生名单"。

【例 5.11】 从"课程"表中查询所有课程的信息。

```
SELECT * FROM 课程
```

查询结果:

课程号	课程名	学时	学分
101	英语	144	5
102	历史	72	3
103	大学语文	80	3
104	法律基础	36	2

105	计算机应用	72	3
106	体育	36	2

命令中的"*"表示输出所有字段，该命令等同于

SELECT 课程号,课程名,学时,学分 FROM 课程

5.4.3 带特殊运算符的条件查询

在 WHERE 子句所带的筛选条件表达式中除了可以使用一些常用的比较运算符，如等于（=）、不等于（<>、!=、#）、精确等于（==）、大于（>）、大于等于（>=）、小于（<）和小于等于（<=），还可以使用一些特殊运算符，如 IN, BETWEEN…AND…, LIKE 等。

【例 5.12】 查询历史系和管理系学生的学号、姓名、系别和贷款情况。

SELECT 学号,姓名,系别,贷款否 FROM 学生 WHERE 系别 IN("历史","管理")

查询结果：

学号	姓名	系别	贷款否
01020304	周林志	历史	.F.
01030505	卢迪	管理	.T.

该命令中的查询条件等同于

WHERE 系别="历史" OR 系别="管理"

【例 5.13】 在成绩表中查询成绩良好（75～85 分）的学生和所学课程信息。

SELECT 学号,课程号,成绩 FROM 成绩 WHERE 成绩 BETWEEN 75 AND 85

查询结果：

学号	课程号	成绩
01010308	103	82.5
01020215	101	85.0
01020215	102	76.5
01020304	101	82.0
01030306	104	77.0
01030505	104	76.5
01060301	103	76.5

该命令中的查询条件等同于

WHERE 成绩>=75 AND 成绩<=85

【例 5.14】 查询所有非历史系学生的学号、姓名、系别和出生日期。

SELECT 学号,姓名,系别,出生日期 FROM 学生 WHERE 系别!="历史"

查询结果：

学号	姓名	系别	出生日期
01010201	刘娉婷	法律	07/12/92
01010308	夏露	教育	11/20/93
01020215	李昱	新闻	08/11/91

01030306	张杰	经济	10/09/92
01030402	何杰	艺术	03/08/93
01030505	卢迪	管理	12/23/93
01040501	范晓蕾	外语	09/23/92
01050508	王青	金融	05/10/92
01060301	李振宇	中文	09/04/91

在 SQL 中，"不等于"可以用"!="，"#"或"<>"表示。另外，还可以用否定运算符 NOT 表示取反（非）操作。例如，上述查询条件也可以写为

WHERE NOT(系别="历史")。

NOT 运算符可以出现在各种条件表达式的前面，表示反转条件。

5.4.4　排序查询

SELECT 的查询结果默认是按数据源中数据的物理顺序给出的，因此查询结果通常无序。如希望查询结果按照一定的组织顺序输出，可以使用 ORDER BY 子句，对查询结果按升序（ASC）或降序（DESC）排列。

【例 5.15】　按成绩由低到高的顺序输出所有学生英语课的成绩。

SELECT 学号,成绩 FROM 成绩 WHERE 课程号="101"　ORDER BY 成绩

查询结果：

学号	成绩
01040501	65.5
01020304	82.0
01020215	85.0
01010308	87.0
01010201	93.5

SQL-SELECT 命令默认按指定排序项的升序排列。如在上例中要求按成绩的降序排列，则排序子句应写为

ORDER BY 成绩 DESC

【例 5.16】　按课程号顺序输出学生的学号和各科成绩，同一门课按成绩由高到低排列。

SELECT * FROM 成绩 ORDER BY 课程号, 成绩 DESC

查询结果：

学号	课程号	成绩
01010201	101	93.5
01010308	101	87.0
01020215	101	85.0
01020304	101	82.0
01040501	101	65.5
01050508	102	92.0
01020304	102	91.5

01020215	102	76.5
01040501	103	85.5
01010308	103	82.5
01060301	103	76.5
01010201	103	73.5
01030306	104	77.0
01030505	104	76.5
01030402	104	58.0
01020304	105	88.5
01020215	105	86.0
01050508	106	98.0

SQL-SELECT 命令允许对查询输出的结果按一列或多列排序。上例中就是先按课程号（主排序关键字）排序，课程号相同的再按成绩（次排序关键字）排序，排序方式（升序/降序）可以在排序项中分别指定。

5.4.5 计算与分组查询

SQL-SELECT 命令不仅具备一般的检索能力，还有计算方式的检索，如检索学生各门课程的总成绩或平均成绩等。表 5.3 列出了一些用于计算检索的常用函数。

表 5.3 SQL 常用函数

名　称	函　数	功　能
平均值	AVG(<字段名>)	求一列数据的平均值
求和	SUM(<字段名>)	求一列数据的和
计数	COUNT(<字段名>)	求查询的记录个数
最小值	MIN(<字段名>)	求指定列中的最小值
最大值	MAX(<字段名>)	求指定列中的最大值
四舍五入	ROUND(<字段名>)	对输出数值四舍五入

在实际应用中，计算查询通常和分组查询相结合，先按指定的数据项分组（分类），再对各组进行汇总计算（如计数、求和、求平均值等）。在 SQL-SELECT 语句中，可以使用 GROUP BY 子句实现分组查询操作。

【例 5.17】 求所有课程的平均成绩。

SELECT　AVG(成绩)　FROM 成绩

查询结果：

AVG_成绩

81.94

说明：在计算查询中，如没有给进行计算的字段函数或字段表达式指定一个列名，系统将自动在查询结果中为该项取一个列标题，如本例中的"AVG_成绩"。

【例 5.18】 求各门课程的平均成绩。

SELECT　课程号,AVG(成绩) AS 平均成绩 FROM 成绩 GROUP BY 课程号

查询结果：

课程号	平均成绩
101	82.60
102	86.67
103	79.50
104	70.50
105	87.25
106	98.00

【例 5.19】 统计管理系的男女学生人数。

```
SELECT  性别,COUNT(性别)  AS 管理系男女学生人数;
    FROM 学生 WHERE 系别="管理"  GROUP BY 性别
```

查询结果：

性别	管理系男女学生人数
女	1

5.4.6 多表查询

前面的例子都是基于单表的查询，也就是数据源只有一个表，所以查询操作比较简单，实际应用中更多的是基于多表的查询。如例 5.18 从成绩表中检索各门课程的平均成绩时，只能得到课程号和平均成绩的信息，课程号看起来往往没有课程名直观，要在查询结果中得到课程名信息，就要同时使用"课程"和"成绩"两个表。

多表查询时，表和表之间必须有联接关系。在 SQL-SELECT 命令的 WHERE 子句中可以指定表间的联接关系，其格式为

〈表名 1〉.〈字段名 1〉=〈表名 2〉.〈字段名 2〉

或

〈别名 1〉.〈字段名 1〉=〈别名 2〉.〈字段名 2〉

在联接条件中，〈字段名 1〉和〈字段名 2〉通常是两个表的公共字段。

另外，在用于查询的几个表中往往存在同名的字段，为防止歧义，当字段名不唯一时，要在同名字段前加上表名作为前缀以示区别，其格式为

〈表名〉.〈字段名〉 或 〈别名〉.〈字段名〉

例如，"课程"表和"成绩"表中都有"课程号"字段，两表查询时若要使用该字段，应该写为"课程.课程号"（表示使用的是"课程"表中的"课程号"字段）或"成绩.课程号"（表示使用的是"成绩"表中的"课程号"字段）。

在 SELECT 命令的 FROM 子句中，可以在指定数据源表的同时给表定义别名，方法是：

FROM 〈表名〉〈别名〉

给表定义了别名以后，在查询过程中就可以使用别名来代替表名了。

【例 5.20】 求各门课程的平均成绩，要求输出课程名和成绩信息。

```
SELECT  课程名,AVG(成绩)  AS 平均成绩 FROM 课程,成绩;
    WHERE 课程.课程号=成绩.课程号;
    GROUP BY 成绩.课程号
```

查询结果：

课程名	平均成绩
英语	82.60
历史	86.67
大学语文	79.50
法律基础	70.50
计算机应用	87.25
体育	98.00

【例 5.21】 查询所有学生的学号、姓名、所学课程和成绩信息。

```
SELECT   XS.学号,XS.姓名, KC.课程名,成绩 AS 期末成绩;
   FROM 学生 XS, 课程 KC, 成绩 CJ;
   WHERE   XS.学号=CJ.学号 AND KC.课程号=CJ.课程号
```

查询结果：

学号	姓名	课程名	期末成绩
01010201	刘娉婷	英语	93.5
01010201	刘娉婷	大学语文	73.5
01010308	夏露	英语	87.0
01010308	夏露	大学语文	82.5
01020215	李昱	英语	85.0
01020215	李昱	历史	76.5
01020215	李昱	计算机应用	86.0
01020304	周林志	英语	82.0
01020304	周林志	历史	91.5
01020304	周林志	计算机应用	88.5
01030306	陈佳怡	法律基础	77.0
01030402	何杰	法律基础	58.0
01030505	卢迪	法律基础	76.5
01040501	范晓蕾	英语	65.5
01040501	范晓蕾	大学语文	85.5
01050508	王青	体育	98.0
01050508	李振宇	大学语文	92.0
01060301	刘冠军	大学语文	76.5

本例中分别为"学生"、"课程"和"成绩"3 个表定义了别名 XS, KC 和 CJ, 并在 WHERE 子句中指定了这 3 个表之间的联接条件。

【例 5.22】 查询所有学生的姓名、系别和英语成绩。

```
SELECT   姓名, 系别, 成绩 AS 英语成绩;
   FROM 学生 XS, 成绩 CJ;
   WHERE   XS.学号=CJ.学号 AND   CJ.课程号="101"
```

查询结果：

姓名	系别	英语成绩
刘娉婷	法律	93.5
夏露	教育	87.0
李昱	新闻	85.0
周林志	历史	82.0
范晓蕾	外语	65.5

从本例中可以看出，在 WHERE 子句中同时包含了表之间的联接条件（XS.学号=CJ.学号）和查询的筛选条件（CJ.课程号="101"）。

5.4.7　联接查询

在 VFP 的 SQL-SELECT 命令中，还可以利用 FROM…ON 子句建立不同类型的表间联接，如内部联接、左联接、右联接和完全联接，其格式为

FROM 〈表名 1〉 INNER|LEFT|RIGHT|FULL JION 〈表名 2〉 ON 〈联接条件〉

① INNER JOIN（等价于 JOIN）：内部联接。查询结果中只包含符合条件的每个表中的记录。

② LEFT JOIN：左联接。查询结果中包含 JOIN 关键字左边表中的所有记录，如右边表中有符合联接条件的记录，则该表返回相应值，否则返回空值。

③ RIGHT JOIN：右联接。查询结果中包含 JOIN 关键字右边表中的所有记录，如左边表中有符合联接条件的记录，则该表返回相应值，否则返回空值。

④ FULL JOIN：完全联接。查询结果中包含两个表中的所有记录，不满足联接条件的记录所对应的字段值为空。

【例 5.23】　查询学生中除英语以外的其他课程和成绩。

```
SELECT   CJ.学号, KC.课程名, CJ.成绩;
   FROM 成绩 CJ  INNER  JOIN  课程 KC;
   ON   CJ.课程号＝KC.课程号;
   WHERE  KC.课程号◇"101"
```

查询结果：

学号	课程名	成绩
01010201	大学语文	73.5
01010308	大学语文	82.5
01020215	历史	76.5
01020215	计算机应用	86.0
01020304	历史	91.5
01020304	计算机应用	88.5
01030306	法律基础	77.0
01030402	法律基础	58.0
01030505	法律基础	76.5
01040501	大学语文	85.5

01050508	体育	98.0
01050508	历史	92.0
01060301	大学语文	76.5

该命令等价于:

```
SELECT   CJ.学号, KC.课程名, CJ.成绩;
 FROM   成绩 CJ,课程 KC;
 WHERE   CJ.课程号=KC.课程号  AND   KC.课程号<>"101"
```

【例 5.24】 用左联接方式完成例 5.23 的查询。

```
SELECT   CJ.学号, KC.课程名, CJ.成绩;
 FROM   成绩 CJ   LEFT JOIN 课程 KC;
 ON   CJ.课程号=KC.课程号;
 WHERE   KC.课程号<>"101"
```

查询结果:

学号	课程名	成绩
01010201	.NULL.	93.5
01010201	大学语文	73.5
01010308	.NULL.	87.0
01010308	大学语文	82.5
01020215	.NULL.	85.0
01020215	历史	76.5
01020215	计算机应用	86.0
01020304	.NULL.	82.0
01020304	历史	91.5
01020304	计算机应用	88.5
01030306	法律基础	77.0
01030402	法律基础	58.0
01030505	法律基础	76.5
01040501	.NULL.	65.5
01040501	大学语文	85.5
01050508	体育	98.0
01050508	历史	92.0
01060301	大学语文	76.5

5.4.8 嵌套查询

嵌套查询是指在一个 SELECT 命令的 WHERE 子句中出现另一个子 SELECT 命令,也就是一个查询的结果出现在另一个查询的查询条件语句中。通常把仅嵌入一层子查询的 SELECT 命令称为单层嵌套查询,多于一层的嵌套查询称为多层嵌套查询。VFP6.0 只支持单层嵌套查询。注意,在嵌套查询中,子查询(即子 SELECT 语句)的结果必须是确定的内容。

【例 5.25】 查询李华同学所学课程的课程名和成绩。

```
SELECT   KC.课程名,CJ.成绩 AS 李华的成绩 FROM 课程 KC,成绩 CJ;
```

WHERE　CJ.学号 ＝(SELECT 学号 FROM 学生 WHERE 姓名="李华");

　　　AND　KC.课程号 ＝CJ.课程号

查询结果：

课程名	李华的成绩
英语	87.0
大学语文	82.5

上述外层 SELECT 语句的 WHERE 子句中嵌套了一个子查询（SELECT 学号 FROM 学生 WHERE 姓名="李华"），其结果为李华的学号。整个 SQL 语句执行过程如下：首先在"学生"表中找出李华的学号，然后从"成绩"表中找出学号与李华学号相同的记录，同时通过与"课程"表的联接关系，找到李华所学课程的名称。

5.4.9　查询输出

SQL-SELECT 命令的查询结果默认显示在浏览窗口中，可以通过 INTO 子句或 TO 子句对输出重定向，如将输出存放到指定的数组、临时表、自由表等地方，还可以存放到一个文本文件中，甚至直接送打印机打印。INTO 子句的格式为

INTO ARRAY 〈数组名〉|CURSOR 〈临时表名〉|DBF 〈表名〉|TABLE 〈表名〉

注意：数组和临时表（只读）都是内存中的一块区域，关机后其内容将自动消失。保存在自由表中的查询结果是存储在磁盘中的，关机后内容不会丢失，可以长期保存。

【例 5.26】　将例 5.20 的查询结果保存到一个名为"各科平均成绩.DBF"的表文件中。

SELECT 课程名,AVG(成绩) AS 平均成绩 FROM 课程,成绩;

　　WHERE 课程.课程号=成绩.课程号;

　　GROUP BY 成绩.课程号　INTO TABLE 各科平均成绩

USE 各科平均成绩

DISPLAY ALL

USE

显示结果：

记录号	课程名	平均成绩
1	英语	82.60
2	历史	86.67
3	大学语文	79.50
4	法律基础	70.50
5	计算机应用	87.25
6	体育	98.00

习　题　5

5.1　思考题

1. 简述 SQL 语言的组成。

2. 查询输出有几种去向？

3. 比较 SQL-SELECT 命令查询与查询设计器建立查询各自的特点。

4. 如何用 SQL 语言完成数据表的定义和修改？

5.2 选择题

1. SQL 语句中条件语句的关键字是（　　）。

（A）IF　　　　　　（B）FOR　　　　　　（C）WHILE　　　　　　（D）WHERE

2. 从数据库中删除表的命令是（　　）。

（A）DROP TABLE　　　（B）ALTER TABLE　（C）DELETE TABLE　　（D）CREATE TABLE

3. 建立表结构的 SQL 命令是（　　）。

（A）CREATE CURSOR　（B）CREATE TABLE　　（C）CREATE INDEX　　（D）CREATE VIEW

4. 有如下 SQL 语句：DELETE FROM SS WHERE 年龄>60，其功能是（　　）。

（A）从 SS 表中彻底删除年龄大于 60 岁的记录

（B）在 SS 表中将年龄大于 60 岁的记录加上删除标记

（C）删除 SS 表

（D）删除 SS 表的"年龄"字段

5. SQL 语句中修改表结构的命令是（　　）。

（A）UPDATE STRUCTURE　　　　　　（B）MODIFY　STRUCTURE

（C）ALTER TABLE　　　　　　　　　（D）ALTER　STRUCTURE

6. SQL-SELECT 语句是（　　）。

（A）选择工作区语句　　　　　　　　（B）数据查询语句

（C）选择标准语句　　　　　　　　　（D）数据修改语句

7. 只有满足联接条件的记录才包含在查询结果中，这种联接为（　　）。

（A）左联接　　　　（B）右联接　　　　　（C）内部联接　　　　　　（D）完全联接

5.3 填空题

1. SQL 语言集_____、_____、_____、_____功能于一体。由于 VFP 自身在安全控制方面的缺陷，它没有提供_____功能。

2. 关系型数据库的标准语言是_____语言，其含义为_____。

3. 在 VFP 6.0 支持的 SQL 语句中，_____命令可以修改表中数据，_____命令可以修改表结构。

4. 在 SQL-SELECT 命令中，允许在_____子句中给表定义别名，以便于在查询的其他部分使用。

5. 在 SQL 语句中，_____命令可以从表中删除记录，_____命令可以从数据库中删除表。

6. 在 SQL-SELECT 语句中，带_____子句可以消除查询结果中重复的记录。

7. 在 SQL-SELECT 语句中，分组用_____子句，排序用_____子句。

8. 在 ORDER BY 子句的选择项中，DESC 代表_____输出；省略 DESC 时，代表___输出。

5.4 上机练习题

1. 用 SQL CREATE 命令创建第 3 章上机练习中给出的两个数据表结构，分别命名为"职工 1.DBF"和"工资 1.DBF"，并保存在"E:\VFP 练习\数据"文件夹中。

2. 用 SQL INSERT 命令，在"工资 1"表中插入 1 条记录，内容可参照表 3.9。

3. 用 SQL ALTER 命令，在"工资 1"表结构的最后增加一个新字段：实发工资(N,7,2)。

4. 根据第 3 章上机练习中建立的"职工"和"工资"两个表，用 SQL-SELECT 命令完成以下查询。

（1）从"职工"表中查询所有职工信息，并按性别排序输出。

（2）从"职工"表中查询所有男职工的职工号、姓名、出生日期、职称和基本工资。

（3）从"职工"表中查询财务科和一车间职工的职工号、姓名、职称和基本工资。

（4）从"职工"表中查询基本工资在 1000～2500 元的职工的职工号、姓名、职称和基本工资。

（5）求财务科职工的平均基本工资。

（6）查询所有职工的职工号、姓名、奖金和补贴。

（7）查询奖金最高的职工的职工号、姓名、所属部门和奖金。

（8）分组统计各部门的职工人数，并按人数由多到少排序输出。

（9）将（7）的查询结果分别输出到临时表（ZG1）和自由表（E:\VFP 练习\数据\ZG2.DBF）。

（10）用内部联接方式查询非财务科的实发工资高于 2000 元的职工的姓名、职称、部门、奖金和实发工资。

第 6 章　结构化程序设计

前面各章主要通过选择菜单或在命令窗口中逐条输入命令来执行 VFP 中的各项操作，这种人机交互的工作方式简单易行，可随时看到结果，适于完成一些简单的、不需要重复执行的操作。对于比较复杂的任务，更多的是使用程序执行方式，将多条命令编写成一个程序存放在磁盘上，通过运行该程序，连续地自动执行一系列操作，完成一项特定的任务。

VFP 同时支持面向过程程序设计（即结构化程序设计）和面向对象程序设计两种编程思想。结构化程序设计是面向对象程序设计的基础，本章将着重介绍结构化程序设计的基本概念及其方法。

6.1　程序的建立和执行

6.1.1　基本概念

1. 程序

程序是一组能够完成特定任务的命令序列，这些命令按照一定的结构有机地组合在一起，并以文件的形式存储在磁盘上，故又称为程序文件或命令文件，其扩展名为.PRG。执行程序时，从第一条命令开始按照程序结构连续执行，直至结束。

2. 结构化程序设计

结构化程序设计方法是指用结构化编程语句来编写程序。它把一个复杂的程序分解成若干个较小的过程，每个过程都可以单独地设计、修改、调试。其程序流程完全由设计人员控制，用户只能按照设计人员设计好的程序处理问题。

3. 程序的基本结构

VFP 应用程序通常由以下几部分组成：

（1）说明部分　多为一组注释语句，用以指出程序的名称、功能等信息。

（2）初始化部分　多用 SET 命令设置程序运行时的系统状态和参量初值。

（3）程序主体部分　它是整个程序的核心，包含了程序功能的所有命令序列，一般由数据输入、数据处理、数据输出 3 个模块组成。

（4）还原部分　也就是在程序完成其预定任务之后，将当前的工作环境恢复到执行该程序前的状态，如关闭各种文件，还原系统设置等。

（5）程序的退出　程序运行完毕，可根据需要返回 VFP 应用程序窗口或退出 VFP，直接返回操作系统。

6.1.2　程序文件的建立

编写 VFP 程序和编写其他高级语言程序一样，先将程序的命令序列（即程序代码）依次逐条输入到计算机中进行编辑，然后存入磁盘，这一过程称为程序的建立。

在 VFP 中，程序代码主要是在代码编辑窗口（它是一个系统内置的文本编辑器）中输入的。建立程序文件有以下几种方式。

1．项目管理器方式

若要使程序包含在一个项目文件中，可在项目管理器中建立该程序文件，具体操作是：

（1）打开项目文件，启动项目管理器。

（2）如图 6.1 所示，选择"代码"选项卡中的"程序"项，单击"新建"按钮，进入代码编辑窗口，如图 6.2 所示。

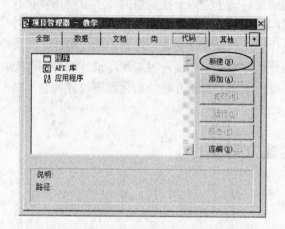

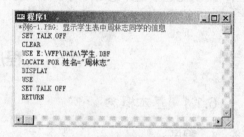

图 6.1　在"项目管理器"中建立程序文件　　　　　图 6.2　代码编辑窗口

（3）在代码编辑窗口中输入程序内容。

（4）输入完毕，选择"文件"菜单中的"保存"或"另存为"命令，也可以按 Ctrl+W 组合键，在出现的"另存为"对话框中选择文件存放位置（本章建立的程序都保存在"E:\VFP6\PROGS"文件夹中）并输入文件名，然后单击"保存"按钮。

（5）单击窗口右上角的"关闭"按钮可退出代码编辑窗口。

2．菜单方式

选择"文件|新建"命令，在"新建"对话框中选择"程序"文件类型，单击"新建文件"按钮进入代码编辑窗口。

3. 命令方式

格式：**MODIFY COMMAND** [<程序文件名>]

功能：打开代码编辑窗口，建立程序文件。

说明：<程序文件名>中可以指定保存文件的路径。如没有带扩展名，系统自动加上默认扩展名.PRG。

执行该命令时，系统首先检索指定的磁盘文件。如该文件不存在，系统就自动建立一个指定名字的新程序文件；若文件已存在，则打开该文件。

例如，可在命令窗口中输入以下命令：

　　MODIFY COMMAND E:\VFP6\PROGS\程序 1

按回车键后，系统打开一个标题为"程序 1"的代码窗口。

注意：输入命令语句时，必须一条命令占一行，一行写不下时，可在行尾加分号（;）表示续行，以便换行后接着书写该命令语句。

6.1.3　程序文件的修改

对已建立的程序文件可以重新进入代码编辑窗口修改内容。

1. 项目管理器方式

进入项目管理器，打开"代码"选项卡，展开"程序"项，选中要修改的程序文件后，单击"修改"按钮，该程序便显示在编辑窗口中。对程序做必要的修改后，选择"文件|保存"命令，或单击工具栏中的"保存"按钮保存程序。也可以按 Ctrl+W 组合键直接存盘并退出编辑窗口。

2. 菜单方式

选择"文件|打开"命令，或单击工具栏中的"打开"按钮，出现"打开"对话框，选定程序所在的文件夹及文件名后，单击"确定"按钮，选定的程序便出现在编辑窗口中。

3. 命令方式

命令格式与建立程序文件的命令相同。

6.1.4　程序文件的执行

对已建立好的程序文件，可以用不同的方法多次重复执行。

1. 项目管理器方式

进入项目管理器，打开"代码"选项卡，展开"程序"项，选中要执行的程序文件后，单击"运行"按钮。

2. 菜单方式

选择"程序|运行"命令，在打开的"运行"对话框中选定"程序"文件类型（.PRG）和要执行的程序文件后，单击"运行"按钮。

3. 命令方式

格式：DO〈程序文件名〉[WITH〈参数表〉]

功能：将指定文件调入内存并运行。

说明：〈程序文件名〉中可省略扩展名.PRG。

例如，在命令窗口中输入以下命令，并按回车键执行：

　　DO E:\VFP6\PROGS\程序 1

VFP 程序文件通过编译、连编，可以产生不同的目标代码文件，这些文件具有相同的主文件名和不同的扩展名。当用 DO 命令执行程序文件时，如没有指定扩展名，系统将按下列顺序查找该程序文件的源代码或某种目标代码文件来执行：.EXE（可执行文件），.APP（VFP应用程序文件），.FXP（编译文件），.PRG（源程序文件）。

6.2　程序设计的常用命令

6.2.1　基本命令

1. 注释命令

注释命令为非执行语句，系统执行到该语句时不做任何操作，所以注释命令不会影响程序的功能。为程序中的语句添加适当的注释信息，有利于提高程序的可读性。

（1）格式 1：NOTE　[<注释内容>]

功能：用于在行首添加注释内容，且 NOTE 关键字与注释内容之间要有一个空格。

（2）格式 2：*[<注释内容>]

功能：用于在行首添加注释内容。

（3）格式 3：&&[<注释内容>]

功能：用于在行尾添加注释内容。

说明：

① 注释内容可以是系统能够输出的任何字符，但不得置于任何定界符内。

② 若注释内容的最后一个字符是分号（;），则系统认为下一行内容仍属注释内容。

例如：

　　* 打开学生表

　　USE　E:\VFP6\DATA\学生.DBF

也可以写成：

　　USE　E:\VFP6\DATA\学生.DBF　　　　　&& 打开学生表

2. 文本显示命令

格式：TEXT

　　　　　　　<文本内容>

ENDTEXT

功能：将文本内容原样显示输出。

3. 环境设置命令

为了保证程序的正常运行，需要为其设置一定的运行环境。VFP 系统提供的 SET 命令组就是用来设置程序运行环境状态的。这些命令相当于一个状态转换开关，当命令置为"ON"时，开启指定的某种状态；当置为"OFF"时，关闭该种状态。常用的 SET 命令如表 6.1 所示，其中黑体的"ON"或"OFF"表示该命令为系统默认值。

表 6.1　环境设置命令

设　　置	说　　明
SET TALK ON|OFF	是否将所有命令的执行结果显示到主窗口或状态栏中
SET CONSOLE ON|OFF	是否将输出信息显示在主窗口中
SET PRINTER ON|OFF	是否在打印机上输出信息
SET SAFETY ON|OFF	在改写文件时，VFP 是否显示对话框以确认改写有效
SET HEADING ON|OFF	在执行 LIST、DISPLAY 等命令时是否显示字段名
SET STATUS ON|OFF	是否显示屏幕下端的状态行
SET DEFAULT TO（盘符）	指定默认的驱动器
SET DEVICE TO SCREEN|PRINTER	把输出信息发送到 VFP 的窗口屏幕或打印机

在这些命令中，SET TALK ON\|OFF（人机对话设置命令）是应用程序中使用最多的一条命令，它的默认值为"ON"。在此状态下，当系统执行一些数据处理命令时，如 SUM，AVERAGE 等，都会在屏幕上显示命令执行的结果。这种环境状态虽然便于用户及时了解程序运行情况，但却使屏幕显示的窗口比较乱，而且降低了程序的运行速度。因此常常在程序的开始设置一条 SET TALK OFF 命令来关闭人机对话状态，而在程序的尾部再设置一条

SETTALK ON 命令以恢复系统默认状态。

SET 命令不仅可以用在程序中，也可以在命令窗口中作为单条命令交互执行。

4．清除命令

（1）格式 1：CLEAR

功能：清除当前屏幕上的所有信息，并将光标置于屏幕的左上角。

（2）格式 2：CLEAR ALL

功能：关闭所有文件，释放所有内存变量，将当前工作区置为 1 号工作区。

（3）格式 3：CLEAR TYPETHEAD

功能：清除键盘缓冲区，以便正确地接收用户输入的数据。

5．关闭文件命令

命令格式 1：CLOSE〈文件类型〉

功能：关闭指定文件类型的所有文件。

说明：文件类型的可选标识符及其所代表的文件类型如表 6.2 所示。

格式 2：CLOSE ALL

功能：关闭所有工作区中已打开的数据库、表及索引文件，将当前工作区置为 1 号工作区。

表 6.2　文件类型

类　　型	说　　明
DATABASE	数据库文件、索引文件、格式文件
INDEX	当前工作区的索引文件
FORMAT	当前工作区的格式文件
PROCEDURE	当前工作区的过程文件
ALTERNATE	文本输出文件

6．运行中断和结束命令

VFP 的应用程序可以根据需要中断运行并返回命令窗口状态，或返回到操作系统，也可以返回到调用它的上一级程序或最高级主程序。

（1）格式 1：CANCEL

功能：终止程序运行，关闭所有文件，释放所有局部变量，返回命令窗口。

（2）格式 2：RETURN［TO MASTER］

功能：结束当前程序的执行，返回到调用它的上一级程序。带 TO MASTER 选项表示直接返回到最高一级的主程序。若无上级程序，则返回到命令窗口。

（3）格式 3：QUIT

功能：关闭所有文件，退出 VFP 系统，返回操作系统环境。

6.2.2　输入/输出命令

1．基本输出命令

格式：?|??〈表达式 1〉[,〈表达式 2〉…]

功能：对一个或多个表达式求值，并将结果输出到系统主窗口。

说明："?"命令表示在当前光标的下一行显示，"??"命令表示在当前光标位置处显示。

例如：

　　? "今天是：", DATE( )

　　?? "现在的时间是：",TIME( )

　　? "HAPPY BIRTHDAY TO YOU! "

运行结果：

　　今天是：05/20/10 现在的时间是：　10:20:05

　　HAPPY BIRTHDAY TO YOU!

2．单字符输入命令

格式：WAIT [〈字符串表达式〉][TO〈内存变量〉][WINDOWS]
    [TIMEOUT〈数值表达式〉]

功能：暂停程序的执行，等待用户输入单个字符后再继续程序的执行。

说明：

① 〈字符串表达式〉用于指定提示信息。（默认时，系统显示"按任意键继续…"。

② 若带 TO 子句，则将输入的字符存入指定的内存变量中。注意，该命令只接受单个字符，且输入字符后不需按回车键，适于快速响应的场合。如不输入任何字符而只按回车键或单击鼠标，则赋给内存变量的将是一个空字符。

③ 如带 WINDOWS 选项，则会在屏幕右上角出现一个系统信息窗口，在其中显示提示信息。用户按键后，此窗口自动清除，这样可避免提示信息留在屏幕上而破坏屏幕画面。

④ TIMEOUT 选项用于设定等待时间（秒数），一旦超时，就不再等待用户按键，而是自动往下执行。

例如，执行以下命令：

    WAIT "谢谢使用 Visual FoxPro 6.0!" WINDOWS

屏幕上弹出一个窗口，显示"谢谢使用 Visual FoxPro 6.0！"，按任意键后窗口消失。

3．字符串输入命令

格式：ACCEPT [〈字符串表达式〉] TO〈内存变量〉

功能：在当前窗口的当前光标位置显示〈字符串表达式〉的内容，并暂停程序的运行，等待用户输入，然后将输入的信息以字符串的形式存储在指定的内存变量中。

此命令只限于输入字符型数据，内容最多为 254 个字符。输入内容时不需要加定界符，按回车键表示输入结束。例如：

    ACCEPT "请输入姓名：" TO cName && 光标停留，等待用户输入内容
    ?cName   && 显示内存变量 cName 中的内容

4．表达式输入命令

格式：INPUT   [〈字符串表达式〉] TO〈内存变量〉

功能：在当前窗口的光标位置显示〈字符串表达式〉的内容，并暂停程序的运行，等待用户输入，按回车键表示输入结束。系统将用户的输入作为一个表达式处理，先计算表达式的值，然后将结果存入指定的内存变量中。

该命令可用于各种类型数据的输入，输入内容最多为 254 个字符。

例如：

    INPUT   "请输入姓名：" TO cName && 光标停留，等待用户输入内容
    INPUT   "请输入年龄：" TO nAge
    INPUT   "请输入出生日期：" TO dDate
    ?cName,nAge,dDate   && 输出各内存变量的值

当屏幕显示提示信息后，分别输入相应的内容：

请输入姓名："张三"

请输入年龄：20

请输入出生日期: {^1990/04/01}

显示结果：

　　　　张三　　　20　04/01/90

注意：输入字符型常量需加字符定界符；输入逻辑型常量，两侧需用小圆点括起来；输入日期型或日期时间型常量，两端需加花括号{ }或使用 CTOD( )函数；输入货币型常量，需在数字前加标识符$；数值型常量可直接输入。

5．格式输入/输出命令

（1）格式 1：@〈行号，列号〉 SAY 〈表达式〉

功能：在当前窗口指定位置处显示表达式的值。

说明：在 VFP 中，屏幕左上角的坐标为（0，0），右下角的坐标与计算机系统的显示器坐标有关。

（2）格式 2：@ ＜行号，列号＞ SAY ＜表达式＞ GET ＜变量＞

　　　　　　　READ

功能：在当前窗口指定的位置处分别显示＜表达式＞和＜变量＞的值，当执行到 READ 命令时，程序暂停，等待用户对变量的修改，按回车键结束修改，系统将修改后的结果保存到该变量中。如没有 READ 语句，此命令只能显示变量的内容，而不能完成对变量的修改。

说明：变量可以是内存变量或字段变量。若是内存变量，必须事先赋值；若是字段变量，则它所属的数据表文件必须已在当前工作区中打开。

例如：

　　cNum ="01010105"　　　　　　　　　&& 定义内存变量 cNum

　　@ 2,10　SAY　cNum　　　　　　　　&& 在第 2 行第 10 列显示变量 cNum 的内容

　　@ 3,10　SAY　"学号"　GET　cNum

　　* 在第 3 行第 10 列开始显示提示信息"学号"，其后显示变量 cNum 的内容

　　READ

　　* 光标停留在第 3 行，等待用户编辑。按回车键后，编辑过的内容重新存入变量 cNum 中。

　　@ 4,20　SAY　"修改后的学号"　GET　cNum　　　&& 在第 4 行显示修改后的变量值

6.3　程序的基本控制结构

应用程序是用户为解决某一问题而将有关命令按照一定结构组成的有机序列，顺序结构、选择（或分支）结构、循环结构是程序的三种基本控制结构。

在进行程序设计时，为了把解题的操作步骤清晰地表达出来，常用到流程图，它用某些特定的图形符号和必要的文字来描述解题步骤，通常根据流程图编写程序的具体内容。表 6.3 列出了国家标准 GB1526—89 中推荐的部分流程图的标准化符号。

表 6.3　流程图的标准化符号

图形符号	名　称	说　明
▱	输入输出框	表示数据的输入与输出，其中可以注明数据名称
▭	处理框	表示对数据的各种处理功能，矩形内可以简要注明处理名称

图形符号	名　称	说　明
▭	特定处理	表示已命名的处理，矩形内可以简要注明处理名称或其功能
◇	判断框 （分支）	表示判断。菱形内可以注明判断的条件，它有一个入口，两个出口。当条件成立时，程序选择肯定出口，否则选择否定出口
⬠	循环上界 循环下界	分别表示循环的上限或下限，其间为循环体
⬭	端点	表示程序流程的起点和终点
○	联接点	表示流程由内部转向外部或由外部转向内部及换行、换页的联接点
→	矢量线	联接流程图的各个部分，同时指出程序各个部分的执行顺序
⌐	注解符	程序编写人员向读者提供的说明。它用虚线联接到被注解的符号上

6.3.1　顺序结构

顺序结构是一种最基本、也最简单的程序结构，它自始至终按照程序中语句的先后顺序逐条执行。

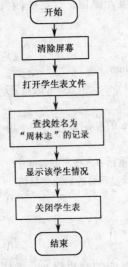

图 6.3　例 6.1 程序流程图

【例 6.1】　查找并显示"学生"表中某学生的有关情况。

```
* 程序名称：程序 1.PRG，顺序结构示例
SET TALK OFF
CLEAR
USE E:\VFP6\DATA\学生.DBF
LOCATE FOR  姓名="周林志"
DISPLAY  学号,姓名,性别,出生日期,系别
USE
SET TALK ON
RETURN
```

程序流程如图 6.3 所示。VFP 程序从主体上说都是顺序的，每个命令执行完后都自动开始下一个命令的执行，只有遇到分支结构、循环结构、过程函数等才会暂时改变执行的顺序。

6.3.2　分支结构

一般情况下，应用程序在进行数据处理时需要根据不同的条件执行不同的操作，使程序的走向既可以在一部分区间按照语句排列顺序执行，也可以在一定条件下从一个语句跳转到另一个语句，或从一个程序段转移到另一个程序段，即形成分支结构。在 VFP 中，分支结构有双分支和多分支两种不同的形式，分别由 IF 语句和 DO CASE 语句实现。

1. 单分支结构

格式：IF〈条件表达式〉

　　　〈命令序列〉

　　ENDIF

功能：若条件表达式的值为真，则顺序执行命令序列；否则跳过命令序列，直接执行 ENDIF 后面的命令。

说明：IF 语句与 ENDIF 语句必须成对出现。

图 6.4 是单分支结构流程图。

可以在例 6.1 中加上一条判断语句，判断查找的记录是否在学生表中存在。如果存在，则执行输出操作；否则，不执行输出操作。

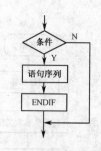

图 6.4　单分支结构流程图

【例 6.2】　查找并显示"学生"表中某同学的有关情况。

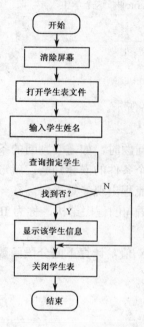

图 6.5　例 6.2 程序流程图

```
* 程序名称：程序 2.PRG，单分支结构示例
SET TALK OFF
CLEAR
USE E:\VFP6\DATA\学生
ACCEPT　"请输入学生姓名："　TO cName
LOCATE　FOR　姓名=cName
IF FOUND( )                && 判断是否找到该记录
    ?"学号："+学号
    ?"姓名："+姓名
    ?"出生日期："+ DTOC(出生日期)
ENDIF
USE
SET TALK ON
RETURN
```

程序中使用 FOUND( ) 函数检验 LOCATE 命令是否查找成功。若成功，返回值为真，输出相应信息；否则返回值为假，不执行输出操作。程序流程如图 6.5 所示。

2．双分支结构

格式：IF〈条件表达式〉

　　　〈命令序列 1〉

　　ELSE

　　　〈命令序列 2〉

　　ENDIF

功能：若条件表达式的值为真，则顺序执行命令序列 1，然后转去执行 ENDIF 后面的语句；否则执行命令序列 2，再顺序执行 ENDIF 后面的语句。

双分支结构流程图如图 6.6 所示。

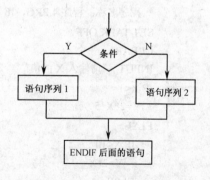

图 6.6　双分支结构流程图

【例 6.3】　查找并显示"学生"表中某学生的有关情况，如没有找到，则显示一条提示信息。

```
* 程序名称：程序 3.PRG，双分支结构示例
SET TALK OFF
CLEAR
```

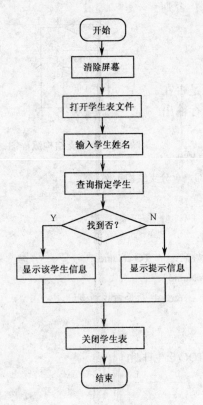

图 6.7　例 6.3 程序流程图

```
USE E:\VFP6\DATA\学生
ACCEPT    "请输入学生姓名："TO   cName
LOCATE   FOR    姓名=cName
IF FOUND( )
    ?"学号："+学号
    ?"姓名："+姓名"
    ?"出生日期："+ DTOC(出生日期)
ELSE
    ?"没有"+Alltrim(cName)+"这个学生"
ENDIF
USE
SET TALK ON
RETURN
```

本例的程序流程如图 6.7 所示。

3．IF 语句的嵌套

在解决一些复杂的实际问题时，如需要判断的条件不止一个，而是要进行多个条件的嵌套判断，就形成嵌套的分支结构，使程序流程出现多重走向。在一个 IF 语句中包含另一个 IF 语句的程序结构，称为 IF 语句的嵌套。

【例 6.4】 根据输入的 X 值，计算下面分段函数的值，并显示结果。

$$Y = \begin{cases} 2X-5 & (X<1) \\ 2X & (1 \leqslant X < 10) \\ 2X+5 & (X \geqslant 10) \end{cases}$$

```
* 程序名称：程序 4.PRG，IF 语句的嵌套
SET TALK OFF
CLEAR
INPUT   "请输入 X 的值："  TO X
IF X<1
  Y=2*X-5
ELSE
  IF X<10
    Y=2*X
  ELSE
    Y=2*X+5
  ENDIF
ENDIF
?"分段函数的值为"+STR(Y)
SET TALK ON
RETURN
```

上例是一个两重嵌套的 IF 结构，其流程图如图 6.8 所示。在 VFP 中，系统允许用户进行多层嵌套，原则上没有限制，但一般不超过 8 层。

注意：

（1）在每一嵌套层中，"IF-ELSE-ENDIF" 必须一一对应，互相匹配。

（2）单分支结构和双分支结构可以自我嵌套或相互嵌套，且可以出现在程序的任何位置，但层次必须清楚，不得交叉。

（3）为使嵌套层次清晰，便于查错、修改，通常采用缩进（锯齿形）的书写方式。

4. 多分支结构

虽然用 IF 语句的嵌套结构可以解决程序中的多重选择问题，但当嵌套层次较多时，会使程序结构变得很复杂，且容易出错，使用也不方便。为此，可以使用 VFP 中的多分支结构语句。

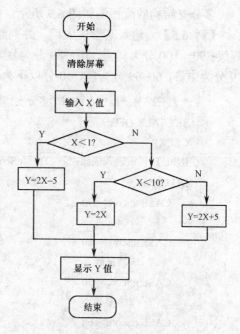

图 6.8　例 6.4 程序流程图

```
格式：DO CASE
        CASE〈条件表达式 1〉
            〈命令序列 1〉
        CASE〈条件表达式 2〉
        〈命令序列 2〉
        ……
        CASE〈条件表达式 n〉
        〈命令序列 n〉
        [OTHERWISE
        〈命令序列 n+1〉]
    ENDCASE
```

该语句执行时依次判断语句组中的 CASE 条件，当某个 CASE 的条件成立时，执行其后的命令序列，然后转向 ENDCASE 后面的语句。如所有的条件都不成立，则执行 OTHERWISE 后面的命令序列，然后转向 ENDCASE 后面的语句。

注意：

（1）无论有几个 CASE 条件成立，只有最先成立的那个 CASE 条件所对应的命令序列执行。

（2）如所有的 CASE 条件都不成立，且没有 OTHERWISE 选项，则该结构中将没有一个命令序列执行。

（3）DO CASE 和 ENDCASE 必须成对出现。

（4）多分支结构语句也可以自我嵌套，或与 IF 语句相互嵌套使用，但嵌套层次必须清晰，不得相互交叉。

多分支结构的流程图如图 6.9 所示。

【例 6.5】 输入某学生成绩，并判断其成绩
等级：90~100 分为优秀，80~89 分为良好，70~
79 分为中等，60~69 分为差，60 分以下为不及格。

```
* 程序名称：程序 5.PRG，多分支结构示例
SET TALK OFF
CLEAR
INPUT "请输入成绩：" TO nScore
DO CASE
    CASE nScore>=90
        ?"成绩优秀"
    CASE nScore>=80
        ?"成绩良好"
    CASE nScore>=70
        ?"成绩中等"
    CASE nScore>=60
        ?"成绩较差"
    CASE nScore>=0
        ?"成绩不及格"
    OTHERWISE
        ?"成绩不应小于 0，数据有错"
ENDCASE
?"程序执行完毕，谢谢使用！"
SET TALK ON
RETURN
```

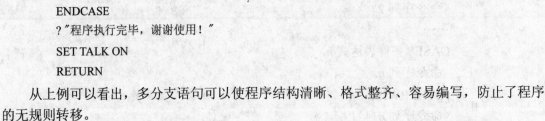

图 6.9 多分支结构流程图

从上例可以看出，多分支语句可以使程序结构清晰、格式整齐、容易编写，防止了程序的无规则转移。

6.3.3 循环结构

实际工作中，当需要对不同的数据执行多次相同的操作时，可以使用 VFP 提供的循环结构，控制程序中的某段代码重复执行若干次。VFP 支持三种形式的循环结构语句：DO WHILE…ENDDO，FOR…ENDFOR 和 SCAN…ENDSCAN。

1. DO WHILE 循环结构

DO WHILE 循环结构也称为当循环结构，是一种常用的循环方式，多用于事先不知道循环次数的情况。

格式：DO WHILE〈条件表达式〉
　　　　〈命令序列 1〉
　　　　[LOOP]
　　　　〈命令序列 2〉
　　　　[EXIT]

〈命令序列 3〉

ENDDO

其中，DO WHILE 语句称为循环起始语句，ENDDO 语句称为循环终端语句，它们之间的所有语句称为循环体，即循环执行的语句。

功能：首先判断循环起始语句中〈条件表达式〉的值，其值为真时执行循环体。遇到循环终端（或 LOOP）语句，返回循环起始语句，重新判断〈条件表达式〉的值。若其值仍为真，重复上述操作，直至其值为假（或遇到 EXIT 语句）时，退出循环而执行循环终端语句的后续语句，其流程如图 6.10 所示。

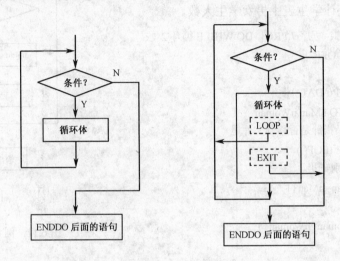

图 6.10 循环结构

说明：

① 循环起始语句的作用是判断循环的条件是否满足。满足时执行循环体，否则退出循环，转去执行 ENDDO 后面的语句。

② 循环终端语句的作用是标明循环体的终点。DO WHILE 和 ENDDO 语句必须成对出现。

③ 循环体是循环结构的主要组成部分，是多次重复执行的语句序列，一般用来完成某种功能操作。

④ LOOP 语句是循环短路语句。当程序执行到 LOOP 语句时，被迫结束本次循环，不再执行 LOOP 后面至 ENDDO 之间的语句序列，而是返回 DO WHILE 处重新判断条件。

⑤ EXIT 是循环断路语句。当程序执行到 EXIT 语句时，被迫中断循环，转去执行 ENDDO 语句后的语句。

⑥ LOOP 语句和 EXIT 语句通常出现在循环体内嵌套的选择语句中，通过条件判断确定是重新开始循环（LOOP），还是终止循环（EXIT）。

【例 6.6】 计算 1+2+3+…+100 的和。

* 程序名称：程序 6.PRG，DO WHILE 循环 1

SET TALK OFF

CLEAR

nSum=0

```
    i=1
    DO WHILE   i<=100
        nSum = nSum + 1
        i=i+1
    ENDDO
    ?"1~100 的和为：",nSum
    RETURN
```

本例的程序流程如图 6.11 所示。

【例 6.7】　统计学生表中男女学生人数。

```
    * 程序名称：程序 7.PRG，DO WHILE 循环 2
    SET TALK OFF
    CLEAR
    USE E:\VFP6\DATA\学生
    STORE 0 TO nMan,nWoman
    * 判断记录指针是否移到文件尾
    DO WHILE !EOF( )
        IF  性别="男"
            nMan=nMan+1
        ELSE
            nWoman=nWoman+1
        ENDIF
        SKIP                    && 指针移到下一条记录
    ENDDO
    ?"男生人数"+STR(nMan)
    ?"女生人数"+STR(nWoman)
    USE
    SET TALK ON
    RETURN
```

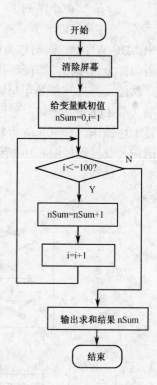

图 6.11　例 6.6 程序流程图

在例 6.3 中对学生记录查找一次后，程序便结束。若要重复执行查找操作，可在程序内增加一个循环结构。

【例 6.8】　循环输入学生姓名，查找并显示该学生的情况，直到用户停止输入。

```
    * 程序名称：程序 8.PRG，DO WHILE 循环 3
    SET TALK OFF
    CLEAR
    STORE  "Y"  TO  cAns
    USE E:\VFP6\DATA\学生
    DO WHILE   .T.
        ACCEPT  "请输入学生姓名："  TO  cName
        LOCATE  FOR  姓名=cName
        IF FOUND( )
            ?"学号："+学号
```

```
        ?"姓名："+姓名
        ?"出生日期："+DTOC(出生日期)
    ELSE
        ?"没有"+cName+"这个学生"
    ENDIF
    WAIT  "是否继续查找（Y/N）？"  TO  cAns
    IF UPPER(cAns)="Y"
        ?
        LOOP
    ELSE
        EXIT
    ENDIF
ENDDO
?"程序结束，谢谢使用！"
USE
SET TALK ON
RETURN
```

本例中的循环条件为.T.，因此在循环体内通过 IF 语句判断是否继续查找。若继续查找（cAns="Y"），执行 LOOP 语句，返回 DO WHILE 处，开始下一次查询操作；否则（cAns!= "Y"），执行 EXIT 语句，强制退出循环，转去执行 ENDDO 后面的语句。注意，当循环条件总为.T.时，在循环体内必须有退出循环的出口，否则会造成死循环。

2. FOR 循环结构

FOR 循环结构也称为步长型循环，对那些事先已经知道循环次数的事件，往往使用 FOR 循环。

格式：FOR〈循环控制变量〉=〈初值〉TO〈终值〉[STEP〈步长〉]
    〈命令序列 1〉
    [LOOP]
    〈命令序列 2〉
    [EXIT]
    〈命令序列 3〉
ENDFOR│NEXT

功能：按照设置好的循环变量参数，执行固定次数的循环操作。

说明：

① FOR 语句称为循环说明语句，语句中所设置的初值、终值与步长决定了循环体的执行次数：循环次数=INT（（终值-初值）/步长）+1。

② 步长为 1 时，短语 STEP 1 可以省略。

③ ENDFOR（或 NEXT）语句称为循环终端语句，其作用是标明循环程序段的终点，同时使循环变量的当前值增加一个步长。

④ FOR 与 ENDFOR 语句之间的命令序列即是循环体，用来完成多次重复操作。FOR 与 ENDFOR 语句必须成对出现。

⑤ 循环短路语句 LOOP 和循环断路语句 EXIT 与 DO WHILE 循环中的作用相同。

FOR 循环结构的执行过程是：先为循环变量设置初值（该变量一般为数值型内存变量），然后判断其值是否超过终值。若没有超过，执行循环体，遇到循环终端语句 ENDFOR 时使循环变量增加一个步长值，然后返回 FOR 语句处，将循环变量的当前值与循环终值比较。若没有超过，继续执行循环体，直至循环变量的当前值超过终值或执行到 EXIT 语句，程序才退出循环，执行 ENDFOR 后面的语句。

【例 6.9】 求 1～500 中能同时满足用 3 除余 2，用 5 除余 3，用 7 除余 2 的所有整数。

```
* 程序名称：程序 9.PRG，FOR 循环结构
SET TALK OFF
CLEAR
FOR n=1 TO 500
    IF n%3=2 AND n%5=3 AND n%7=2
        ?? n
        ?? "  "
    ENDIF
ENDFOR
SET TALK ON
RETURN
```

程序执行结果：

23 128 233 338 443

3．SCAN 循环结构

SCAN 循环结构也称为表扫描循环，专用于处理数据表中的记录。

格式：SCAN [<范围>] [FOR <条件表达式 1>] [WHILE <条件表达式 2>]

　　　　　[<命令序列 1>]

　　　　　[LOOP]

　　　　　[<命令序列 2>]

　　　　　[EXIT]

　　　　　[<命令序列 3>]

　　　ENDSCAN

功能：在当前表的指定范围内自动地逐条移动记录指针，直到条件为假或到达文件尾。

说明：

① 在循环起始语句 SCAN 中，<范围>子句指明了扫描记录的范围，默认值为 ALL；FOR 子句说明只对使<条件表达式 1>的值为真的记录进行相应操作；WHILE 子句指定只对使<条件表达式 2>的值为真的记录进行相应操作，直至使其值为假的记录为止。

② 循环终端语句 ENDSCAN 标明了循环程序段的终点，同时使记录指针移到下一条记录。SCAN 与 ENDSCAN 语句必须成对出现。

③ LOOP 和 EXIT 语句与其他循环结构中的作用相同。

SCAN 循环用于对当前表中满足条件的每一个记录执行一组指定的操作。当记录指针从头到尾扫描整个表时，SCAN 循环将对记录指针指向的每一个满足条件的记录执行一遍

SCAN 与 ENDSCAN 之间的命令序列。

【例 6.10】 用 SCAN 循环来统计"学生"表中的男女学生人数。

```
* 程序名称: 程序 10.PRG, SCAN 循环
SET TALK OFF
CLEAR
USE E:\VFP6\DATA\学生
STORE 0 TO nMan,nWoman
SCAN
    IF 性别="男"
        nMan=nMan+1
    ELSE
        nWoman=nWoman+1
    ENDIF
ENDSCAN
?"男生人数"+STR(nMan)
?"女生人数"+STR(nWoman)
USE
SET TALK ON
RETURN
```

与例 6.7 比较可以看出,当对数据表进行循环操作时,用 SCAN 语句比用 DO WHILE 语句更简单、方便,它不需要再用其他命令来控制记录指针的移动,或判断整个数据表是否扫描完毕。

4. 多重循环结构

在 VFP 系统中,不仅允许分支结构嵌套,也允许循环结构的嵌套。当在一个循环程序段内完整地包含另一个循环程序段时,称此循环程序段为循环嵌套。运用循环嵌套可以构成双重循环或三重、四重等多重循环结构。

说明:

① 在 VFP 系统中,DO WHILE, FOR, SCAN 三种循环结构可以混合嵌套,且层次不限。但内层循环的所有语句必须完全嵌套在外层循环之中,否则会出现循环的交叉,造成逻辑上的混乱。

② 循环结构与分支结构允许混合嵌套使用,但不允许交叉,其入口语句与相应的出口语句(如 FOR 与 ENDFOR、DO CASE 与 ENDCASE、DO WHILE 与 ENDDO、FOR 与 ENDFOR、SCAN 与 ENDSCAN)必须成对出现。

【例 6.11】 打印九九乘法口诀表。

```
* 程序名称: 程序 11.PRG, 多重循环 1
SET TALK OFF
CLEAR
FOR X=1 TO 9              && 外层循环入口
    Y=1
        DO WHILE Y<=X          && 内层循环入口
```

```
                    Z=X*Y
                    ??STR(Y,1)+ "*"+STR(X,1)+"="+STR(Z,2)+"  "
                    Y=Y+1
           ENDDO                    && 内层循环终端
      ?
   ENDFOR                           && 外层循环终端
   SET TALK ON
   RETURN
```

程序执行结果：

```
   1*1= 1
   1*2= 2    2*2= 4
   1*3= 3    2*3= 6    3*3= 9
   ……
   1*8= 8    2*8=16    3*8=24    4*8=32    5*8=40    6*8=48    7*8=56    8*8=64
   1*9= 9    2*9=18    3*9=27    4*9=36    5*9=45    6*9=54    7*9=63    8*9=72    9*9=81
```

本程序使用了两层循环，外层为 FOR-ENDFOR 循环，嵌套的内层为 DO WHILE-ENDDO 循环（注意，也可以用 FOR-ENDFOR 完成）。外层循环变量 X 控制行数的变化，内层循环变量 Y 控制每行中列数的变化。

【例 6.12】　输入 10 个数，并将它们按由大到小的顺序输出。

```
   * 程序名称：程序 12.PRG，多重循环 2
   SET TALK OFF
   CLEAR
   DIMENSION   data[10]          && 定义数组变量
   STORE   0.0  to   data
   FOR   i=1  to   10            && 输入 10 个数，分别存放在数组的 10 个元素中
      @ i,5  SAY "请输入第"+STR(i,2)+"个数: "  GET   data[i]
   ENDFOR
   READ
   FOR i=1 TO 10                 && 对 10 个数进行排序
      FOR j=i   TO  10
         IF data[i]<data[j]
            temp=data[i]
            data[i]=data[j]
            data[j]=temp
         ENDIF
      ENDFOR
   ENDFOR
   @ 12,5 SAY "10 个数由大到小的排列顺序为: "
   @ 14,5 SAY "  "
   FOR i=1 TO 10                 && 输出排序后的 10 个数
```

```
        ??data[i]
    ENDFOR
    SET TALK ON
    RETURN
```
程序执行结果：

请输入第 1 个数：　　　　　23.0

请输入第 2 个数：　　　　　45.9

请输入第 3 个数：　　　　　8.4

请输入第 4 个数：　　　　　−76.9

请输入第 5 个数：　　　　　42.6

请输入第 6 个数：　　　　　−15.9

请输入第 7 个数：　　　　　25.6

请输入第 8 个数：　　　　　42.6

请输入第 9 个数：　　　　　88.0

请输入第 10 个数：　　　　　35.6

10 个数由大到小的排列顺序：

88.0　　45.9　　42.6　　42.6　　35.6　　25.6　　23.0　　8.4　　−15.9　　−76.9

6.4　过程与自定义函数

在结构化程序设计中，通常将一个比较复杂的应用系统划分为若干大模块，大模块再细分为小模块，每个小模块完成一个基本功能。然后在主控模块的控制下，调用各个功能模块来实现系统的各种功能操作。

在程序设计时还经常会遇到这样的情况：某些运算和处理过程完全相同，只是每次传入的参数可能不同。如果在一个程序中重复写入这些相同的代码段，不仅会造成程序代码重复烦琐，也是一种时间和空间的浪费。因此，将这些重复出现或能单独使用的程序写成独立的模块，以便供其他程序调用。

程序的模块化使得程序易于阅读、修改和扩充。通常将这些可调用的功能模块和能够完成某种特定功能的独立程序称为过程或子程序。

在 VFP 中，每一个功能模块都可以作为一个独立的程序，可以由若干功能模块（子程序或过程）构成一个过程文件。每次执行应用程序时，第一个运行的程序称为主控程序或主程序。

6.4.1　过程与过程文件

1. 过程的建立与调用

（1）过程的建立　在 VFP 中，一个过程就是一个具有特定功能的命令文件，它的建立、运行与一般程序相同，并以同样的文件格式（.PRG）存储在磁盘中。但是，一个过程中至少要有一条返回语句。

格式：RETURN [TO MASTER]

功能：结束过程运行，返回到调用它的上一级程序或最高一级主程序。

说明:

① RETURN 语句通常作为程序的出口,设置在过程的末尾。若在主程序中使用 RETURN 语句,则使系统返回到命令窗口状态。

② TO MASTER 选项在过程嵌套中使用,可直接从当前子程序返回到最高一级主程序。若无此选项,则过程返回到调用它的上一级程序。

(2)过程的调用　在某一程序中设置一条 DO 命令来运行另一个程序(即过程),称为过程的调用。注意:被调用的程序中必须有一条 RETURN 语句,以返回调用它的上一级程序。

格式:DO〈过程名〉[IN〈文件名〉] [WITH〈参数表〉]

功能:用〈参数表〉中指定的参数调用指定的过程。

说明:

① 〈过程名〉必须是已经建立在磁盘上的命令文件名。当程序执行到本语句时,将会记下断点,把指定的过程调入内存并执行。遇到过程中的 RETURN 语句即返回调用程序的断点,继续执行调用程序。

② IN〈文件名〉选项指明要执行的过程所在的文件名。

过程的建立和调用可以使应用程序结构清晰、功能明确,便于编写、修改和调试,充分体现程序结构化、模块化、层次化的基本特征。如图 6.12 所示为过程调用示意图。

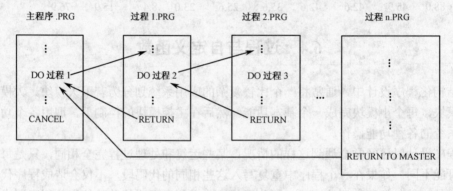

图 6.12　过程调用示意图

【例 6.13】　在主程序"程序 13.PRG"中调用两个过程"SUB1.PRG"和"SUB2.PRG"。

* 程序名称:程序 13.PRG,过程调用主程序

CLEAR

?"===过程调用==="

WAIT "现在调用过程 1"

DO SUB1

WAIT 　"现在调用过程 2"

DO SUB2

?"===过程调用结束=="

CANCEL

* 　程序名称:SUB1.PRG

WAIT "现在正运行过程 1"

RETURN

```
*  程序名称：SUB2.PRG
WAIT "现在正运行过程 2"
RETURN
```

执行主程序：DO 程序 13。

结果如下：

```
===过程调用===
现在调用过程 1          (等待用户按键)
现在正运行过程 1        (等待用户按键)
现在调用过程 2          (等待用户按键)
现在正运行过程 2        (等待用户按键)
===过程调用结束===
```

一个程序可以调用一个或多个过程，也可以多次调用一个过程。当被调用过程中又调用另一个过程时，称为过程调用的嵌套。VFP 系统规定：嵌套的深度最多可达 128 层。若某一层次的过程中有返回语句：RETURN TO MASTER，则执行到此返回语句时，系统会跳过前面几级调用程序而直接返回到主程序。

过程及过程调用使程序结构清晰，便于阅读和维护。对于较复杂的应用系统，可以将各个功能模块作为过程独立出来，然后在创建整个应用程序时，像塔积木一样将各种过程模块进行不同组合，从而构成包含复杂功能的应用系统。

2. 过程文件

过程是作为一个文件独立存储在磁盘上的，因此每调用一次过程，都要打开一个磁盘文件。如一个应用程序需调用多个过程，则必须多次执行打开文件的操作，频繁地访问磁盘，这势必影响程序运行的速度。在 VFP 系统中，可以将多个过程存放在一个程序文件中，形成一个过程文件。

过程文件打开以后可以一次性将其包含的所有过程调入内存，不需要频繁地进行磁盘操作，从而大大地提高了过程调用的速度。需要注意的是，过程文件中的过程不能作为一个命令文件单独存盘或独立运行，因而称为内部过程。相对地，能够单独存储在磁盘上并能独立运行的过程文件，称为外部过程。

（1）过程文件的建立

过程文件的建立和修改方法与一般命令文件相同，其格式为

MODIFY COMMAND〈过程文件名〉

过程文件的基本结构如下：

PROCEDURE〈过程名 1〉

　　〈过程 1 的命令序列〉

　　[RETURN [TO MASTER]]

ENDPROC

PROCEDURE〈过程名 2〉

　　〈过程 2 的命令序列〉

　　[RETURN [TO MASTER]]

ENDPROC

……

PROCEDURE 〈过程名 n〉

  〈过程 n 的命令序列〉

  [RETURN [TO MASTER]]

ENDPROC

说明：

① PROCEDURE 关键字表示一个过程的开始并命名过程名。过程名由 1～8 个字符组成，且必须以字母、汉字或下划线开头，可包含字母、汉字、数字和下划线。

② ENDPROC 关键字表示一个过程的结束。

③ 当过程执行到 RETURN 命令时，将返回到调用程序。如默认 RETURN 命令，则在过程结束处自动执行一条隐含的 RETURN 命令。

④ 过程文件的存储与一般命令文件相同，扩展名为.PRG。

（2）过程文件的打开

过程文件中只包含过程，这些过程能被其他程序调用，但在调用过程文件中的过程之前，必须先打开过程文件。打开过程文件的命令如下。

格式：SET PROCEDURE TO 〈过程文件 1〉[ADDITIVE]

功能：打开指定的过程文件。

说明：

① 打开过程文件后，它所包含的所有过程都可以通过 DO 〈过程名〉命令来调用。

② 若无 ADDITIVE 选项，则在打开指定的过程文件时，关闭原先已打开的过程文件。

（3）过程文件的关闭

过程文件使用之后，应在调用程序中将其关闭。关闭过程文件的命令如下。

格式 1：CLOSE PROCEDURE

格式 2：SET PROCEDURE TO

功能：关闭已经打开的过程文件。

说明：当退出 VFP 系统时，已打开的过程文件将会自动关闭。

【例 6.14】 在"程序 14.PRG"中调用过程文件"SUB.PRG"中的两个过程 SUB1 和 SUB2。

```
* 程序名称：程序 14.PRG，使用过程文件
SET PROCEDURE TO SUB          && 打开过程文件 SUB
CLEAR
? "===过程调用==="
WAIT "现在调用过程 1"
DO SUB1
WAIT "现在调用过程 2"
DO SUB2
? "==过程调用结束=="
CLOSE PROCEDURE               && 关闭过程文件
CANCEL
* 程序名称：SUB.PRG，过程文件
PROCEDURE SUB1               && 定义过程 1
    WAIT "现在正运行过程 1"
    RETURN
```

```
        ENDPROC
        PROCEDURE SUB2                      && 定义过程 2
            WAIT "现在正运行过程 2"
            RETURN
        ENDPROC
```

执行命令：DO 程序 14

结果与例 6.13 相同。

3．带参数的过程调用

在程序设计中，可以将不同的参数分别传递给同一过程，执行同一功能的操作后返回不同的执行结果，从而大大提高程序模块的通用性。

定义带参数的过程：

```
PROCEDURE〈过程名〉
    PARAMETERS〈参数表〉
    〈命令序列〉
    RETURN
ENDPROC
```

调用带参数的过程：

DO〈过程名〉WITH〈参数表〉

说明：在定义过程中出现的〈参数表〉又称形参表，其中的参数一般为内存变量。在调用过程中出现的〈参数表〉又称实参表，其中的参数可以是常量、已赋值变量或表达式。各参数之间用逗号分隔，形参与实参的个数应相等，数据类型应按照顺序对应相同。调用过程时，系统会自动把实参传递给对应的形参。

【例 6.15】 利用调用带参过程求 3 项阶乘之和：X!+Y!+Z!，其中 N！=1×2×3×…×N。

```
    * 程序名称：程序 15.PRG，带参数的过程调用
    CLEAR
    STORE 0 TO T
    INPUT  "X="  TO  X
    INPUT  "Y="  TO  Y
    INPUT  "Z="  TO  Z
    DO SUB WITH  X,T                    && 带参数的过程调用
    nSum1 = T
    DO SUB WITH Y,T
    nSum2 = T
    DO SUB WITH Z,T
    nSum3 = T
    nSum = nSum1 + nSum2 + nSum3
    ? STR(X)+"!+"+STR(Y)+"!+"+STR(Z)+"!="+STR(nSum)
    CANCEL
    PROCEDURE SUB                    && 定义过程 SUB，求阶乘 N！
        PARAMETERS N,K
        K=1
```

```
FOR I=1 TO N
    K=K*I
ENDFOR
RETURN
ENDPROC
```

运行程序：DO 程序 15

结果是：

X=2

Y=3

Z=4

2!　+3!　+4!=　32

本例执行过程如下：当主程序第一次调用过程（SUB）时，把实参 X 和 T 的值 2 和 0 依次传递给过程中的形参 N 和 K，进行阶乘的计算（K=2!）。过程执行完毕返回主程序时，形参 N 和 K 又分别将值传回对应的实参 X 和 T。所以，第一次调用过程后，T=2!。然后，T 又将值赋给 nSum1，即 nSum1=2!。同理，第二次调用过程后，nSum2=3!。第三次调用过程后，nSum3=4!。最后计算出 nSum = 2!+3!+4!。

说明：调用带参过程，主程序将各个实参的值依次传递给过程中对应的形参。被调用的过程执行完毕后，各个形参的值又依次对应地反传回来，且在反传时只传递实参中的变量，而不反传实参中的常量和表达式。

6.4.2　自定义函数

第 2 章介绍了许多 VFP 系统函数，如 DATE( )，STR( )，FOUND( )等。此外，用户可以自定义函数。在 VFP 中，自定义函数的建立和使用方法与过程相同，但函数除了完成某种特定操作外，还返回一个值。定义函数的格式有以下两种。

（1）格式 1：FUNCTION〈函数名〉

　　　　　　　[PARAMETERS〈参数表〉]

　　　　　　　〈命令序列〉

　　　　　　　[RETURN〈表达式〉]

　　　　　ENDFUNC

（2）格式 2：FUNCTION〈函数名〉（[〈参数表〉]）

　　　　　　　〈命令序列〉

　　　　　　　[RETURN〈表达式〉]

　　　　　ENDFUNC

调用函数的格式为

　　　　　〈函数名〉(〈参数表〉)

【例 6.16】　用自定义函数的方法求 X!+Y!+Z!。

```
* 程序名称：程序 16.PRG，自定义函数
CLEAR
INPUT ″X=″ TO X
INPUT ″Y=″ TO Y
```

```
INPUT "Z=" TO Z
nSum = JS(X)                        && 函数调用
nSum = nSum + JS(Y)
nSum = nSum + JS(Z)
? STR(X)+"!+"+STR(Y)+"!+"+STR(Z)+"!="+STR(nSum)
CANCEL
FUNCTION JS                         && 定义函数 JS
    PARAMETERS N
    K=1
    FOR I=1 TO N
        K=K*I
    ENDFOR
    RETURN K
ENDFUNC
```

6.4.3　变量的作用域

在带参数的过程调用中，为了在调用程序与被调用的过程之间正确地使用内存变量进行参数的传递，需要了解内存变量在什么范围内是有效的或能够访问的，即变量的作用域。在 VFP 中，按照作用域的不同，内存变量分为 3 种。

1．全局变量

使用 PUBLIC 关键字来定义的变量为全局变量（也称公共变量），它可以是全局内存变量或数组，其格式和功能如下。

格式 1：PUBLIC　〈内存变量表〉

功能：定义一个或多个全局内存变量。

格式 2：PUBLIC　〈数组名 1〉（〈上标 1〉[,〈下标 1〉]）[,…]

功能：定义一个或多个数组，并将其元素定义为全局变量。

说明：

① 全局变量定义后，系统自动将其初值赋为逻辑假.F.。

② 全局变量在任何模块中都可以使用，并在程序运行期间始终有效，即使程序运行完毕，也不会从内存中自动释放，必须使用 CLEAR MEMORY，RELEASE 等命令予以清除，或执行 QUIT 命令退出 VFP 应用系统。

③ 在 VFP 的命令窗口中建立的内存变量，系统默认为全局变量。

2．局部变量

使用 LOCAL 关键字来定义的变量为局部变量，它可以是局部内存变量或数组，其格式如下。

（1）格式 1：LOCAL〈内存变量表〉

（2）格式 2：LOCAL〈数组名 1〉（〈上标 1〉[,〈下标 1〉]）[,…]

说明：

① 局部变量定义后，系统自动将其初值赋为逻辑假.F.。

② 局部变量只在定义它的程序中有效，一旦该程序运行完毕，局部变量便被自动清除。

3. 私有变量

没有通过 PUBLIC 和 LOCAL 关键字定义而在程序中直接使用（即由系统自动隐含建立）的变量为私有变量。私有变量在建立它的程序及其下属的子程序中有效，一旦建立它的程序运行结束，这些私有变量就自动清除。

在 VFP 中，除了上述 3 种变量作用域外，当子程序中的变量与主程序或上级程序中的变量同名时，可以在当前子程序中使用 PRIVATE 关键字对与上级程序中同名的变量进行隐藏说明，使得这些变量在当前子程序中暂时无效。隐藏说明的格式为

PRIVATE　〈内存变量表〉

PRIVATE　ALL　[LIKE〈通配符〉|EXCEPT〈通配符〉]

注意：隐藏说明并不建立内存变量，只是为了在当前子程序中使用与上级程序同名的变量时不发生冲突。一旦当前子程序运行结束而返回上级程序，那些被隐藏的内存变量就自动恢复有效性，并保持原有的取值。

【例 6.17】　全局变量、局部变量和私有变量的使用。

```
* 程序名称：程序 17.PRG，变量的作用域
CLEAR MEMORY
CLEAR
PUBLIC Mem1, Mem2                   && 定义全局变量 Mem1, Mem2
Mem1 = 123
DISPLAY MEMORY LIKE Mem?            && 第 1 次显示
DO Sub1                             && 调用过程 Sub1
DISPLAY MEMORY LIKE Mem?            && 第 5 次显示
CANCEL
PROCEDURE Sub1                      && 定义过程 Sub1
    Mem3 ="Visual FoxPro"           && Mem3 为私有变量
    DISPLAY MEMORY LIKE Mem?        && 第 2 次显示
    DO Sub2                         && 调用过程 Sub2
    DISPLAY MEMORY LIKE Mem?        && 第 4 次显示
    RETURN
ENDPROC
PROCEDURE Sub2                      && 定义过程 Sub2
    PRIVATE Mem1                    && 变量的隐藏说明
    LOCAL Mem4                      && 定义局部变量 Mem4
    Mem2 = CTOD("12/20/80")
    Mem3 = 25.68
    Mem4 = "ABC"
    DISPLAY MEMORY LIKE Mem?        && 第 3 次显示
    RETURN
ENDPROC
```

运行程序：DO 程序 17.PRG

第一个 DISPLAY MEMORY 命令显示结果：

| MEM1 | | Pub | N | 123 | (| 123.00000000) |
| MEM2 | | Pub | L | .F. | | |

说明：Mem1 和 Mem2 是全局变量（标识 Pub），若未重新赋值，初值默认为逻辑假.F.。

第二个 DISPLAY MEMORY 命令显示结果：

MEM1		Pub	N	123	(	123.00000000)	
MEM2		Pub	L	.F.			
MEM3		Priv	C	″Visual Foxpro″			sub1

说明：在过程 Sub1 中，系统自动建立私有变量 Mem3（标识 Priv）。

第三个 DISPLAY MEMORY 命令显示结果：

MEM1		(hid)	N	123	(	123.00000000)	
MEM2		Pub	D	12/20/80			
MEM3		Priv	N	25.68	(	25.68000000)	sub1
MEM4		本地	C	″ABC″			sub2

说明：在过程 Sub2 中，使用 PRIVATE 关键字将全局变量 Mem1 隐蔽（标识 hid）。使用 LOCAL 关键字定义了一个局部变量 Mem4（标识"本地"）。全局变量 Mem2 和上级子程序 Sub1 中创建的私有变量 Mem3 被重新赋值。

第四个 DISPLAY MEMORY 命令显示结果：

MEM1		Pub	N	123	(	123.00000000)	
MEM2		Pub	D	12/20/80			
MEM3		Priv	N	25.68	(	25.68000000)	sub1

说明：返回过程 Sub1 后，属于过程 Sub2 的局部变量 Mem4 已经被释放。全局变量 Mem1 恢复其 Pub 标识。

第五个 DISPLAY MEMORY 命令显示结果：

| MEM1 | | Pub | N | 123 | (| 123.00000000) |
| MEM2 | | Pub | D | 12/20/80 | | |

说明：返回主程序后，过程 Sub1 中的私有变量 Mem3 也被自动释放，只留下 Mem1 和 Mem2 两个全局变量。

从上述运行结果中可以清楚地看出：

① 全局变量在所有子程序中有效。

② 局部变量只在定义它的模块内有效。

③ 私有变量在定义该变量的程序及其下属子程序中有效。

6.5　程序的调试

在执行程序的过程中，难免会出现错误，VFP 提供了功能强大的调试工具，用户可以在调试窗口中动态监测程序的执行情况。当发现某些语法错误时，不仅能给出出错信息，还能指出具体出错位置。但是对于程序中的算法错误（或逻辑错误），调试统计是无法确定的，只能由用户自己根据程序运行的结果来检查。

6.5.1　调试器窗口

选择"工具|调试器"命令，打开如图 6.13 所示的调试器窗口。在该窗口中通过"窗口"菜单可打开跟踪、监视、局部、调用堆栈和输出 5 个子窗口，它们分工合作、协调一致地完成程序的调试任务。

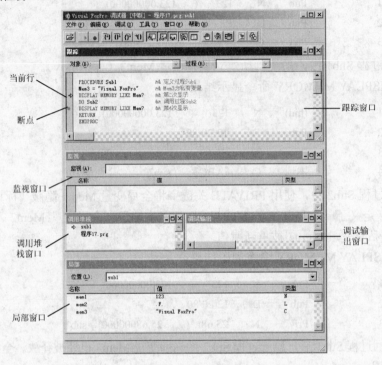

图 6.13　调试器窗口

（1）跟踪窗口　显示正在调试执行的程序。进入调试器窗口后，选择"文件|打开"命令，或单击工具栏中的"打开程序"按钮，在出现的"添加"对话框中选择要调试的程序。单击"确定"按钮，该程序就显示在跟踪窗口中，以便用户进行调试。在调试过程中，跟踪窗口左边的灰色区域会显示某些标记：

① "箭头"（→）标记　表示程序执行的当前位置（当前行）。选择"调试|单步"命令，或单击工具栏中的"单步"按钮，系统就执行一条命令。每执行一次"单步"操作，系统就按程序流程执行一条命令。

② "断点"（●）标记　在调试过程中，经常需要使程序执行到某个位置停下来，以便分析当前程序执行的情况，这个位置称为断点。设置断点的方法是：在指定语句行左边双击，出现红色"断点"标记。再次双击断点标记，可清除断点。

（2）监视窗口　监视指定表达式在程序调试执行过程中的取值变化情况。可在该窗口的"监视"文本框中输入要监视的表达式。当程序调试执行时，在窗口下方的列表框内会显示所要监视的表达式的名称、当前值和类型。

（3）局部窗口　显示调试程序中内存变量的名称、当前值和类型。

（4）调用堆栈窗口　显示当前正在执行的程序列表。例如，第 1 个程序运行时，该程序名列在调用堆栈窗口中。当调用了第 1 个程序中的子程序，同时执行第 2 个程序时，两个程序的名称均显示在调用堆栈窗口中，依此类推。

（5）输出窗口　显示当前正在执行的程序的输出状态。

6.5.2　调试菜单

调试器窗口的菜单栏中有一个"调试"菜单，包含了程序调试过程中使用的各种命令。

（1）运行　执行在跟踪窗口中打开的程序。

（2）继续执行　当程序执行被中断时，该命令出现在菜单中。选择该命令可使程序在中断处继续往下执行。

（3）取消　终止程序的调试执行，并关闭程序。

（4）定位修改　终止程序的调试执行，然后在代码编辑窗口打开调试程序，让用户修改。

（5）跳出　以连续方式而非单步方式继续执行被调用的子程序中的代码，然后在调用程序的调用语句的下一个命令行中断。

（6）单步　单步执行下一条命令。如下一条命令调用了子程序，则不会进入该子程序的代码，而是直接运行并返回结果。

（7）单步跟踪　单步执行下一条命令。如下一条命令调用了子程序，则进入该子程序的代码，开始运行第 1 条命令。

（8）运行到光标处　从当前运行位置开始执行代码，直到光标处才中断。光标位置可以在开始时设置，也可以在程序中断时设置。

（9）调速　显示"调整运行速度"对话框，设置两行代码执行之间的延迟秒数。

（10）设置下一条语句　程序中断时选择该命令，使光标所在行成为恢复执行后要执行的语句。

习　题　6

6.1　思考题

1. 简述结构化程序设计的三种基本结构。

2. 简述程序执行方式与交互执行方式的不同。

3. 在程序设计中经常使用哪些输入/输出命令？试比较其异同点。

4. IF…ENDIF 命令能否代替 DO CASE…ENDCASE 命令，试举例说明。

5. 简述三种循环结构的特点。三者之间能否相互替代？

6. LOOP 语句和 EXIT 语句在循环体中各起什么作用？

7. 如何建立和使用过程文件？

8. 变量的作用范围有几种？

9. 过程与过程文件在结构化程序设计中有什么作用？主程序与过程之间是如何实现参数传递的？

10. 如何调试与跟踪程序？

6.2　选择题

1. 作用范围在本程序及下属的子程序内有效的变量是（　　）。

　　（A）局部变量　　　　（B）全局变量　　　　（C）私有变量　　　　（D）区域变量

2. 可以接收数值型常量的输入命令是（　　）。

　　（A）WAIT　　　　　（B）ACCEPT　　　　　（C）INPUT　　　　　（D）@…SAY

3. 在 VFP 的程序流程中，迫使程序返回到循环起始语句，使循环流程短路的命令是（　　）。

　　（A）LOOP　　　　　（B）RETURN　　　　　（C）EXIT　　　　　（D）CONTINUE

4. 下面关于过程调用的叙述中，正确的是（　　）。

（A）实参与形参的个数必须相等，数据类型必须一一对应

（B）当形参的个数多于实参的个数时，多余的形参取逻辑假

（C）当实参的个数多于形参的个数时，多余的实参被忽略

（D）上面的（B）和（C）都对

6.3 填空题

1. 计算下面的分段函数，当输入分别为-2，5 和 30 时，程序运行的结果是＿＿＿＿。

```
CLEAR                           Y=X*X+1
INPUT   "X=" TO X               ENDIF
IF X>0                          ELSE
  IF X>20                           Y=X*X+3*X-1
    Y=3*X+1                     ENDIF
  ELSE                         ? "Y=",Y
```

2. 当变量 X 的值分别为 8,9,10 时，程序循环执行的次数分别是＿＿＿＿。

```
CLEAR                           LOOP
INPUT "X=" TO X                 ENDIF
DO WHILE .T.                    IF X>10
    X=X+1                           EXIT
    IF X=INT(X/3)*3             ENDIF
      ?X                        ENDDO
    ELSE                        RETURN
```

3. 分析下面各程序，并写出运行结果。

```
（1）SET TALK OFF              （3）CLEAR
    X=2                           PUBLIC   X,Y
    DO WHILE X<4                  X=111
        Y=1                       Y=222
        DO WHILE Y<4              DO GC1
            IF X*Y<5              ?"X=",X,"Y=",Y
              ? X,Y               K=333
              Y=Y+1              DO GC2
            ELSE                  ?"Y=",Y,"K=",K
              EXIT                RETURN
            ENDIF               PROCEDURE GC1
        ENDDO                     PRIVATE Y
        X=X+1                     Y=4
    ENDDO                         DO GC3
    SET TALK ON                   X=X*Y
    RETURN                        RETURN
程序运行结果为＿＿＿＿。          ENDPROC
```

（2）SET TALK OFF
    CLEAR
    I=0
    DO WHILE I<6
    IF INT(I/2)=I/2
        ? '!!!'
    ENDIF
      ? '$$$'
      I=I+1
    ENDDO
    SET TALK ON
    RETURN
程序运行结果为_____。

PROCEDURE GC2
    K=K+Y
    DO GC3
    K=K+Y
    RETURN
ENDPROC
PROCEDURE   GC3
    Y=5
    RETURN
ENDPROC
程序运行结果为_____。

4. 在下面各程序的空白处填写合适的语句。

（1）求 1～100 之间所有整数的平方和并输出结果。

```
SET TALK OFF
CLEAR
S=0
X=1
DO WHILE X<=100
    （1）
    （2）
ENDDO
?S
SET TALK ON
RETURN
```

（2）求两个年份之间有多少个闰年。

```
CLEAR
BYEAR=0
INPUT "年份 1=" TO  D1
INPUT "年份 2=" TO  D2
FOR D=（1）  TO  （2）
   IF  MOD(D,4)=0 .AND. MOD(D,100)<>0 .OR. MOD(D,400)=0
    （3）
   ENDIF
   D=D+1
ENDFOR
? "2 个年份之间共有"+STR(BYEAR)+ "个闰年"
RETURN
```

（3）将"职工.DBF"数据表中的记录按从末记录到首记录的顺序逐条显示。

```
SET TALK OFF
USE  职工
  (1)
DO WHILE   (2)
DISP
  (3)
ENDDO
USE
SET TALK ON
RETURN
```

（4）打开"职工.DBF"数据表，显示前 3 条记录后暂停，然后显示最后 5 条记录。

```
SET TALK OFF
ACCEPT "请输入库文件名："TO   cDM
USE &cDM
  (1)
WAIT   "显示最后 5 条记录"
GO   BOTTOM
  (2)
  (3)
USE
SET TALK ON
RETURN
```

6.4 上机练习题

1. 编写程序，要求任意输入 4 个数，找出其中的最大值和最小值。

2. 编写程序，要求分别统计"成绩"表中各门功课优秀（90 分以上）、良好（80～89 分）、中等（70～79 分）、及格（60～69 分）、不及格（60 分以下）的人数。

3. 编写一个带有自定义函数的程序，要求主程序接收用户输入的半径值，然后调用自定义函数计算圆的面积，最后输出圆的面积。

4. 编写程序，利用下列公式计算π的值。

$$\frac{\pi}{4} = 1 - \frac{1}{3} + \frac{1}{5} - \frac{1}{7} \cdots + \frac{1}{4n-3} - \frac{1}{4n-1} \qquad (n=1000)$$

5. 输入 20 个数，统计其中正数、负数和零的个数。

6. 用循环方式依次显示"职工"表中所有女职工的职工号、姓名、职称和基本工资。要求：分别用 DO WHILE 和 SCAN 循环语句完成。

7. 对"工资.DBF"数据表根据奖金进行记录定位，显示并修改所有奖金值为指定数值的职工姓名、奖金、补贴和水电费。

第 7 章　面向对象程序设计

VFP 不仅支持传统的面向过程的编程技术，还支持面向对象的编程技术（Object Oriented Programming，简称 OOP），并在程序语言方面做了强有力的扩充。在进行面向过程程序设计时，用户必须考虑程序代码的全部流程；面向对象程序设计则主要以对象为核心，以事件作为驱动，考虑对象的构造及与对象有关的属性和方法的设计，可以最大限度地提高程序设计的效率。

本章主要介绍与面向对象程序设计有关的基本概念——对象和类，以及 VFP 中的类与对象及其属性、方法的设置和使用。

7.1　对 象 与 类

7.1.1　对象

1．对象的概念

客观世界里的任何实体都可看做对象（Object），例如，收音机、房屋、树木、小猫等都可作为对象。每个对象都有一定的状态，如房屋是高大的，树木是绿色的。而且每个对象都有自己的行为，如收音机打开后能发出声音，小猫看见人会叫等。面向对象方法中的对象就是客观世界中事物的抽象，是反映客观事物属性及行为特征的可操作实体，其中属性用来描述对象的状态，方法用来描述对象的行为。

使用面向对象的方法解决问题的首要任务，就是从客观世界里识别出相应的对象，并抽象出解决问题所需要的对象属性和对象方法。这里的方法与结构化程序设计中的过程是两个不同的概念，方法与对象相联系。在面向对象程序设计中，对象是由数据（属性）及可以施加在这些数据上的可执行操作（方法）所构成的统一体，是数据和代码的组合，可以作为一个完整的、独立的单位模块来处理，是构成程序的基本单位和运行实体。

2．对象的基本特征

一个对象建立以后，其操作就通过与该对象有关的属性、事件和方法来描述。

（1）属性（Property）　是对象所具有的物理性质及其特性的描述。如在 VFP 中，表单作为一个对象有高度、宽度、标题等属性。用户通过设置对象的属性，可以定义对象的特征或某一方面的行为。

（2）事件（Event）　是由 VFP 预先定义好的、能够被对象识别的动作，如单击（Click）事件、双击（DblClick）事件、移动鼠标（MouseMove）事件、装入（Load）事件等。每个对象都可以对事件进行识别和响应，但不同的对象能识别的事件不全相同。事件可以由一个用户动作触发（如 Click），也可以由程序代码或系统触发（如 Load）。在多数情况下，事件是通过用户的交互操作产生的。对象的事件是固定的，用户不能建立新的事件。

事件过程（Event Procedure）是为处理特定事件而编写的一段程序，也称做事件代码。当事件由用户或系统触发时，对象就会对该事件做出响应。响应某个事件后所执行的程序代码就是事件过程。一个对象可以识别一个或多个事件，因此可以使用一个或多个事件过程对用户或系统的事件做出响应。

（3）方法（Method）　是对象在事件触发时的行为和动作，是与对象相关联的过程，但不同于一般的 VFP 过程，而且与一般 VFP 过程的调用方式也有所不同。

方法与事件过程类似，只是方法用于完成某种特定的功能而不一定响应某一事件，它属于对象的内部函数。不同的对象具有不同的内部方法，VFP 提供了丰富的内部方法供不同的对象调用。此外，用户也可以根据需要自行建立新方法。

7.1.2　类

1. 类的概念

类（Class）与对象关系密切，类是客观对象的归纳和抽象。在面向对象的方法中，类是具有共同属性、共同行为方法的对象的集合，是已经定义了的关于对象的特征和行为的模板。基于类可以生成这类对象中的任何一个具体对象，这些对象具有相同的属性，但属性的取值可以完全不同。

例如，把人作为一个类，其属性可以有"姓名"、"性别"、"生日"等，行为方法可以有"哭"、"笑"、"行走"等，由此可以生成名为"张三"或"李四"的具体对象。

对象和类的概念很相近，但并不相同。类是对象的抽象描述，对象是类的实例；类是抽象的，对象是具体的。

在面向对象程序设计中，类是应用程序的组装模块，设计人员可以很方便地将各种类的模块用在自己的应用程序中，从而极大地提高软件的开发速度和质量。

2. 类的特性

类定义了对象所有的属性、事件和方法，从而决定了对象的属性和行为。此外，类还具有封装性、继承性和多态性等特征，这些特征对提高代码的扩展性、可重用性和易维护性很有用处。

（1）封装（Encapsulation）　是指将对象的方法和属性代码包装在一起。这样用户就能够忽略对象的内部细节，集中精力来使用对象。封装可以隐藏不必要的复杂性。

例如，把确定列表框选项的属性和选择某选项时所执行的代码封装在一个控件里，设计人员就不必操心如何控制其显示位置、显示内容，如何判断及响应用户动作，如何输出结果等。这样，控件内部操作的复杂性就被隐藏起来了。

由于类具有封装性，故程序开发人员在使用类时，无须知道类中的具体技术代码，不用对它进行控制和干预，只需直接使用从类派生出来的对象即可。就像开车一样，人们并不需要了解车的内部复杂构造和工作原理，只要掌握启动、刹车和控制方向盘就可以了。类的封装性简化了程序的设计过程，大大提高了可应用性。

（2）继承性（Inheritance）　继承性说明子类延用其父类特征的能力，通过继承关系可以利用已有的类构造新类。

假定有一个名为 CMammal 的基类（Base Class），它定义了 Mammal（哺乳动物）类的特征与行为（如哺乳、胎生等），由此基类可以创建出不同类型的哺乳动物类，如 CDog（狗）、CCat（猫）、CHorse（马）和 CTiger（虎）类。每个创建的新类（子类）会自动继承 CMammal 类的全部特征与行为（如哺乳、胎生等）。此外，这些哺乳动物类的子类还可以增加不同的属性和方法来细化自身类的定义。子类与继承的关系如图 7.1 所示。

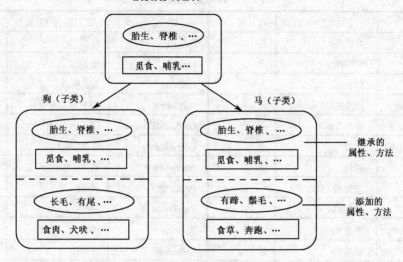

图 7.1 子类与继承

在创建对象时，可以利用基类派生出另一个新类。通常把从已有的类派生出的新类称为子类，已有的类称为父类。继承性提供了通过基类（或父类）产生新的派生类（或子类）的方法。子类不但具有父类的全部属性和方法，还允许用户根据需要对已有的属性和方法进行修改，或添加新的属性和方法，所以子类的数据成员一般包括：

① 从父类继承的成员，即父类的属性和方法。

② 子类自己定义的成员，即子类特有的属性和方法。

有了类的继承，一方面用户在编写程序代码时，可以把具有普遍意义的类通过继承引用到程序中，减少代码的编写工作；另一方面，通过继承性，在一个类上所做的设置可以完全反映到它的所有子类中，并且当父类添加或修改某个属性或方法时，它的所有子类同时予以继承。这种自动更新节省了用户进行代码维护的时间和精力，也减少了维护代码的难度。

7.1.3 Visual FoxPro 中的类

VFP 支持面向对象的程序设计方法，因此，VFP 系统提供了丰富的类和对象，方便用户开发数据库应用程序。

1. 基类

基类是 VFP 系统本身内含的，用户可以从基类中生成所需要的对象，也可以扩展基类创建自己的类。VFP 基类按可视性分为可视类和非可视类，可视类通常用图标表示。表 7.1 列出了 VFP 常用的基类。

2. 容器类与控件类

VFP 的基类主要有两大类型：容器类和控件类。相应地，可分别生成容器对象和控件对象。

（1）容器对象 容器类派生的对象可以包含其他对象，并且允许访问这些对象。无论在设计时还是在运行时，容器类对象和它所包含的对象都被当做一个独立的对象进行操作。在对象的层次中，容器中包含的对象处于容器对象的下一层。表 7.2 列出了各种容器类与所包含的对象。

表 7.1　VFP 的常用基类

类　名	说　明	可视性	类　名	说　明	可视性
CheckBox	复选框	是	Label	标签	是
Column	表格控件上的列*	是	Line	线条	是
ComboBox	组合框	是	ListBox	列表框	是
CommandButton	命令按钮	是	OleControl	OLE 容器控件	是
CommandGroup	命令按钮组	是	OleBoundControl	OLE 绑定控件	是
Container	容器	是	OptionButton	选项按钮*	是
Control	控件	是	OptionGroup	选项按钮组	是
Cursor	游标类（临时表）	—	Page	页面*	是
Custom	自定义	—	PageFrame	页框	是
DataEnvironment	数据环境	—	Relation	关系	—
EditBox	编辑框	是	Separator	分隔符	是
Form	表单	是	Shape	形状	是
FormSet	表单集	是	Spinner	微调控件	是
Grid	表格	是	TextBox	文本框	是
Header	表格列的标题*	是	Timer	计时器	—
Image	图像	是	ToolBar	工具栏	是

注：带"*"的 4 个基类是作为父容器类的组成部分存在的，所以不能在"类设计器"中作为父类来创建子类。

表 7.2　容器类与所包含的对象

容　器	包含的对象	容　器	包含的对象
命令按钮组	命令按钮	表格	表格列
容器	任意控件	选项按钮组	选项按钮
控件	任意控件	页框	页面
自定义	任意控件、页框、容器和自定义对象	页面	任意控件、容器和自定义对象
表单集	表单、工具栏	项目	文件、服务程序
表单	页框、任意控件、容器和自定义对象	工具栏	任意控件、页框、容器类和任务匹配
表格列	表头和除表单集、表单、工具栏、计时器和其他列以外的其余任一对象		

　　从表中可以看出，一个容器内的对象本身也可以是容器，如表格，作为表单容器内的对象，其本身也是一个容器，可以包含表格列对象。另外，不同的容器所能包容的对象类型是不同的，例如，命令按钮组中只能包含命令按钮，表格容器中不能包含页对象等。

　　表 7.3 列出了各类常用对象的功能描述。

表 7.3　常用对象的功能描述

对　象	功能描述	对　象	功能描述
Application	为 VFP 的每个示例创建的对象	FormSet	创建一个表单组
Column	在表格控件中创建一列	Header	创建表格控件中的列标题
Container	可容纳其他对象的容器对象	ObjectCollection	创建用来访问 Application 中对象集合的对象数组

对　象	功　能　描　述	对　象	功　能　描　述
Control	创建一个可容纳其他被保护对象的控件对象	Page	在页框中创建一个页面
Cursor	临时表	Relation	在数据环境中为表单、表单组或报表建立关系
Custom	创建用户自定义对象	Separator	创建放置在工具栏上的控件之间的分隔符对象
DataEnvironment	在创建表单、表单组或报表时创建	Toolbar	创建一个定制工具栏
Form	创建一个表单		

（2）控件对象　控件类派生的对象是一个可以以图形化的方式显示出来，并能与用户进行交互的对象。这些对象是一个相对独立的整体，不能容纳其他对象。控件对象通常被放置在一个容器对象里。例如，表单是一个容器对象，其中可以放置命令按钮、标签、复选框、编辑框等控件对象。表 7.4 列出了 VFP 的常用控件。

表 7.4　VFP 的常用控件

控　件	说　　明	控　件	说　　明
CheckBox	复选框	OleContainer	OLE 容器控件
ComboBox	组合框或下拉列表框	OleButton	OLE 绑定型控件
CommandButton	命令按钮	OptionButton	单选按钮
CommandGroup	命令按钮组	OptionGrp	按钮组
EditBox	编辑框	PageFrame	页框
Grid	表格	Shape	显示矩形、圆或椭圆状等
Image	显示位图图像	Spinner	微调按钮
Label	标签	Timer	定时器
Line	线条	TextBox	文本框
ListBox	列表框		

7.1.4　属性、事件与方法

1．属性

属性描述了对象的状态或某一方面的行为特征，派生出来的新类将继承基类和父类的全部属性。表 7.5 列出了所有 VFP 基类都有的最基本属性，表 7.6 给出了 VFP 控件的常用属性。

表 7.5　基类的最小属性集

属　性	说　　明
Class	说明该类属于何种类型
BaseClass	说明该类由何种基类派生
ClassLibrary	说明该类从属于哪种类库
ParentClass	说明对象所基于的类。若该类直接由 VFP 基类派生而来，则 ParentClass 属性值与 BaseClass 属性值相同

表 7.6　VFP 控件的常用属性

属　　性	说　　明	属　　性	说　　明
ActiveControl	引用对象上的当前活动控件	ColorSourse	设置控件颜色
ActiveForm	引用活动表单或 Screen 对象	Comments	对象的注释信息
AlwaysOnTop	防止其他窗口覆盖本对象	ControlBox	表单是否显示控制菜单
AppliCation	提供对某个对象的引用程序的引用	ControlCount	指定容器控件中的控件编号
BackColor	指定对象内文本或图形的背景颜色	Controls	为访问容器对象中的控件创建的组数
BaseClass	显示被引用对象的基类	CurrentX	绘图方法的行坐标(X)
BorderStyle	对象的边框风格	CurrentY	绘图方法的列坐标(Y)
BufferMode	提供保守式、开放式选项	Top	控件与包含它的容器的上边界距离
Caption	对象标题显示文本	Left	控件与包含它的容器的左边界距离
Class	对象的类名	Hight	控件高度
ClassLibrary	对象类所属类库	Name	控件名称
ClipControls	决定 Paint 事件中图形方法所画部分	Width	控件宽度
Closable	确定表单的控制菜单中是否出现"关闭"项以关闭表单		

VFP 中对象的属性根据特点可划分为以下几类：

（1）与操作方式、功能、效果相关的属性

（2）与对象的引用有关的属性

（3）与运行、操作条件有关的属性

（4）与对象的可视性有关的属性

（5）与数据、信息有关的属性

对象的每个属性都具有一定的含义，通过设置对象的属性可以定义对象的不同特征和行为。在 VFP 中有两种设置属性的方式，一种是利用"属性"窗口设置属性，这种方法无须用户编写任何代码，而且某些设置效果可以立即在设计界面中反映出来。例如，将表单的 Caption（标题）属性设置为"输入记录"后，当前正在设计的表单标题便会由默认的"Form1"改变为"输入记录"。有关属性窗口的使用将在第 8 章详细介绍。另一种是在程序代码中写入相应的属性设置命令（有的属性在设计时是不可用的，只有通过运行代码来设置），使用命令语句设置的属性，其效果在运行时才能显示出来。

2. 事件

事件是一种由 VFP 预先定义好的、能够被对象识别的动作。事件作用于对象，对象识别事件并做出响应。在 VFP 系统中，对象可以响应 50 多种事件。多数情况下，事件是通过用户的交互操作产生的，如单击鼠标、按键等。另外，也可以在设计系统时拟定好与事件有关的触发条件，如定时器的时间设置。当事件发生时，将执行包含在事件过程中的全部代码。表 7.7 为 VFP 所有基类的最小事件集。

表 7.7　基类的最小事件集

事　　件	说　　明	事　　件	说　　明
Init	当对象创建时激活	Error	当方法或事件代码发生错误时激活
Destroy	当对象从内存中释放时激活		

事件的触发分为用户操作触发和在程序运行过程中触发两种情况。用户操作触发如 Click，表示单击鼠标时触发一个事件。程序运行过程中触发，表示在程序运行过程中自动触发，如 Error 事件，表示当程序运行出现错误时自动触发。通常让程序允许事件触发使用 READ EVENTS 命令；如不允许事件触发，可使用 CLEAR EVENTS 命令。

在容器对象的嵌套层次中，事件的处理遵循独立性原则，即每个对象独立地响应属于自己的事件。例如，当用户单击表单上的一个命令按钮时，不会触发表单的 Click 事件，只触发该命令按钮的 Click 事件；如没有指定命令按钮的 Click 事件过程，则不会发生任何操作。

注意：命令按钮组和选项按钮组是个例外。在命令按钮组或选项按钮组中，为某事件，如 Click 事件，编写了按钮组的 Click 事件过程。如组中的某个按钮没有与该事件相关联的代码，则当该按钮的 Click 事件触发时，将执行按钮组的 Click 事件过程。如为按钮组中的另一个按钮编写了相应的 Click 事件过程，则当单击该按钮时，执行的就是按钮自己的 Click 事件过程。

表 7.8 列出了 VFP 的常用事件（核心事件）。注意，不同的对象有不同的事件，表中的事件适用于大多数控件。

表 7.8　常用事件集

事　件	触发事件的操作
Click	用户用鼠标左键单击对象
DblClick	用户用鼠标左键双击对象
Destroy	从内存中释放对象
GotFocus	对象获得焦点（由用户动作引起，如按键 Tab 或单击，或者在代码中使用 SetFocus 方法）
Init	在创建对象时（在对象显示之前的触发事件）
KeyPress	当用户按下或放开按键
Load	在创建对象之前
LostFocus	对象失去焦点（由用户动作引起，如按键 Tab 或单击，或者在代码中使用 SetFocus 方法使焦点移到新的对象上）
MouseDown	当指针停在一个对象上时，用户按下鼠标键
MouseMove	用户在对象上移动鼠标
MouseUp	当指针停在一个对象上时，用户释放鼠标
RightClick	用户使用鼠标右键按钮单击对象
Unload	释放对象时

VFP 中的事件可分为以下 6 类：

（1）鼠标事件　这是 VFP 中最常使用的事件，与鼠标有关的事件主要有 Click 事件（单击控件时发生）、DblClick 事件（双击控件时发生）、RightClick 事件（右击控件时发生）、MouseDown 和 MouseUp 事件（鼠标指针停在一个对象上时，按下鼠标按钮和释放鼠标按钮时分别发生这两个事件）、MouseMove 事件（在对象上移动鼠标时发生）、DragDrop 事件、DownClick 和 UpClick 事件等。

（2）键盘事件（KeyPress）　当按下并释放键盘上的某个键时发生键盘事件。

（3）改变对象内容事件（InteractiveChange）　当使用键盘或鼠标来改变一个对象的值时发生该事件。

（4）对象焦点事件　当某个对象成为当前对象时，称对象获得焦点；反之，称对象失去焦点。对象焦点事件主要有：

- GotFocus 事件　当对象获得焦点时发生。
- LostFocus 事件　当对象失去焦点时发生。
- When 事件　在控件获得焦点之前发生。
- Valid 事件　在控件失去焦点之前发生。

（5）表单事件　该事件通常在操作表单时发生，主要有 Load 事件（创建表单或表单集时发生）、UnLoad 事件（表单或表单集释放时发生）、Activate 事件（激活表单、表单集或页对象、工具栏对象时发生）、Deactivate 事件（当一个容器对象因所包含的对象失去焦点而不再处于活动状态时发生）等。

（6）其他事件　除以上事件外，VFP 还有其他的事件，如 Timer 事件（用 Interval 属性指定毫秒数时发生）、Init 事件（当创建一个对象时发生）、Destroy 事件（当释放一个对象的实例时发生）、Error 事件（当某方法程序运行出错时发生）。

3. 方法

VFP 为满足数据处理需要，对其容器类和控件类都规定了特定方法，即对象所能执行的操作。方法是对象在事件触发时的行为和动作，是与对象或对象事件相对应的、相关联的过程。方法被"封装"在对象中，不同的对象具有不同的内部方法。表 7.9 给出了 VFP 中的常用方法及其功能介绍。

表 7.9　VFP 的常用方法及其功能

常用方法	功能	常用方法	功能
AddColumn	在表格控件中添加一个列对象	ReadMethod	返回一个方法中的文本
AddObject	在容器中添加一个对象	Refresh	重画表单或控件，并刷新所有数据
Box	在表单对象中画一个矩形	Relese	从内存释放表单或表单组
Circle	在表单对象中画一个圆形或椭圆	RemoveObject	在运行时从容器对象中删除指定的对象
Clear	清除控件中的内容	ResetDefault	将 Time 控件复位
Cls	清除表单中的图形和文本	Saveas	把对象保存为.rcx 文件
Draw	重画表单对象	SaveasClass	将对象的实例作为类定义保存到类库中
Hide	隐藏表单、表单组或工具	SetAll	为容器对象中的所有控件或某一类控件指定属性设置
Line	在表单对象上画一条线	SetFocus	使对象获得焦点
Move	移动对象	Show	显示表单
Point	返回表单上指定点的颜色值	TextHight	当前字体文本高度
Print	在表单上打印一个字符串	TextWidth	当前字体文本宽度
PrintForm	打印当前表单屏幕内容	WriteExpression	把一个表达式写入属性
Pset	在表单上描点	WriteMethod	把指定文本写入指定方法中
ReadExpression	返回保存在一个属性单中的表达式字符串	Zorder	设定当前表单相对于其他表单的显示位置

7.2　类 的 设 计

7.2.1　类的创建

设计应用程序时，可以把大量的属性、方法和事件定义在一个类中，然后根据需要在这个类的基础上生成一个或多个对象，再在这些对象的基础上设计应用程序。在 VFP 中可以通过项目管理器、菜单或命令方式创建一个新类。

（1）项目管理器方式

打开项目管理器，选择"类"选项卡，然后单击"新建"按钮，出现图 7.2 所示的"新建类"对话框。

"类名"文本框用于指定类的名称，"派生于"列表框用于选择派生基类或父类，"存储于"文本框用于指定新类库名或已有类库的名字（类保存在扩展名为.VCX 的类库文件中）。类库名可包含路径，若未指明路径，表示使用默认路径。按图 7.2 所示设置，可建立一个名为"cmdExit"的新类，它从"CommandButton"类派生而来，类库名为"自定义类"。

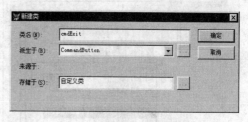

图 7.2 "新建类"对话框

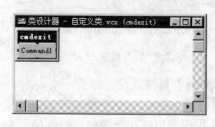

图 7.3 类设计器窗口

单击"确定"按钮，进入图 7.3 所示的"类设计器"窗口。如不想改变父类属性、事件和方法，"cmdExit"类就已经建立完成，同时保存在类库"自定义类"中，供以后使用。如要修改父类的属性和事件过程，或给新类添加新的属性和方法，可以在"属性"窗口中查看和编辑类的属性，在代码编辑窗口中编写各种事件和方法程序的代码，或者使用系统菜单中的"类"菜单项进行操作。

（2）菜单方式

选择"文件|新建"命令，打开"新建"对话框，选中"类"文件类型后，单击"新建文件"按钮，出现图 7.2 所示的"新建类"对话框，后面的操作与方法（1）相同。

（3）命令方式

格式：CREATE CLASS〈类名〉[OF〈类库名〉]

功能：打开"新建类"对话框，创建新类。

7.2.2 类属性的设置

当类创建完成后，新类就继承了基类或父类的全部属性。同时，系统允许修改基类或父类原有的属性，或设置类的新属性。

1．修改属性

上面已经建立了一个名为"cmdExit"的新类，现在可以设置其属性了，例如，把 Caption 属性由"Cammand1"改为"退出"，具体操作是：

（1）打开项目管理器，选择"类"选项卡，展开"自定义类"数据项，选择"cmdExit"后，单击"修改"按钮，进入图 7.3 所示的"类设计器"。

也可以选择"文件|打开"命令，在"打开"对话框中选择文件类型"可视类库（*.VCX）"，确定文件位置，并输入类名"自定义类"，进入"类设计器"窗口。

（2）选择"显示|属性"命令，或者单击工具栏中的"属性"按钮，打开"属性"窗口，如图 7.4 所示。

（3）在"属性"窗口中，单击 Caption 属性项，在窗口上方的文本框中输入"退出"，然后单击文本框左边的"√"按钮确定，或者直接按回车键确定（单击"×"按钮，或按 Esc 键表示放弃修改），Caption 属性就变为"退出"，如图 7.5 所示。

图 7.4　"属性"窗口

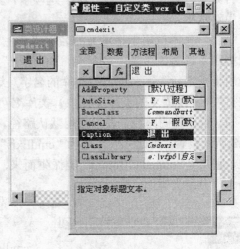

图 7.5　修改属性

（4）关闭"属性"窗口，新类"cmdExit"中的"Caption"属性就设置好了。

2．添加新的属性

如基类或父类中的属性不能满足对新类属性的定义，用户可以添加新的属性。例如，为新类"cmdExit"添加一个名为"newATTRIB"的新属性，可按如下步骤操作：

（1）按上述设置属性的方法，利用项目管理器或"文件"菜单，进入"类设计器"窗口。

（2）选择"类|新建属性"命令，打开"新建属性"对话框，如图 7.6 所示。

① 在"名称"文本框中输入要创建的新属性名称，如 newATTRIB。

② 在"可视性"下拉列表框中选择属性设置，其中，

- 公共（Public） 表示可以在其他类或过程中引用。
- 保护（Protected） 表示只可以在本类的其他方法或者其子类中引用。
- 隐藏（Hidden） 表示只可以在本类的其他方法中引用。

③ 在"说明"框中输入新属性的说明。

（3）单击"添加"按钮，新属性"newATTRIB"就被列入属性窗口，可以和系统提供的其他属性一样使用了，如图 7.7 所示。

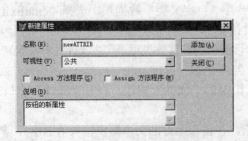

图 7.6　"新建属性"对话框

图 7.7　"属性"窗口中的新属性

7.2.3 类方法的定义

当类创建完成后，虽然已继承了基类或父类的全部方法和事件，但多数时候还需要修改父类或基类原有的方法或加入新的方法。例如，为新类"cmdExit"添加"Click"事件过程，可按如下步骤操作：

（1）利用项目管理器或"文件"菜单，进入"类设计器"窗口。

（2）双击窗口中的"退出"按钮，或选择"显示|代码"命令，打开代码编辑窗口，如图 7.8 所示。在"对象"下拉框中选择 cmdexit 对象，在"过程"下拉框中选择要修改的 Click 事件过程。

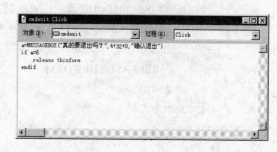

图 7.8 代码编辑窗口

（3）在代码编辑窗口中输入相应的过程代码。

（4）单击"关闭"按钮，退出"代码编辑"窗口。

如新类继承下来的方法不能满足对类的定义，用户可以添加新的方法，其方法是：选择"类|新方法程序"命令，打开"新方法程序"对话框，在"名称"文本框中输入要创建的新方法的名称，在"可视性"下拉列表框中选择方法属性，在"说明"框中输入新方法的说明，然后单击"添加"按钮，新方法便被添加到"属性"窗口。

7.2.4 通过编程定义类

在 VFP 系统中，除了在类设计器中定义类之外，还可以通过 DEFINE CLASS 命令编程实现，命令格式如下：

DEFINE CLASS〈类名〉AS〈父类〉

  [〈对象〉.]〈属性〉=〈属性值〉

  [ADD OBJECT〈对象〉AS〈类名〉

   WITH 〈属性表〉]

  [PROCEDURE〈事件名称〉

    〈命令序列〉

  ENDPROCEDURE]

ENDDEFINE

【例 7.1】 定义一个带命令按钮"cmdExit"的表单类"MyForm"，并确定其属性、所包含的"cmdExit"控件的属性及该控件的"Click"事件代码。

```
DEFINE CLASS MyForm AS FORM        && 在表单基类 FORM 中定义名为 MyForm 的新类
    Visible=.T.                    && 设置表单的可视性属性
    BackColor= RGB(192,192,0)      && 设置表单的背景色属性
    Caption="定义表单类"            && 设置表单的标题属性
    Height=220                     && 设置表单的高度属性
    Width=445                      && 设置表单的宽度属性
    ADD OBJECT cmdExit AS COMMANDBUTTON        && 在表单中添加按钮对象
```

```
        WITH    Caption="退出",;
                Left=200,;              && 设置按钮左端距表单左边框的距离
                Top=150,;               && 设置按钮顶端距表单顶边框的距离
                Height=25,;
                Width=60
        PROCEDURE cmdExit.Click         && 定义按钮的 Click 事件过程
            a=MessageBox("真的要关闭表单吗?",4+32+0,"退出确认")
            IF a=6
                RELEASE THISFORM
            ENDIF
        ENDPROC
    ENDDEFINE
```

7.3　对象的创建

在程序设计中，类不会直接出现，它是在应用程序的底层起作用的，应用程序的用户接触不到它们。在开发应用程序时，设计人员通过各种类的实例即对象，来实现程序的各项功能。

7.3.1　对象的建立

1. 由类创建对象

对象是在类的基础上派生出来的，只有具体的对象才能实现类的事件或方法的操作。在 VFP 中，可以使用 CreateObject( )函数由类创建对象。

格式：CreateObject (<类名>)[,<参数表达式 1> [,<参数表达式 2>…]]

功能：从类定义或 OLE 对象中创建一个对象，并返回对象的引用。

说明：<类名>可以是用户自定义的类，也可以是系统提供的类。

通常可以把 CreateObject()函数返回的对象引用赋给某个变量，然后通过这个对象变量来标识对象，访问对象属性，调用对象方法。

注意：用 CreateObject()函数创建的新对象在默认情况下是不可见的（即不会自动显示在屏幕上），可以使用下面的两个语句来显示它：

        对象.Show

或

        对象.Visible = .T.

【例 7.2】　　基于 VFP 的表单类 FORM 创建一个名为"MyForm1"的表单对象，并使其显示在屏幕上。

        MyForm1 = CreateObject("FORM")
        MyForm1.Show

2. 在容器对象中添加对象

使用 AddObject 方法可以将一个对象添加到某个容器对象中。

格式：<容器对象>.AddObject (<控件对象>,<类名> [,<参数 1>,<参数 2>…])

功能：向容器对象中添加控件对象。

说明：

① 添加对象可用在一般程序和类的方法中，但不能用在类的定义中。

② 向容器对象添加控件对象时，Visible 属性默认设置为.F.，即对象不可见，如要使对象可见，需将其属性修改为.T.。

③ 函数中的参数可以传递给对象的 INIT 方法并触发 INIT 方法。

【例 7.3】 在表单对象 MyForm1 中添加一个命令按钮控件 cmdExit。

```
MyForm1 = CreateObject("FORM")
MyForm1.Show                          && 显示并激活表单
MyForm1.AddObject("cmdExit","COMMANDBUTTON")
MyForm1.cmdExit.Visible = .T.         && 显示命令按钮
```

3．释放对象

对象变量和一般类型的内存变量具有同样的作用域。通常用 PUBLIC 说明全局对象变量，用 LOCAL 说明本地对象变量。若不说明，则表示是私有对象变量。

局部变量和私有变量在程序运行完成之后会自动释放；全局变量不会自动释放，需要使用命令 RELEASE〈变量名〉或 CLEAR MEMORY LIKE〈变量名〉释放。

7.3.2　对象的引用

在容器类对象中可以包含其他对象，由此构成了对象之间互相包含的层次关系。在 VFP 中，对象是通过容器的层次关系来引用的。因此，当引用一个对象时，必须知道它相对于容器的层次关系。用户可以利用属性窗口中的对象列表来查看对象层次，也可以使用 LIST OBJECTS 命令来显示对象层次。在 VFP 中引用对象的方式有绝对引用和相对引用两种。

（1）绝对引用　通过提供对象的完整容器层次来引用对象称为绝对引用，它是从最外层容器指向目标对象的。例如，在表单（Form1）上有一个页框（PageFrame1），在该页框的一个页面（Page1）中包含一个命令按钮（cmdClear），要将该按钮对象的 Caption 属性设置为"清除"，则使用绝对引用方式的设置语句为

```
Form1.PageFrame1.Page1.cmdClear.Caption = "清除"
```

（2）相对引用　从参照对象指向目标对象的地址引用称为相对引用。表 7.10 列出了相对引用所使用的参照关键字。

表 7.10　相对引用参照关键字

参照关键字	参 照 对 象	参照关键字	参 照 对 象
Parent	包含当前对象的父对象，即当前对象的直接容器对象	ThisForm	包含当前对象的表单
This	当前对象	ThisFormSet	包含当前对象的表单集

说明：只能在方法程序或事件过程中使用 THIS, THISFORM 和 THISFORMSET 关键字。例如：

```
THISFORM.cmdExit.Caption = "退出"
```

表示将本表单的 cmdExit 对象的 Caption 属性设置为"退出"。此引用可以出现在 cmdExit 对象所在表单的任意对象的事件或方法代码中。

```
THIS.Caption = "退出"
```

表示将本对象的 Caption 属性设置为"退出"。此引用可以出现在该对象的事件或方法代码中。

        THIS.Parent.BackColor = RGB(200,0,0)

表示将本对象的父对象的 BackColor 属性设置为暗红色。此引用可以出现在与该对象处于同一层次的任意对象的事件或方法代码中。

7.3.3　对象的属性设置与方法调用

1. 属性设置

在 VFP 中，可以在设计时刻，也可以在运行时刻进行属性设置；设置时既可以利用"属性"窗口，也可以在程序代码中使用命令语句。设置对象属性主要使用赋值语句，它有两种格式。

格式 1：〈对象〉.〈属性〉=〈属性值〉

说明：〈对象〉是相对于容器层次而言的。

格式 2：　WITH　〈对象〉

           [〈.语句序列〉]

      ENDWITH

说明：使用格式 2 设置语句，可以同时给对象设置多个属性。

例如，在表单对象 MyForm1 中包含一个按钮控件 cmdClear，如要在 MyForm1 的 Init 事件中设置该按钮的 Height（高度），Width（宽度），Caption（标题）等属性，则使用格式 1 的命令语句为

        MyForm1.CmdClear.Height = 30

        MyForm1.CmdClear.Width = 50

        MyForm1.CmdClear.Caption = "清除"

使用格式 2 的命令语句为

        WITH MyForm1.cmdClear

           .Height = 30

           .Width = 50

           .Caption = "清除"

        ENDWITH

2. 对象方法的调用

当对象创建以后，就可以在应用程序的任何一个地方调用这个对象的方法。

格式：〈对象〉.〈方法〉[(参数表)]

功能：调用对象的方法。

例如，调用显示一个表单对象 MyForm1 的方法，可使用命令：

        MyForm1.SHOW

3. 调用基类中的方法

对象和子类会自动继承基类的全部功能，同时用户可以用新的功能替代这些继承来的功能。如用户希望向新类或对象中添加新功能的同时保留父类功能，如继续执行父类中的事件代码，可以使用作用域运算符（::）在子类或对象中调用基类中的方法。例如，

MyCommandButton::Click 表示 MyCommandButton 对象继承其父类的 Click 事件过程。

【例 7.4】　用编程方式设计一个名为"MyForm1"的表单对象，表单中包括一个标签控件和一个命令按钮，单击该命令按钮时触发"Click"事件。

① 选择"文件|新建"命令，在"新建"对话框中选择"程序"文件类型，然后单击"新建文件"按钮，打开代码编辑窗口。

② 在窗口中输入以下程序代码：

```
MyForm1 = CREATEOBJECT("MyForm")              && 由类创建对象
MyForm1.SHOW(1)
DEFINE CLASS MyForm AS FORM                    && 定义 MyForm 类
    Visible=.T.                                && 定义类的属性
    BackColor= RGB(192,192,192)
    Caption="定义表单类"
    Height=220
    Width=445
    ADD OBJECT lblExp AS LABEL ;               && 给类添加一个 lblExp 标签
        WITH ;                                 && 定义标签属性
            Caption="类与对象设计举例",;
            Left=100,;
            Top=50,;
            AutoSize = .T. ,;
            BackStyle = 0,;
            FontName = "黑体",;
            FontSize = 20,;
            ForeColor = RGB(255,0,0)
    ADD OBJECT cmdExit AS COMMANDBUTTON ;      && 给类添加一个 cmdExit 命令按钮
        WITH ;
            Caption="退出" ,;                    && 定义命令按钮属性
            Left=200,;
            Top=150,;
            Height=25,;
            Width=60
    PROCEDURE cmdExit.Click                    && 定义命令按钮的 Click 事件过程
        a=MESSAGEBOX ("真的要退出吗?",4+32+0,"退出确认")
        IF a=6
            RELEASE THISFORM
        ENDIF
    ENDPROC
ENDDEFINE
```

③ 选择"文件|另存为"命令，确定存储位置后，输入文件名"创建对象.PRG"。

④ 选择"程序|运行"命令，或单击工具栏中的"运行"按钮，运行该程序，结果如图 7.9 所示。单击"退出"按钮，弹出"退出确认"对话框，单击"是"按钮即退出表单。

图 7.9　程序运行界面

7.4　数据环境

任何一个客观实体（即对象）都有一定的生存或运行环境，与对象生存、运行相关的数据结构和数据信息集合构成了数据库中一个具体对象的数据环境。

数据环境和数据源包括了用户所需使用、访问的数据和信息，以及与对象运行有关的参数。

（1）数据环境（DataEnvironment）　指在创建或使用一个对象（如表单或报表）时需要打开的全部表、视图和关系。随表单或报表一起保存的数据环境可以用"数据环境设计器"进行修改。

（2）数据源（DataSource）　是 ODBC 术语，指数据库和访问该数据库所需的信息。数据源包括用户要访问的数据和访问该数据所需的信息。例如，一个 SQL Server 数据源由 SQL Server 数据库、数据库所在的服务器及用以访问服务器的网络组成。

（3）数据绑定（DataBinding）　是一种通告机制，将控件的属性通过容器与一个数据源（如数据库字段）相链接。在控件中有数据绑定控件。

（4）控件源（ControlSource）　指定输入的或在控件中保存的数据来自何处。例如，一个文本框的 ControlSource 属性可以指定该文本框中的数据是从某一个数据库的特定字段中读取的，并保存在那里。方法程序代码在运行时可以从中获取数据。

（5）数据仓库（DataWarehouse）　是数据库中数据的副本，它特许用户查询该数据库。创建一个数据仓库可以构建最易于报告、最安全的数据，例如，预先联接表帮助新用户建立查询，或者删除包含了敏感数据的字段。也允许将数据移动到另一个服务器上，以减小查询对性能造成的影响。由于数据仓库中的数据是一个数据库的"快照"，所以必须定期刷新，确切的刷新间隔取决于应用程序的需要。

（6）作用域（Scope）　是指对一个对象、变量及位于视图或表中的一组记录的有效引用区域。例如，局部变量只能在定义该变量的过程中引用，公共变量可在应用程序的任何位置引用。又如，如对象（如当前数据库）在已定义的搜索路径内，则位于作用范围内。还可以在很多命令中使用 Scope 子句指定记录范围，如 LIST, DISPLAY, LOCATE 等。

习　题　7

7.1　思考题

1. 面向对象程序设计方法和面向过程程序设计方法有何异同？
2. 什么是对象？什么是类？
3. 什么是对象的属性？属性不同，标志对象有什么不同？

4. 类与子类、对象的关系是什么？

5. 什么是事件？它是怎么产生的？

6. 方法与事件过程有什么区别？

7.2 选择题

1. 在面向对象程序设计中，程序运行的最基本实体是（　　）。

　　（A）对象　　　　　　　（B）类　　　　　　　（C）方法　　　　　　　（D）事件

2. 每个对象都可以对一些事件的动作进行识别和响应。下面关于事件的描述中，错误的是（　　）。

　　（A）事件是一种预先定义好的特定的动作，由用户或系统触发

　　（B）VFP 基类的事件集合是由系统预先定义好的

　　（C）VFP 基类的事件也可以由用户创建

　　（D）可以触发事件的用户动作有按键、单击鼠标、移动鼠标等

3. 下面关于属性的描述正确的是（　　）。

　　（A）属性可以完整地描述对象

　　（B）属性就是对象所具有的固有特征，一般用各种类型的数据来表示

　　（C）属性就是对象所具有的外部特征

　　（D）属性就是对象所具有的固有方法

4. 下面关于属性、事件和方法的叙述中，错误的是（　　）。

　　（A）属性用于描述对象的状态，方法用于表示对象的行为

　　（B）基于同一个类产生的各个对象可以分别设置各自的属性值

　　（C）事件过程可以像方法一样显示调用

　　（D）在新建一个表单对象时，可以添加新的属性、事件和方法

7.3 填空题

1. 在 VFP 中，数据环境是指_____。

2. 类是客观对象的_____。

3. 派生出来的新类将继承_____的全部属性。

4. _____是一种由 VFP 预先定义好的、能够被对象识别的动作。

5. 在 VFP 中，对象是通过容器的_____来引用的。

6. VFP 的基类主要有两大类型：_____和_____。

7. 一个对象建立以后，其操作就通过与该对象有关的_____、_____和_____来描述。

8. 在 VFP 中，对象的某些属性既可以在设计时，也可以在_____时设置。

7.4 上机练习题

1. 使用"类设计器"自定义一个名为"MyGroup"的新类，它是以"CommandGroup"为父类的命令按钮组，存储在名为"UserDefine"的类库中，包含两个按钮"确定"和"取消"。

2. 使用编程方式设计一个表单。

（1）表单的标题为"登录教学管理系统"。

（2）添加一个标签控件，显示"欢迎使用教学管理系统"。

（3）添加两个命令按钮控件，标题分别为"进入系统"和"退出系统"。然后编写两个命令按钮的 Click 事件代码：单击"进入系统"按钮弹出一个对话框，显示"进入系统"；单击"退出系统"按钮弹出另一个对话框，显示"真的要退出系统吗？"，单击"是"按钮则退出表单。

第 8 章 表单的设计与应用

表单（Form）是应用程序中最常见的交互式操作界面，各种对话框和窗口都是表单不同的外观表现形式。表单作为面向对象程序设计在 VFP 中的一个重要应用类别，拥有丰富的对象集，以响应用户或系统事件，使用户尽可能方便、直观地完成各种信息的输入和输出。本章主要介绍表单的创建与管理，以及表单中各种常用控件的使用。

8.1 表单的创建

表单是应用程序中重要的人机交互界面，利用表单可以使用户在熟悉的界面下查看数据或将数据输入到数据库中。在 VFP 中，可以利用表单设计器或表单向导可视化地创建表单文件，并通过运行表单文件来生成表单对象。

8.1.1 使用表单向导创建表单

VFP 提供了两种不同的表单向导来创建表单："表单向导"用于创建基于一个表或视图的简单表单；"一对多表单向导"用于创建基于有一对多关系的两个表的复杂表单。用户只要按照向导提供的操作步骤和屏幕提示一步一步地进行就能完成。

1. 表单向导

【例 8.1】 利用表单向导创建一个显示学生基本情况的表单。

操作步骤：

① 打开项目管理器窗口，选择"文档"选项卡中的"表单"项，单击"新建"按钮，出现"新建表单"对话框，如图 8.1 所示。单击"表单向导"按钮，打开"向导选取"对话框，如图 8.2 所示。

图 8.1 "新建表单"对话框

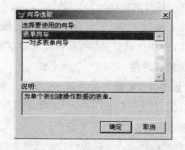

图 8.2 "向导选取"对话框

也可以选择"文件|新建"命令，在"新建"对话框中选择"表单"文件类型，并单击"向导"按钮；或者选择"工具|向导|表单"命令进行表单的创建。

② 选择"表单向导"，单击"确定"按钮后，进入"步骤1- 字段选取"窗口，如图 8.3 所示。从"数据库和表"列表框中选择作为数据源的数据库和表，然后在"可用字段"列表框中选中需要的字段，单击" ▶ "按钮或直接双击字段，该字段便添加到"选定字段"列表框中。

字段选定的前后顺序决定了向导在表达方式中安排字段的顺序及表单的默认标签顺序，通过移动"选定字段"列表框中各字段前面的按钮可以调整字段的顺序。

本例选择"教学管理"数据库中的"学生"表，并选定学号、姓名、性别、系别和简历5个字段，然后单击"下一步"按钮。

③ 在"步骤2-选择表单样式"窗口（如图8.4所示）中，向导提供了标准式、凹陷式、阴影式、边框式、浮雕式等9种样式和4种按钮类型。本例选择"标准式"和"文本按钮"，然后单击"下一步"按钮。

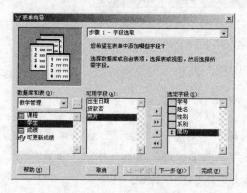
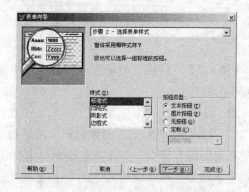

图8.3　步骤1-字段选取　　　　　　　　　　图8.4　步骤2-选择表单样式

④ 在"步骤3-排序次序"窗口（如图8.5所示）中，选择排序记录的字段或索引标识，本例按"学号"字段排序，然后单击"下一步"按钮。

⑤ 在"步骤4-完成"窗口（如图8.6所示）中，输入表单的标题，选择建立好表单后的动作，本例选择"保存并运行表单"。单击"预览"按钮，可预览新建的表单，最后单击"完成"按钮。

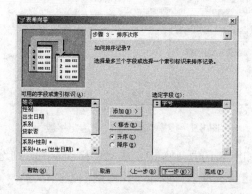
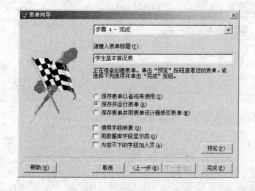

图8.5　步骤3-排序次序　　　　　　　　　　图8.6　步骤4-完成

表单运行结果如图8.7所示。表单向导自动按所选按钮形式，添加了10个常用的按钮，每一个按钮的功能用名称表达，与其有关的属性和方法在系统中都已设计好了。这组标准的定位按钮可以用来在表单中显示记录、编辑记录及搜索记录等。

2. 一对多表单向导

使用一对多表单向导创建表单时，字段既要从主（父）表中选取，也要从子表中选取，还要建立两表之间的联接关系。一对多表单一般使用文本框来表达父表，使用表格来表达子表。

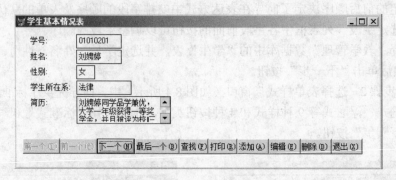

图 8.7　表单运行结果

【例 8.2】　使用"教学管理"数据库中的"课程"表和"可更新成绩"视图，建立一个一对多的表单。

操作步骤：

① 从图 8.2 所示的"向导选取"对话框中选择"一对多表单向导"，进入"步骤 1-从父表中选定字段"窗口，如图 8.8 所示。选择主表为"教学管理"数据库中的"课程"表，并选定"课程号"和"课程名"两个字段，然后单击"下一步"按钮。

② 在"步骤 2-从子表中选定字段"窗口（如图 8.9 所示）中，子表选择"可更新成绩"视图，并选定"学号"、"姓名"和"成绩" 3 个字段，然后单击"下一步"按钮。

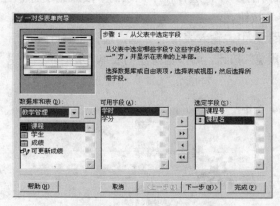

图 8.8　步骤 1-从父表中选定字段

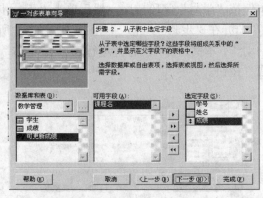

图 8.9　步骤 2-从子表中选定字段

③ 在"步骤 3-建立表之间的关系"窗口（如图 8.10 所示）中，从父表和子表中分别选定一个匹配字段，建立表之间的关系，以便在创建的表单中可以显示相匹配的数据信息。本例选择"课程名"，然后单击"下一步"按钮。

④ 在"步骤 4-选择表单样式"窗口（如图 8.11 所示）中，选择表单的样式以产生不同的视觉效果。本例选择"浮雕式"，按钮类型选"图片按钮"，然后单击"下一步"按钮。

⑤ 在"步骤 5-排序次序"窗口（如图 8.12 所示）中，选择"课程号"为排序字段，以反映同一课程的有关信息，然后单击"下一步"按钮。

⑥ 在"步骤 6-完成"窗口（如图 8.13 所示）中，输入表单标题，选择"保存并运行表单"项。最后单击"完成"按钮，运行结果如图 8.14 所示。

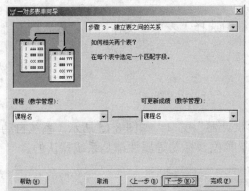
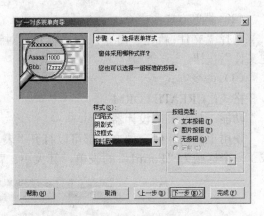

图 8.10　步骤 3 - 建立表之间的关系　　　　　　图 8.11　步骤 4 - 选择表单样式

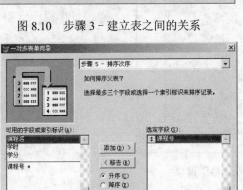
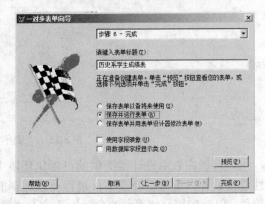

图 8.12　步骤 5 - 排序次序　　　　　　图 8.13　步骤 6 - 完成

图 8.14　一对多表单运行结果

8.1.2　使用表单设计器创建表单

利用向导创建的表单都是一些简单和规范的表单，缺乏用户自己的特点，而且不便于修改。表单设计器提供了更强大的表单设计功能，用户可以根据需要选择各种控件，设计方法灵活，可以制作个性化的表单。

1. 启动表单设计器

（1）项目管理器方式

打开项目管理器窗口，选择"文档"选项卡中的"表单"项，单击"新建"按钮，在"新建表单"对话框中选择"新建表单"命令。

（2）菜单方式

选择"文件|新建"命令，在"新建"对话框中选择"表单"文件类型，然后单击"新建文件"按钮。

（3）命令方式

格式：CREATE FORM

功能：打开表单设计器。

使用上面的任何一种方法都可以打开"表单设计器"窗口，如图 8.15 所示。系统自动生成了一个标题为"Form1"的表单，其大小、背景颜色、标题等属性都是系统默认的。

图 8.15　"表单设计器"窗口

用户可以在表单设计器提供的可视化环境中，以交互方式对其外观、布局、显示方式等属性进行设置，也可以修改事件过程及添加新的方法等，甚至可以根据需要在表单中添加各种控件，以响应用户或系统事件，构造完全个性化的表单。具体操作将在后面几节详细介绍。

2．快速创建表单

启动表单设计器后，可以利用快速表单功能定制一个简单的表单，具体操作是：

（1）选择"表单|快速表单"命令，或右击表单窗口，从快捷菜单中选择"生成器"命令，出现"表单生成器"窗口，如图 8.16 所示。

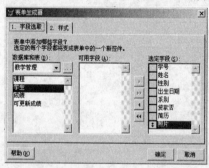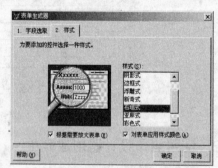

图 8.16　"表单生成器"窗口

（2）单击"字段选取"选项卡，选择数据库和表，并设置选定字段。单击"样式"选项卡，选择表单控件的样式。

（3）单击"确定"按钮，返回表单设计器窗口，结果如图 8.17 所示。

从图 8.17 中可以看出，表单生成器只能把用户从表或视图中选取的字段按指定的字段样式添加到表单中，一般不能满足特定应用的需要，用户还需要在表单设计器中做进一步的设计和修改。

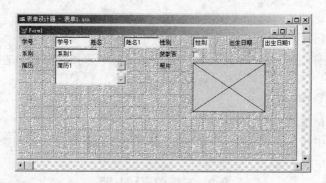

图 8.17　表单生成器生成的表单

8.1.3　表单的保存与运行

1．保存表单文件

表单文件的扩展名为.SCX，用表单设计器创建的表单，系统默认文件名为"表单 1.SCX"、"表单 2.SCX"、……

选择"文件/保存"或"文件/另存为"命令，可以将表单以合适的文件名存放在用户指定的磁盘位置。

例如，可以将 8.1.2 节中创建的空表单以"空表单.SCX"为名保存在"E:\VFP6\FORMS"文件夹中。

2．运行表单

利用表单向导或表单设计器建立的表单文件，必须在运行表单文件后才能生成相应的表单对象。可以通过以下方法运行表单文件：

（1）在项目管理器中选择要运行的表单，然后单击"运行"按钮。

（2）在表单设计器环境下，选择"表单|执行表单"命令；或直接单击工具栏中的"运行"按钮。

（3）选择"程序|运行"命令，打开"运行"对话框，选中要运行的表单文件，然后单击"运行"按钮。

（4）在命令窗口中输入命令：

DO FORM〈表单文件名〉[WITH〈参数 1〉[,〈参数 2〉,…]]

例如，可在命令窗口中输入以下命令，运行"空表单"：

　　　　DO FORM E:\VFP6\FORMS\空表单

使用以上任意一种方法运行表单文件"空表单.SCX"，结果如图 8.18 所示。

3．修改表单

无论通过何种途径创建的表单文件，都可以利用表单设计器重新修改。例如，在表单中添加或删除某个控件，修改已有的属性和事件过程，添加新的属性和方法等。可以用以下方法打开表单设计器。

图 8.18　空表单运行结果

（1）在项目管理器中，选择"文档"选项卡，展开"表单"项，选定要修改的表单，然后单击"修改"按钮。

（2）选择"文件|打开"命令，在"打开"对话框中选择要修改的表单文件，然后单击"确定"按钮。

（3）在命令窗口中输入命令：

MODIFY FORM〈表单文件名〉

说明：如命令中指定的表单文件不存在，系统将启动表单设计器创建一个新表单。

8.2　表单设计器

表单设计器是 VFP 系统提供的一个创建和修改表单的可视化工具，利用该工具，用户不仅可以以交互方式对表单本身的一些外观属性进行设置，还可以添加表单控件，管理表单控件及设置表单数据环境等。

8.2.1　表单设计器环境

启动表单设计器后，表单设计器的窗口除了包含一个新建或待修改的表单外，在 VFP 的主窗口中还将出现"属性"窗口、"表单控件"工具栏、"表单设计器"工具栏及"表单"菜单等，它们一起构成了可视化的表单设计环境。

（1）"表单设计器"窗口　在该窗口中包含了正在编辑的表单，表单窗口只能在"表单设计器"窗口内移动和调整大小。

（2）"表单"菜单　"表单"菜单中包含了创建和修改表单（集）的命令。当需要为表单或控件添加新的属性和方法程序时，可以选择"表单|新建属性"命令或"表单|新建方法程序"命令。

图 8.19　"表单设计器"工具栏

（3）"表单设计器"工具栏　当打开表单设计器时，屏幕上同时出现"表单设计器"工具栏，如图 8.19 所示。如该工具栏没有出现，可以选择"显示|工具栏"命令，"表单设计器"工具栏包括了设计表单需要的所有工具，将鼠标移到工具栏的某个按钮上，会显示该工具按钮的名称。"表单设计器"工具栏各按钮名称及功能如表 8.1 所示。

表 8.1　"表单设计器"工具栏各按钮功能

按 钮 名 称	功　　能	按 钮 名 称	功　　能
设键次序	显示表单控件设置的 Tab 键顺序	调色板工具栏	显示或隐蔽"调色板"工具栏（设置对象的前景色和背景色）
数据环境	打开数据环境设计器	布局工具栏	显示或隐藏"布局"工具栏
属性窗口	打开所选对象的属性窗口	表单生成器	启动表单生成器，快速建立表单
代码窗口	打开所选对象的代码编辑窗口	自动格式	启动"自动格式生成器"对话框，对所选控件进行格式设置（至少选择一个控件，才能激活此按钮）
表单控件工具栏	显示或隐藏"表单控件"工具栏		

（4）"表单控件"工具栏　表单中使用的控件是 VFP 系统提供给用户的基于标准化图形

界面的多功能、多任务操作工具，可以创建和完成信息的输入/输出。在表单控件工具栏中列出了可以添加到表单上的 15 种标准控件和 4 种包容器，它们是构成 Windows 交互式操作界面的重要元素。

（5）"属性"窗口　在"属性"窗口中显示了表单及添加到表单中的控件所具有的全部属性，用户可以根据需要为每一个控件和表单设置属性，选择相应的事件和方法程序。

（6）"布局"工具栏　"布局"工具栏提供了排列表单控件的基本工具，用于调整各控件的相对位置和相对大小。

（7）"代码"窗口　在"代码"窗口中可以编写或查看表单及表单控件等任何一个对象的事件和方法程序代码。

8.2.2　利用表单控件工具栏添加控件

1．表单控件工具栏

"表单控件"工具栏提供了设计表单界面的各种控件按钮，如图 8.20 所示。如该工具栏没有出现，可以通过单击"表单设计器"工具栏中的"表单控件工具栏"按钮或选择"显示|工具栏"命令打开。利用表单控件工具栏可以方便地向表单中添加控件，该工具栏中各控件按钮的名称和作用是：

（1）选定对象　用于选定一个或多个对象。

（2）按钮锁定　按下此按钮时，可以向表单连续添加多个同种类型的控件。

（3）生成器锁定　按下此按钮时，每次往表单添加控件，系统都会自动打开相应的生成器对话框，以便用户对该控件的常用属性进行设置。

（4）查看类　利用此按钮，可以添加一个已有的类库文件，或选择一个已注册的类库。当选中一个类库后，表单控件工具栏中将只显示选定类库中类的按钮。

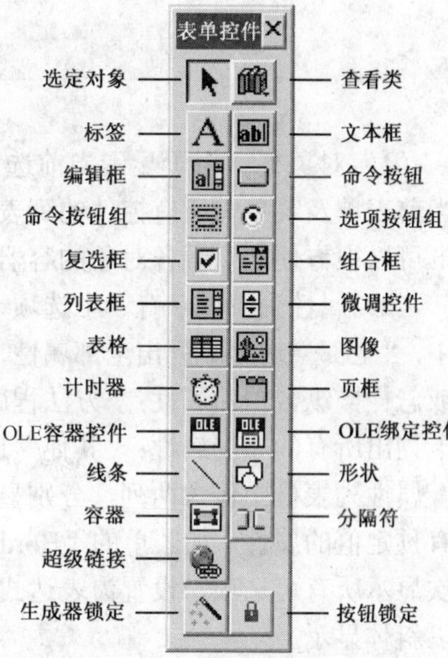

其他控件按钮分别用于创建相应的控件对象。

图 8.20　"表单控件"工具栏

2．向表单中添加控件

利用"表单控件"工具栏可以很方便地向表单中添加控件，设计交互式的用户界面。方法是：在"表单控件"工具栏中单击要添加的控件按钮，然后将鼠标移到表单窗口的合适位置，按下鼠标并拖动鼠标至所需要的大小，再松开鼠标。若直接单击鼠标，则控件大小按系统默认值确定。如要连续添加同一类型的控件，可以先在"表单控件"工具栏中单击"按钮锁定"按钮，再选择要添加的控件。

8.2.3　利用属性窗口设置对象属性

"属性"窗口包括对象框、属性设置框、属性、事件和方法程序列表框等几部分，如图 8.21 所示。如"属性"窗口没有显示，可以通过单击"表单设计器"工具栏中的"属性窗口"按钮或选择"显示|属性"命令打开。

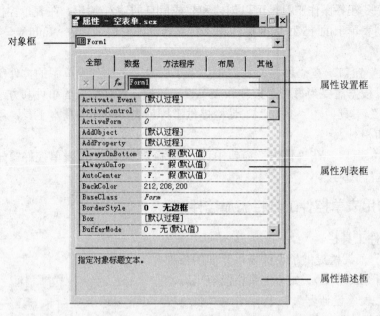

图 8.21 "属性"窗口

（1）对象框 用于显示当前选定对象的名称。单击对象框右侧的箭头按钮可以显示包含当前表单及表单中所有控件的列表，从列表中可以选择要修改的表单或控件对象。利用对象框可以很方便地查看各对象的容器层次关系。

（2）属性列表框 有 5 个选项卡分类显示当前选定对象的所有属性、事件和方法程序。其中，"全部"选项卡列出全部属性、事件和方法程序；"数据"选项卡列出有关对象如何显示或怎样操纵数据的属性；"方法程序"选项卡列出对象的所有方法程序和事件；"布局"选项卡列出所有的布局属性；"其他"选项卡列出其他的和用户自定义的属性。

属性列表框中包含两列，分别显示所有可在设计时更改的属性名和它们的当前值。对于具有预定值的属性，如表单的"BorderStyle"（边框样式）属性，在列表框中双击属性名可以依次显示所有可选项。设置为表达式的属性前面显示等号（=）。只读的属性、事件和方法程序以斜体显示。

（3）属性设置框 当从属性列表框中选择一个属性项时，窗口内将出现属性设置框，用户可以在此对选定的属性进行设置。

如属性值是一个文件名或一种颜色，可以单击设置框右边的"…"按钮，打开相应的对话框进行选择。如属性值是系统预定值中的一个，可以单击设置框右边的下拉箭头，打开列表框进行选择。如属性值是一个表达式，可以单击设置框左边的"f_x"函数按钮，打开表达式生成器，建立需要的表达式。在设置框中设置或修改相应的属性值后，单击"√"按钮，或按回车键确认；单击"×"按钮，或按 Esc 键取消修改，恢复原来的值。

如要将属性还原为系统默认值，可以在属性列表框中右击该属性，从快捷菜单中选择"重置为默认值"命令。

8.2.4 利用代码窗口编辑事件过程

在"代码"窗口中可以编辑和显示表单或表单控件的事件和方法程序的代码，如图 8.22 所示。用以下方法可以打开"代码"窗口：

（1）在"表单设计器"中双击一个表单或表单控件。

（2）在"属性"窗口中双击一个事件或方法程序。

（3）选择"显示|代码"命令。

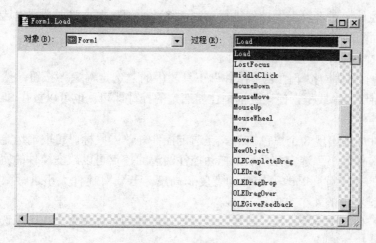

图 8.22　"代码"窗口

"代码"窗口中的"对象"列表框列出了当前的表单、表单集、数据环境、工具栏对象和当前表单上的所有控件对象。"过程"列表框列出了 VFP 对象所能识别的全部事件，其中加黑显示的事件表示已包含代码。

8.2.5　利用布局工具栏排列控件

利用"布局"工具栏可以很方便地调整表单窗口中选定控件的相对位置和相对大小。通过单击"表单设计器"工具栏上的"布局工具栏"按钮或选择"显示|布局工具栏"命令可以打开或关闭"布局"工具栏，如图 8.23 所示。表 8.2 列出了"布局"工具栏中各按钮的名称（从左至右）及功能介绍。

图 8.23　"布局"工具栏

表 8.2　"布局"工具栏各按钮功能

按 钮 名 称	功　　能
左对齐	让选定的所有控件沿其中最左边的那个控件的左侧对齐
右对齐	让选定的所有控件沿其中最右边的那个控件的右侧对齐
顶边对齐	让选定的所有控件沿其中最顶端的那个控件的顶边对齐
底边对齐	让选定的所有控件沿其中最下端的那个控件的底边对齐
垂直居中对齐	使所有选定控件的中心处在一条垂直轴上
水平居中对齐	使所有选定控件的中心处在一条水平轴上
相同宽度	调整所有选定控件的宽度，使其与其中最宽控件的宽度相同
相同高度	调整所有选定控件的高度，使其与其中最高控件的高度相同
相同大小	使所有选定控件具有相同的大小
水平居中	使选定控件在表单内水平居中
垂直居中	使选定控件在表单内垂直居中
置前	将选定控件移至最前，可能会把其他表单覆盖
置后	将选定控件移至最后，可能会被其他表单覆盖

注意："布局"工具栏中的很多布局按钮只有在表单中选定多个控件后才能激活使用。

8.2.6　控件对象的基本操作

（1）选定控件　对表单上的控件进行复制、移动或调整大小时，必须先选定要操作的控件，通常有下面两种方法：

① 选定单个控件　直接单击该控件。

② 选定多个控件　按下"表单控件"工具栏中的"选定对象"按钮，然后在表单窗口中拖动鼠标，出现一个线框，使该线框框住要选定的控件即可。也可以按住 Shift 键，再依次单击要选定的控件。

选定的控件周围出现 8 个黑色控点。在选定控件外单击鼠标，可取消选定。

（2）改变控件大小　选定控件后，拖动控件四边的控点可以改变控件的宽度或高度，拖动四个顶角上的控点可同时改变控件的宽度和高度。若要对控件大小进行微调，可以按住 Shift 键，移动键盘上的 4 个方向键。

（3）移动控件　选定控件后，直接用鼠标拖动控件到目标位置。也可以选定控件后，用键盘上的方向键移动控件。

（4）复制控件　选定控件后，按 Ctrl+C 键或选择"编辑|复制"命令，然后按 Ctrl+V 键或选择"编辑|粘贴"命令，将控件复制到目标位置。

（5）删除控件　选定控件后，按 Delete 键即可。

8.3　表单的数据环境

VFP 的每一个表单或表单集都有一个数据环境，在表单的设计、运行中需要使用数据环境。通过把与表单相关的表或视图放进表单的数据环境中，可以很容易地把表单、控件与表或视图中的字段关联在一起，形成一个完整的构造体系。数据环境的设置在每一个表单设计中几乎都是必不可少的。

8.3.1　数据环境设计器

通常情况下，数据环境中的表或视图会随着表单的打开或运行而打开，并随着表单的关闭或释放而关闭。利用数据环境设计器可以很方便地设计表单的数据环境，打开数据环境设计器的方法有以下几种：

（1）在表单设计器环境下，选择"显示|数据环境"命令。

（2）单击"表单设计器"工具栏中的"数据环境"按钮。

（3）右击表单，从快捷菜单中选择"数据环境"命令。

打开数据环境设计器后，系统菜单栏上出现"数据环境"菜单。

8.3.2　数据信息与数据环境

数据环境是一个对象，它包含与表单相互作用的表或视图，以及这些表之间的关系，并为对象提供设置、更改数据源及数据环境的服务。

1. 添加表或视图

如数据环境原来是空的，则在打开数据环境设计器时，系统自动打开"添加表或视图"

对话框。如已经进入"数据环境设计器",则可以选择"数据环境|添加"命令或右击"数据环境设计器"窗口,从快捷菜单中选择"添加"命令,打开"添加表或视图"对话框。

在对话框中,选择要添加的表或视图并单击"添加"按钮。如没有打开的数据库或项目,可单击"其他"按钮来选择表,也可以将表或视图从打开的项目管理器中拖放到数据环境设计器中。

例如,从项目管理器中选择名为"空表单"的表单文件,单击"修改"按钮,打开表单设计器。然后单击"表单设计器"工具栏中的"数据环境"按钮,在"添加表或视图"对话框中选择"学生"和"成绩"两个表并添加到数据环境设计器中,如图 8.24 所示。

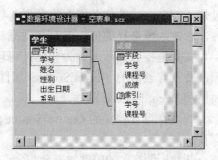

图 8.24 "数据环境设计器"窗口

在"数据环境设计器"中可以看到添加的表或视图中的字段和索引。向数据环境中添加一个表或视图的同时,也创建了一个临时表对象。打开"数据环境设计器"后,可在属性窗口中设置临时表的属性。

2．从数据环境向表单添加字段

用户可以直接将字段、表或视图从数据环境设计器拖到表单,拖动成功时系统会自动在表单上创建相应的控件,并自动与字段相联系。默认情况下,如拖动的是字符型字段,将产生文本框控件;如拖动的是备注型字段,将产生编辑框控件;如拖动的是逻辑型字段,将产生复选框控件;如拖动的是表或视图,将产生表格控件等。

例如,从"数据环境设计器"将"学生"表中的"学号"字段拖到表单中,系统将自动在表单上建立一个文本框控件,并将该控件的数据源与"学生"表中的"学号"字段相关联。

3．从数据环境移去表

在"数据环境设计器"中选定要移去的表或视图,然后选择"数据环境|移去"命令或右击该表,从快捷菜单中选择"移去"命令,则该表或视图及与其有关的所有关系都随之移去。

4．在数据环境中设置关系

如添加到"数据环境设计器"的表具有在数据库中设置的永久关系,则这些关系将自动添加到数据环境中,如图 8.24 所示。如表中没有永久关系,则可以在"数据环境设计器"中设置这些关系,并与表单一起保存。

在"数据环境设计器"中设置关系的方法是:将字段从主表拖动到相关表中与之相匹配的索引标识上,在表之间会显示一条连线指出这条关系。如没有索引标识,系统将提示用户是否创建索引标识。

如要解除表之间的关系,可以单击选定表示关系的连线,然后按 Delete 键。

5．在数据环境中编辑关系

关系是数据环境中的对象,它有自己的属性、事件和方法。编辑关系主要通过设置关系的属性来完成,方法是:在"属性"窗口的"对象"框中选择要编辑的关系,然后根据需要设置其属性。常用的关系属性如表 8.3 所示。

表 8.3　常用的关系属性

属　　性	含　　义
RelationalExpr	指定基于主表的关联表达式
ParentAlias	指定主表的别名
ChildAlias	指定子表的别名
ChildOrder	指定与关联表达式相匹配的索引
OneToMany	指定关系是否为一对多关系

6. 数据与控件的绑定

在表单运行时，数据环境可自动打开或关闭表和视图，并且在"属性"窗口的 ContrlSource 属性列表框中会列出数据环境的所有字段，数据环境将帮助设置控件的 ContrlSource 属性。可以为整个表单设置数据源，也可以为表格的每一列单独设置数据源。

在表单中，控件可以分为两类：与表中数据绑定的控件和不与数据绑定的控件。有些通过使用控件完成的任务需要将数据与控件绑定，有些任务则不需要。当用户使用绑定型控件时，所输入或选择的值将保存在数据源中（数据源可以是表的字段、临时表的字段或变量）。

如要把控件和数据结为一体，可以设置控件的 ControlSource 属性。如绑定表格和数据，则需要设置表格的 RecordSource 属性。如创建一对多表单，则需要同时设置 ControlSource 属性和 RecordSource 属性。

若没有设置控件的 ControlSource 属性，则用户在控件中输入或选择的值只作为属性设置保存。

与数据源有关的属性如表 8.4 所示。

表 8.4 与数据源有关的属性

属　　性	含　　义
ControlSource	指定对象绑定的数据源
CursorSource	指定与 Cursor 对象相关的表或视图的名称
RecordSource	指定表格控件绑定的数据源
RecordSourceType	指定以何种方式打开与表格控件关联的数据源
RowSource	指定组合框或列表框的数据源
RowSourceType	指定组合框和列表框的数据源类型

8.4　表单与常用控件的设计

在面向对象程序设计中，表单作为 VFP 最常用的容器对象，具有自己的属性、事件和方法，同时还包含本文框、命令按钮、列表框等多种控件，用以输入数据、显示数据及执行应用程序的特定操作等。在 VFP 的表单设计器环境下，用户可以构造出各种应用程序的屏幕界面，方便而直观地完成各种信息管理工作。

利用表单设计器设计表单的一般步骤是：

（1）明确创建表单的目标和表单应具备的功能。

（2）在表单中添加与任务相关的各种控件。

（3）为表单设置好与之匹配的数据环境，为数据绑定型控件指定相关数据源。

（4）为表单中的每一个对象设置合适的属性。如需要的话，可以为对象添加新的属性和方法。

（5）选择与特定操作相关的事件并编写相应的事件过程代码。

8.4.1　表单的建立

表单具有丰富的属性、事件和方法，表 8.5 列出了表单的一些常用属性，表单的一些常用事件和方法可参见第 7 章中的表 7.9 和表 7.10。

表 8.5　表单的常用属性

属　　性	含　　义
AlwaysOnTop	指定表单是否总是位于其他打开窗口之上（默认为.F.）
AutoCenter	指定表单对象在首次显示时，是否自动在 VFP 主窗口内居中（默认为.F.）
BackColor	指定表单窗口的背景色（默认为 RGB（192,192,192））
BorderStyle	指定对象的边框样式（默认为 3——可调边框）
Caption	指定表单的标题文本（默认为 Form1）
Closable	指定是否可以通过单击关闭按钮或双击控制菜单按钮来关闭表单（默认为.T.）
Height	指定表单的高度值（默认为 250）
MaxButton	指定表单是否有最大化按钮（默认为.T.）
MinButton	指定表单是否有最小化按钮（默认为.T.）
Movable	指定表单是否能够移动（默认为.T.）
Width	指定表单的宽度值（默认为 375）

【**例 8.3**】　利用表单设计器建立一个表单，标题为"学生基本情况输入表"，要求该表单自动在 VFP 主窗口内居中，并总是处于其他窗口之上。另外，要将"学生"表添加到表单的数据环境中。

操作步骤：

① 打开"教学.PJX"项目文件，在项目管理器中选择"文档"选项卡中的"表单"项，单击"新建"按钮，在"新建表单"对话框中选择"新建表单"，打开"表单设计器"窗口。

② 在"属性"窗口中选择"布局"选项卡，设置属性如下。

● 在属性列表框中选中 Caption 属性，在属性设置框中输入"学生基本情况输入表"。

说明，对于表单及控件的某些属性，其数据类型通常是固定的，如 Captiopn 属性只接受字符型数据，Width 和 Height 属性只接受数值型数据。但有些属性的数据类型并不固定，如文本框的 Value 属性可以接受任何数据类型。一般来说，要为属性设置一个字符型值，可以在设置框中直接输入，不需要加定界符，否则，系统会把定界符作为字符串的一部分。

● 选中 AutoCenter 属性，双击属性栏使其属性值变为.T.。

● 选中 AlwaysOnTop 属性，双击属性栏使其属性值变为.T.。

③ 右击表单，从快捷菜单中选择"数据环境"命令，打开数据环境设计器，在"添加表或视图"对话框中选择"学生"表并单击"添加"按钮，将其添加到表单的数据环境中。

④ 选择"文件|另存为"命令，打开"另存为"对话框，选择保存路径为"E:\VFP6\FORMS"，输入表单文件名"学生情况.SCX"，然后单击"保存"按钮。

⑤ 选择"表单|执行表单"命令，或单击工具栏中的"运行"按钮，运行表单文件，结果如图 8.25 所示。

在属性窗口中，用户可以很直观地以交互方式编辑或修改对象的各项属性。此外，还可以用编程方式在对象的事件（如表单的 Init 事件或 Load 事件）过程中添加属性的赋值语句，在运行时可修改对象的属性。例如，可以用下面的方法修改表单的 3 个属性。

图 8.25　表单运行结果

在"表单设计器"窗口中双击表单，打开"代码"窗口，从"过程"列表框中选择 Init 事件，输入以下代码：

```
WITH THISFORM
    .Caption = "学生基本情况输入表"
    .AutoCenter = .T.
    .AlwaysOnTop = .T.
ENDWITH
```

输入完毕，单击"代码"窗口右上角的"关闭"按钮，关闭"代码"窗口，并保存表单文件。然后单击工具栏中的"运行"按钮，系统在建立该表单对象时触发表单的 Init 事件，执行事件过程中的相应代码，即 3 条属性赋值语句，结果与例 8.3 相同。

8.4.2 标签控件

标签（Label）控件是用来在表单上显示文本信息的控件，常用做提示和说明。标签具有自己的一套属性、事件和方法，能够响应大多数鼠标事件。标签控件的常用属性包括大小、色彩、信息内容、风格等。

（1）Caption 属性　指定标签的标题，即显示的文本内容，最多为 256 个字符。注意，标签的标题文本不能在表单上直接编辑修改，只能在 Caption 属性中指定。

（2）AutoSize 属性　指定是否自动调整控件大小以容纳其内容。

（3）BackStyle 属性　指定标签对象与表单背景颜色是否一致，0 为透明，1 为不透明。

（4）BorderStyle 属性　指定标签是否带有边框，0 为无边框，1 为带边框。

（5）Name 属性　指定在代码中用于引用对象的名称。

注意：设计代码时，应该用 Name 属性值（即对象名称）而不能用 Caption 属性值来引用对象。Caption 属性值是该对象的标题文本，而不是对象的名称。

【例 8.4】　在"学生情况"表单中添加一个"学生信息表"标签。

操作步骤：

① 打开表单设计器，显示"学生情况.SCX"表单。

② 在表单控件工具栏中单击"标签"控件，鼠标指针变成"十"字形状，将指针移至表单窗口的合适位置后单击鼠标左键。

③ 打开"属性"窗口，按以下要求设置标签属性。

```
AutoSize:   .T.
Caption :   学生信息表
BackStyle:  0-透明
FontName:   黑体
FontSize:   20
ForeColor:  255,0,0
```

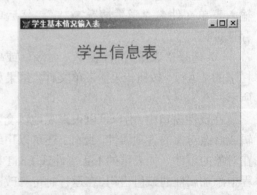

④ 属性设置完成后，将标签控件移至表单上方，并单击"布局"工具栏中的"水平居中"按钮，使其水平居中。

⑤ 选择"文件|保存"命令，保存修改后的表单文件。

⑥ 运行表单，结果如图 8.26 所示。

图 8.26　在表单中添加标签控件

8.4.3 文本框控件

文本框（TextBox）控件是一个供用户输入或编辑数据的基本控件。所有标准的 VFP 编辑功能，如复制、剪切和粘贴，都可以在文本框中使用。文本框一般包含一行数据。在输入文本框信息时，可以通过编写事件代码来控制相应状态。

文本框的常用属性有：

（1）ControlSource 属性　指定与对象建立联系的数据源，可以是字段变量或内存变量。运行时，文本框将显示该变量的内容。用户对文本框的编辑结果也将保存在该变量中。

（2）Value 属性　返回文本框的当前内容。如 ControlSource 属性指定了字段或内存变量，则 Value 属性将与 ControlSource 属性指定的变量具有相同的数据和类型。

文本框中显示的文本是受 Value 属性控制的。Value 属性可以用三种方式设置：设计时在"属性"窗口设置，运行时通过代码设置，或在运行时由用户输入。通过读取 Value 属性，可在运行时得到文本框的当前内容。

（3）PasswordChar 属性　指定文本框控件内是显示用户输入的字符还是显示占位符，并指定用做占位符的字符。该属性的默认值为空串，此时没有占位符，文本框内显示用户输入的内容。当为该属性指定一个字符（即占位符）后，文本框内将只显示占位符，而不显示用户输入的实际内容（但 Value 属性的值仍为用户输入的实际内容）。该属性通常在登录界面的口令或密码框中使用。

（4）ReadOnly 属性　指定用户能否编辑文本框，或指定与 Cursor 对象相关联的表或视图是否允许更新，默认值为.F.。若要使文本框显示的内容不被用户更改，可将 ReadOnly 属性设置为.T.。

（5）InputMask 属性　指定在文本框中如何输入和显示数据。该属性值为一个字符串，其常用设置及含义参见表 3.7 所示。

（6）MaxLength 属性　指定文本框中可输入的最大字符串长度（以字符数为单位），0 表示没有限制。仅当未指定 InputMask 时，MaxLength 才能应用于字符数据。

【例 8.5】　在"学生情况"表单中添加一个标签和一个文本框，用于显示姓名。

操作步骤：

① 在表单设计器窗口中显示"学生情况"表单。

② 利用"表单控件"工具栏向表单添加标签控件，并设置其属性：

AutoSize:	.T.
Caption:	姓名
BackStyle:	0-透明
FontName:	宋体
FontSize:	12
ForeColor:	0,0,0

③ 利用"表单控件"工具栏向表单添加文本框控件，并设置其属性：

ControlSource:	学生.姓名
ForeColor:	0,0,255

④ 保存表单文件并运行，结果如图 8.27 所示。

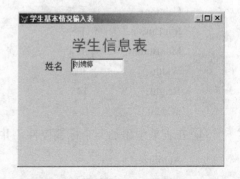

图 8.27　在表单中添加文本框

8.4.4　命令按钮控件

命令按钮（CommandButton）在应用程序中起控制作用，用于完成某一特定的操作，其操作代码通常放置在命令按钮的 Click 事件过程中。

命令按钮的常用属性有：

（1）Default 属性　该属性值为.T.的命令按钮称为"确认"按钮，即按下回车键时响应的那个按钮。

（2）Cancel 属性　该属性值为.T.的命令按钮称为"取消"按钮，即按下 Esc 键时响应的那个按钮。

（3）Enabled 属性　指定表单或控件能否响应由用户引发的事件，默认为.T.，即对象是有效的。

【例 8.6】　设计一个如图 8.28 所示的登录界面。当用户输入口令并单击"确认"按钮后，验证该口令是否正确。若正确（口令为 student），则显示"欢迎进入教学管理系统！"的信息并关闭表单；若不正确，则显示"口令错误，请重新输入！"的信息；若三次输入都不正确，就显示"口令错误，登录失败！"的信息并关闭表单。用户可随时单击"取消"按钮，退出登录界面。

操作步骤：

① 新建一个表单，打开"表单设计器"窗口。

② 选择"表单|新建属性"命令，打开"新建属性"对话框，为表单添加一个新属性 nCount，用于统计登录次数，如图 8.29 所示。单击"添加"按钮后，关闭该对话框。

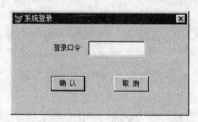
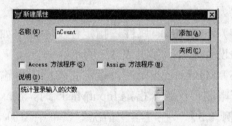

图 8.28　登录表单　　　　　　　　　　图 8.29　"新建属性"对话框

③ 设置表单属性。

AlwaysOnTop:	.T.
AutoCenter:	.T.
Caption:	系统登录
MinButton:	.F.
MaxButton:	.F.
Width:	300
Height:	145
nCount :	0

④ 在表单中添加一个标签控件，并设置其属性。

AutoSize:	.T.
Caption :	登录口令

⑤ 在表单中添加一个文本框控件，并设置其属性。

PasswordChar：　*

⑥ 在表单中添加一个命令按钮控件，并设置其属性。

Caption：　确认

Default：　.T.

双击按钮控件，打开代码编辑窗口，输入 Click 事件代码。

```
LOCAL cPassword
cPassword = Thisform.Text1.Value
IF Alltrim(cPassword) = "student"
    MessageBox("欢迎进入教学管理系统！",0,"欢迎信息")
    Thisform.Release                    && 调用表单的 Release 方法，释放表单
ELSE
    Thisform.nCount=Thisform.nCount+1
    IF Thisform.nCount = 3
        MessageBox("口令错误,登录失败！",16,"提示信息")
        Thisform.Release
    ELSE
        Thisform.Text1.Value = " "     && 清除文本框
        Thisform.Text1.SetFocus
        * 调用文本框的 SetFocus 方法，使文本框重新获得焦点（光标），准备下一次输入。
        MessageBox("口令错误, 请重新输入……",16,"提示信息")
    ENDIF
ENDIF
```

⑦ 在表单中添加第二个命令按钮控件，并设置其属性。

Caption：　取消

Cancel：　.T.

双击按钮控件，打开代码编辑窗口，输入该按钮的 Click 事件代码。

```
Thisform.Release
```

⑧ 用"表单控件"工具栏中的"选定对象"工具，将表单中的全部控件选中，然后单击"布局"工具栏中的"居中对齐"按钮，使所有控件都相对于表单中心对齐，如图 8.28 所示。

⑨ 保存表单文件"登录表单.SCX"并运行。

说明：在上面命令按钮的 Click 事件代码中调用了文本框的 SetFocus 方法以使文本框获得焦点。所谓焦点（Focus）就是光标，当文本框对象具有焦点时才能响应用户的输入，因此焦点也是对象接收用户鼠标或键盘输入的能力的标志。在 Windows 环境中，同一时刻只有一个窗口、表单或控件能够获得焦点。具有焦点的对象通常会以突出显示标题或标题栏来表示。

当文本框获得焦点后，用户输入的数据才会出现在文本框中。注意，仅当控件的 Visible 和 Enable 属性被设置为真（.T.）时，控件才能获得焦点。当控件获得焦点时，会引发 GotFocus 事件。当控件失去焦点时，会引发 LostFocus 事件。可以用 SetFocus 方法在代码中使控件获得焦点，如例 8.6 中所示。

8.4.5 编辑框控件

编辑框（EditBox）与文本框一样，是用来输入和编辑数据的，但在编辑框中允许编辑长字段或备注字段文本，同时也允许自动换行并能用方向键、PageUp 键和 PageDown 键及滚动条来浏览文本。编辑框的很多属性都与文本框相同。

【例 8.7】 在"学生情况"表单中添加一个标签和一个编辑框，用于显示备注信息。

操作步骤：

① 在"表单设计器"窗口中显示"学生情况"表单。

② 在表单中添加标签控件，并设置其属性。

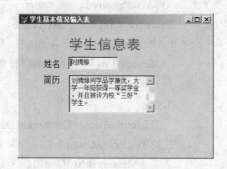

图 8.30 在表单中添加编辑框

    AutoSize：　.T.

    Caption ：　简历

③ 在表单中添加编辑框控件，并设置其属性。

    ControlSource：　学生.简历

    ForeColor：　0,0,255

④ 保存表单并运行，结果如图 8.30 所示。

8.4.6 选项按钮组控件

选项按钮组（OptionGroup）控件是一种包含若干个选项按钮的容器，常用于从多个选项中选取其一。当用户选择某个选项按钮时，该按钮即呈选中状态（选项按钮中显示一个圆点），同时选项组中的其他选项按钮则变为未选中状态。

选项按钮组的常用属性有：

（1）ButtonCount 属性　指定选项按钮组中按钮的数目，默认值为 2，即包含两个选项按钮。如要在一个选项组中包含 5 个选项按钮，可将 ButtonCount 属性值设置为 5。

（2）ControlSource 属性　指定与选项组建立关联的数据源，可以是字段变量或内存变量。若变量的类型为数值型，则该数值表示选项组中处于该数值位置的按钮被选中。例如，变量值为 2，表示选项组中第 2 个按钮被选中。若变量的类型为字符型，则选项组中的 Caption 属性值为该字符或字符串的按钮被选中。例如，变量值为"男"，表示选项组中 Caption 属性值为"男"的选项按钮被选中。

（3）Value 属性　指定选项按钮组中哪个按钮被选中。该属性值的类型可以是数值型，也可以是字符型，其含义与 ControlSource 属性中表示的含义相同。即 Value 值为数值型 N 时，表示选项组中第 N 个按钮被选中。Value 值为字符型 C 时，表示选项组中 Caption 属性值为 C 的按钮被选中。

（4）Buttons 属性　用于存取一个选项按钮组中所有按钮的整型数组。利用该属性可以为选项组中的按钮设置属性或调用其方法。例如，要用编程方式将选项组 OptGpDep 中的第 2 个选项按钮的 Caption 属性设置为"计算机"，可在包含该选项按钮组的表单的 Init 事件过程中输入以下代码。

    Thisform.OptGpDep.Button(2).Caption = "计算机"

【例 8.8】 在"学生情况"表单中添加一个标签和一个选项按钮组，显示性别信息。

操作步骤：

① 在"表单设计器"窗口中显示"学生情况"表单。

② 在表单中添加标签控件，并设置其属性。

AutoSize:　　.T.

Caption :　　性别

③ 在表单中添加选项按钮组控件。

● 设置选项组的属性。

ButtonCount:　　　2

ControlSource:　　学生.性别

● 右击选项组控件，从快捷菜单中选择"编辑"命令，在该对象周围出现蓝绿色的环绕框后，再选中里面的 Option1 对象（如图 8.31 所示），为其设置属性。

AutoSize:　　.T.

Caption:　　　男

ForeColor:　　0,0,255

● 选中 Option2 对象，设置其属性。

AutoSize:　　.T.

Caption:　　　女

ForeColor:　　0,0,255

● 调整两个选项按钮的位置，使其在选项按钮组中水平排列。

④ 保存表单并运行，结果如图 8.32 所示。

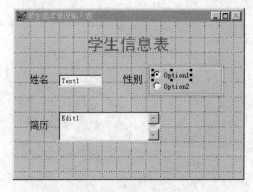

图 8.31　添加选项按钮组

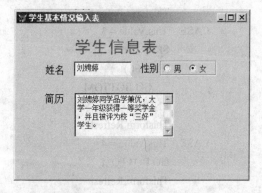

图 8.32　带选项按钮组的表单

8.4.7　命令按钮组控件

命令按钮组（CommandGroup）控件是包含一组命令按钮的容器，其作用与命令按钮相同，用户可以单个或整体操作其中的按钮。

命令按钮组的一些常用属性，如 Value, ButtonCount, Buttons 等，与选项按钮组相同。

命令按钮组中的每个按钮都有自己的属性、事件和方法。第 7 章中介绍过，在容器对象的嵌套层次中，事件的处理遵循独立性原则，即每个对象独立地接收并处理属于自己的事件。例如，按钮组中的某个按钮有自己的 Click 事件过程，则单击该按钮时，将优先执行为它单独设置的代码，而不会执行按钮组的 Click 事件过程。如没有为该按钮单独设置 Click 事件过程，单击此按钮时，则会执行按钮组的 Click 事件过程。

【例 8.9】 在"学生情况"表单中添加一个命令按钮组，用于操作数据记录。

操作步骤：

① 在"表单设计器"窗口中显示"学生情况"表单。

② 在表单中添加命令按钮组控件。

● 设置命令组的属性。

    ButtonCount：4

● 右击命令按钮组控件，从快捷菜单中选择"编辑"命令，依次选中命令组中的 Command1，Command2，Command3，Command4 按钮对象，分别设置 Caption 属性为

    第一条、上一条、下一条、最后一条

● 双击命令按钮组，打开"代码"窗口，输入命令按钮组对象 CommandGroup1 的 Click 事件代码。

```
DO CASE
CASE   This.Value = 1        && Value 属性指明单击了哪个按钮
       GO TOP
       Thisform.Refresh      && 调用表单的 Refresh 方法，更新字段的显示
CASE   This.Value = 2
       SKIP -1
       IF BOF( )
          GO TOP
       ENDIF
       Thisform.Refresh
CASE   This.Value = 3
       SKIP
       IF EOF( )
          GO BOTTOM
       ENDIF
       Thisform.Refresh
CASE   This.Value = 4
       GO BOTTOM
       Thisform.Refresh
ENDCASE
```

图 8.33　带命令按钮组的表单

说明：使用 SKIP，GO TOP，GO BOTTOM 命令移动记录指针时，不会改变表单上字段值的显示。因此，要调用表单的 Refresh 方法来更新字段的显示，以便移动记录指针后，表单上能及时显示当前记录的值。

③ 保存表单文件并运行，结果如图 8.33 所示。

命令按钮除了可以是一般的带标题文本的样式，还可以设置成带图案的按钮，且在运行时，将

鼠标移到图像按钮上还能出现提示文字。

【例 8.10】 将例 8.9 中的命令按钮设置为图像按钮。

操作步骤：

① 打开"表单设计器"窗口，选中表单，此时在"属性"窗口的"对象"框中出现"Form1"的表单对象名。修改表单属性。

      ShowTips: .T.

说明：ShowTips 属性用于指定位于该表单对象上的控件是否显示提示信息。

② 右击命令按钮组，从快捷菜单中选择"编辑"命令，然后单击选中 Command1 对象，也可以在"属性"窗口的"对象"列表框中选中名为"Command1"的按钮对象，删除原来的 Caption 属性，并将 Picture 属性设置为显示在按钮上的图像文件。

    Caption :   （无）
    Picture :   ..\VFP98\WIZARDS\WIZBMPS\WZTOP.BMP
    ToolTipText: 第一条记录

③ 选中 Command2 对象，修改其属性。

    Caption :   （无）
    Picture :   ..\VFP98\WIZARDS\WIZBMPS\WZBACK.BMP
    ToolTipText: 上一条记录

④ 选中 Command3 对象，修改其属性。

    Caption :   （无）
    Picture :   ..\VFP98\WIZARDS\WIZBMPS\WZNEXT.BMP
    ToolTipText: 下一条记录

⑤ 选中 Command4 对象，修改其属性。

    Caption :   （无）
    Picture :   ..\VFP98\WIZARDS\WIZBMPS\WZEND.BMP
    ToolTipText: 最后一条记录

⑥ 保存表单文件"图像按钮.SCX"并运行，结果如图 8.34 所示。

8.4.8 复选框控件

复选框（CheckBox）控件主要用于反映某些条件是否成立，包括真（.T.）和假（.F.）两个状态，可以单击复选框以改变其状态。当控件处于"真"状态时，复选框内显示一个"√"；处于"假"状态时，复选框内为空白。与选项按钮不同，复选框允许同时选择多项，所以可在表单中独立存在，而选项按钮只能存在于它的容器选项按钮组中。

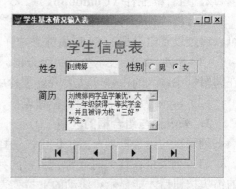

图 8.34 表单中的图像按钮

复选框控件是一种数据绑定型控件，在数据编辑或条件选择等方面有广泛的应用。

复选框的常用属性有：

（1）Caption 属性　用于指定显示在复选框旁边的文字。

（2）Value 属性　用于指定复选框的当前状态，有 3 种情况：0 或.F.表示未选中（默认值）；1 或.T.表示被选中；2 或.NULL.表示不确定（此属性值只在代码中有效）。

（3）ControlSource 属性　指定与复选框建立关联的数据源。数据源可以是字段变量或内存变量，变量类型可以是逻辑型或数值型。若为逻辑型数据，则值.F.，.T.和.NULL.分别对应复选框的未被选中、被选中和不确定三种状态。若为数值型数据，则值 0，1 和 2 分别对应复选框未被选中、被选中和不确定三种状态。用户对复选框的操作结果会自动存储到数据源变量及复选框的 Value 属性中。

【**例 8.11**】　在"学生情况"表单中添加一个复选框，用于显示学生的贷款信息。

操作步骤：

① 打开"学生情况"表单。

② 在表单中添加复选框控件，并设置其属性。

图 8.35　带复选框的表单

ControlSource：　学生.贷款否

AutoSize：　　　　.T.

Caption：　　　　贷款否

BackStyle：　　　　0-透明

FontName：　　　　宋体

FontSize：　　　　12

ForeColor：　　　　0,0,255

③ 保存表单文件并运行，结果如图 8.35 所示。

8.4.9　列表框与组合框控件

1．列表框控件（ListBox）

列表框控件主要用来显示多个选择项，用户可以从中选择一个或多个数据项。列表框控件可同时显示图形与文字项目，并具有移动数据项位置的功能。如果列表中数据项过多，则只显示其中的若干数据项，用户通过滚动条可以浏览其他项目。

2．组合框控件（ComboBox）

组合框控件兼有列表框与文本框的功能。它有两种表示形式：下拉列表框和下拉组合框，可以通过设置组合框的 Style 属性来选择。

（1）Style 为 0，表示为下拉组合框。用户既可以从列表中选择，也可以在编辑框中输入。在编辑框中输入的内容可以从 Text 属性中读取。

（2）Style 为 2，表示为下拉列表框。用户只能从列表中选择。

3．列表框与组合框的区别

列表框与组合框都有一个供用户选择项目的列表，两者的主要区别是：

（1）列表框在任何时候都显示它的列表，而组合框平时只显示一个数据项，用户单击它的箭头按钮后才能显示可滚动的下拉列表。所以，与列表框相比，组合框可以节省表单的显示空间。

（2）组合框没有多重选择的功能。

（3）下拉组合框允许输入数据项，而列表框与下拉列表框都仅有选择功能。

列表框和组合框的常用属性如表 8.6 所示。

表 8.6　列表框和组合框的常用属性及含义

属　性	含　义
ColumnCount	指定组合框或列表框控件中的列数
ColumnLines	显示或隐藏列之间的分隔线
ColumnWidths	指定一个组合框或列表框控件的列宽
ControlSource	指定与控件建立联系的数据源
FirstElement	指定组合框或列表框控件中显示的第一个项目
List	用以存取组合框或列表框控件中数据项的字符串数组
ListCount	指明组合框或列表框控件中所列数据项的数目
ListIndex	指定组合框或列表框控件中选定数据项的索引值
ListItem	通过数据项标识存取组合框或列表框控件中数据项的字符串数组
ListItemId	指定组合框或列表框控件中选定数据项的唯一标识值
MultiSelect	指定用户能否在列表框控件内进行多重选定，以及如何进行多重选定
RowSource	指定组合框或列表框控件中数据项的数据源
RowSourceType	指定控件中数据项的数据源的类型
Selected	指定组合框或列表框控件内的数据项是否处于选定状态
SelectedID	指定组合框或列表框控件内的数据项 ID 是否处于选定状态
Value	返回组合框或列表框中选定的数据项

RowSourceType 属性用于指定列表框或组合框数据项的数据源类型，有 10 种取值：

① 0——无　若选择此项，则在程序运行时，可通过 AddItem 方法添加列表框或组合框的数据项，通过 RemoveItem 方法移去列表框或组合框中的数据项。此项为默认值。

② 1——值　表示通过 RowSource 属性手工指定列表框或组合框的数据项，即选择此项后，应在 RowSource 属性中给出具体的数据项，如

　　　　RowSource="星期一，星期二，星期三，星期四，星期五"

③ 2——别名　表示将数据表中的字段作为列表框或组合框的数据项。ColumnCount 属性指定要取的字段数目，也就是列表框或组合框的列数。指定的字段总是表中最前面的若干字段。例如，ColumnCount 属性为 0 或 1 时，列表框或组合框将显示表中第一个字段的值。

④ 3——SQL 语句　表示将 SQL 语句的执行结果作为列表框数据项的数据源，由 RowSource 属性指定一条 SQL-SELECT 查询语句，如

　　　　RowSource ="SELECT * FROM 课程 INTO CURSOR MyKC"

⑤ 4——查询（.QPR）　表示将.QPR 文件的执行结果作为列表框数据项的数据源，由 RowSource 属性指定一个查询文件，如

　　　　RowSource ="英语成绩.QPR"

⑥ 5——数组　表示将数组中的内容作为列表框或组合框数据项的数据源。

⑦ 6——字段　表示将表中的一个或几个字段作为列表框或组合框数据项的数据源，由 RowSource 属性指定所需要的数据表字段。如

　　　　RowSource ="学生.学号,学生.姓名"

此项属性值与 RowSourceType 属性值为 2 时不同，这里可以指定所需字段，如指定"学生"表中的"学号"和"姓名"字段。如需在列表中包括多个表的字段，可将 RowSourceType 属性值设为 3（SQL 语句）。

⑧ 7——文件名　表示将某个目录下的文件名作为列表框或组合框数据项的数据源，运行时用户可以选择不同的驱动器和目录。可以利用文件名框架指定一部分文件，例如，要在列表框或组合框中显示当前目录下的 VFP 表文件清单，可将 RowSource 属性值设为*.dbf。

⑨ 8——结构　将表中的字段名作为列表框或组合框的数据，由 RowSource 属性指定表。若 RowSource 属性值为空，则列表框或组合框显示当前表字段名清单。

⑩ 9——弹出式菜单　将弹出式菜单作为列表框或组合框数据项的数据源。

列表框或组合框的设计可以调用相应的控件生成器来快速设置对象的有关属性，创建所需要的列表框或组合框。方法是：先在"表单控件"工具栏中单击"生成器锁定"按钮，再向表单添加列表框或组合框控件，系统自动打开相应的控件生成器对话框。也可以先在表单上放置一个列表框或组合框控件，然后右击该对象，从快捷菜单中选择"生成器"命令，打开"列表框生成器"或"组合框生成器"对话框，如图 8.36 所示。通过在对话框内设置有关选项参数，系统会根据指定选项参数设置对象的属性。

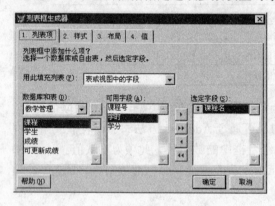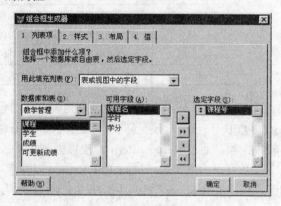

（a）"列表框生成器"对话框　　　　（b）"组合框生成器"对话框

图 8.36　生成器对话框

【例 8.12】　在"学生情况"表单中增加一个下拉列表框，用于选择学生的系别。

操作步骤：

① 在"表单设计器"窗口中显示"学生情况"表单。

② 向表单添加标签控件，并设置其属性。

AutoSize:　　　.T.

Caption：　　　系别

③ 向表单添加下拉列表框控件，并设置其属性。

ControlSource:　　　学生.系别

ForeColor:　　　0,0,255

Style：　　　2-下拉列表框

RowSourceType:　　　1-值

RowSource:　　　法律,管理,教育,新闻,历史,经济,外语,艺术,金融,中文

④ 保存表单文件并运行，结果如图 8.37 所示。

当表单运行时，用户可以按下 Tab 键选择表单中的控件，使焦点在控件中移动。控件的 Tab 次序决定了选择控件的次序。如用户希望按下 Tab 键时，焦点能按照表单上各控件的排列顺序移动，则可以在设计表单时调整控件的 Tab 次序。VFP 提供了两种方式来设置 Tab 键次序：交互方式和列表方式。

图 8.37　在表单中添加下拉列表框

（1）交互方式设置

① 选择"显示|Tab 键次序"命令或单击"表单设计器"工具栏上的"设置 Tab 键次序"按钮，进入 Tab 键次序设置状态。此时，控件上方出现深色小方块，里面显示该控件的 Tab 键次序编号，如图 8.38 所示。

② 双击某个控件的 Tab 键次序编号，该控件将成为 Tab 件次序中的第一个控件。

③ 按希望的次序依次单击其他控件的 Tab 键次序编号。

④ 单击表单空白处，确认设置并退出设置状态；若按 Esc 健，则放弃设置并退出设置状态。

（2）列表方式设置

① 选择"工具|选项"命令，打开"选项"对话框。选择"表单"选项卡，在"Tab 键次序"下拉列表框中选择"按列表"。

② 选择"显示|Tab 键次序"命令或单击"表单设计器"工具栏上的"设置 Tab 键次序"按钮，打开"Tab 键次序"对话框，如图 8.39 所示，列表框中按 Tab 键次序显示各控件。

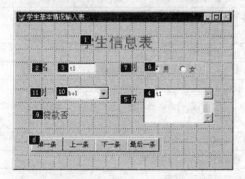

图 8.38　交互方式设置 Tab 键次序

图 8.39　列表方式设置 Tab 键次序

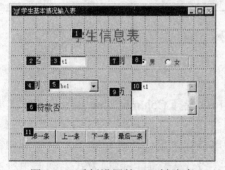

图 8.40　重新设置的 Tab 键次序

③ 通过拖动控件左侧的移动按钮来移动控件，改变控件的 Tab 键次序。

④ 单击"按行"按钮，将按各控件在表单上的位置从左到右、从上到下自动设置各控件的 Tab 键次序。单击"按列"按钮，将按各控件在表单上的位置从上到下、从左到右自动设置各控件的 Tab 键次序。

使用上述任意一种方法设置 Tab 键次序，结果如图 8.40 所示。

8.4.10 表格控件

表格（Grid）控件是一种容器对象，主要用来显示和操作多行数据。一个表格对象由若干列对象（Column）组成，每个列对象包含一个标头对象（Header）和若干其他控件。标头在列的顶部显示一个标题，并能响应一些事件。每个列除了包含标头和其他控件外，还拥有自己的一组属性、事件和方法程序，可以配备适当的数据源，从而为表格提供极其灵活、广泛的使用功能。

表格对象能在表单或页面中显示并操作行和列中的数据，使用表格控件的一个非常有用的应用是创建一对多表单，如发票表单等。

表 8.7 列出了表格的一些常用属性。

表 8.7　表格常用属性

对象	属性	说明
Grid（表格）	AllowAddNew	允许表格新增记录
	ColumnCount	指定表格对象的列数
	Name	指定表格对象的名称
	RecordSource	指定与表格对象建立联系的数据源
	RecordSourceType	指定数据源的类型
	SplitBar	指定在表格控件中是否显示拆分条
	LinkMaster	指定与表格控件中所显示子表相链接的父表名称
	RelationalExpr	指定基于父表字段而又与子表中的索引相关的关联表达式
	ChildOrder	指定建立一对多的关联关系时子表所要用到的索引标识
Column（列）	ControlSource	指定在列中显示的数据源
	Alignment	指定数据在对象中的显示对齐方式
	Name	指定列对象的名称
	CurrentControl	指定列对象中用来显示和接收活动单元格数据的控件
	Sparse	指定 ControlSource 属性是影响列中的所有单元格，还是只影响活动单元格。默认为.T.，只影响活动单元格，列中其他单元格的数据用默认的文本框显示
Header（标头）	Caption	指定标头的标题文字
	Name	指定标头对象的名称
Text（文本）	BackColor	指定文本框对象的背景颜色
	BorderStyle	指定文本框对象的边框
	ForeColor	指定文本框对象的前景颜色

若要将表格控件添加到表单，可在"表单控件"工具栏中选择"表格"按钮，并可在表单窗口中调整大小。

表格控件设计的常用操作有：

（1）设定表格控件的列数　设计时在"属性"窗口中选择 ColumnCount 属性，输入需要的列数值。

在表格中加入列后应调整列的宽度和行的高度。可以在"属性"窗口中手工设置列和行对象的高度（Height）和宽度（Width）属性，也可以在设计表格时以可视方式手动调整行高和列宽，操作方法是：

① 调整表格中列的宽度　在表格设计方式下，将鼠标指针置于表格列的标头之间，这时指针变为带有左右两个方向箭头的竖条，按住鼠标左键，将列拖动到需要的宽度；或者在"属性"窗口中设置列的 Width 属性。

② 调整表格中行的高度　在表格设计方式下，将鼠标指针置于"表格"控件左侧的第 1 个按钮和第 2 个按钮之间，这时指针将变成带有向上和向下箭头的横条。按住鼠标左键，将行拖动到需要的宽度；或者在"属性"窗口中设置列的 Height 属性。

（2）为整个表格设置数据源

① 选择表格，然后单击"属性"窗口的 RecordSourceType 属性，设置表格数据源的类型。如让 VFP 打开表，则将 RecordSourceType 属性设置为"0——表"；如在表格中放入打开表的字段，则将 RecordSourceType 属性设置为"1——别名"。

② 单击"属性"窗口中的 RecordSource 属性，指定与表格对象建立联系的数据源。如没有指定表格的 RecordSource 属性，同时在当前工作区中有一个打开的表，那么表格将自动显示该表的所有字段。

（3）为每个列设置数据源　如要在特定的列中显示一个特定字段，可为列单独设置数据源，方法是：选择列，然后单击"属性"窗口的 ControlSource 属性，输入作为列的数据源的别名、表名或字段名。例如，可以输入"课程表.课程号"。

（4）向表格添加记录　若将表格的 AllowAddNew 属性设置为.T.，则允许用户向显示的表格中添加新的记录。当用户选中表中的最后一条记录并按向下箭头时，即向表中添加新记录。

（5）创建一对多表单　如表单的数据环境包含两表之间的一对多关系，那么要在表单中显示这种一对多关系非常容易。表格控件一个最常见的用途是当文本框显示父记录数据时，表格则显示子表的记录。当用户在父表中浏览记录时，表格将显示子表中的相应记录。

① 设置具有数据环境的一对多表单　将需要的字段从"数据环境"中的父表拖拽到表单中，或从"数据环境"中将相关的表拖拽到表单中。

② 创建没有数据环境的一对多表单　将文本框添加到表单中，显示主表中需要的字段，并设置文本框的 ControlSource 属性为"主表"。然后设置子表的表格属性。

• 将表格的 RecordSource 属性设置为相关表（子表）的名称。

• 设置表格的 LinkMaster 属性为主表的名称。

• 设置表格的 ChildOrder 属性为相关表中索引标识的名称，索引标识和主表中的关系表达式相对应。

• 将表格的 RelationalExpr 属性设置为联接相关表和主表的表达式。例如，如 ChildoOrder 标识是以"姓名＋DTOC（出生日期）"建立的索引，则应将 RelationalExpr 也设置为相同的表达式。

（6）在表格中嵌入控件　除了在表格中显示字段数据，还可以在表格的列中嵌入其他控件对象，如文本框、复选框、下拉列表框、微调按钮等。

默认情况下，表格中的一个列对象包含一个标头对象（默认名称为 Header1）和一个文本框对象（默认名称为 Text1）。标头用于显示该列的标题，文本框用于显示或接收数据。用户可以向列对象中添加其他类型的控件，并通过修改列对象的 CurrentControl 属性值，使该列可以用添加的新控件显示或接收数据。例如，在某列中添加一个复选框来显示或接收逻辑型字段的数据。

可以在"表单设计器"中交互式地向表格列中添加控件，方法是：

① 右击表格控件，从快捷菜单中选择"编辑"选项，选中表格中要添加控件的列对象。也可以从"属性"窗口的对象框中选择表格中需要添加控件的列对象。

② 从"表单控件"工具栏中选择所需控件，然后单击表格中需要添加该控件的列。新添加的控件可以在"属性"窗口的对象列表框中看到。

③ 将列的 CurrentControl 属性值指定为所添加的控件类型，并根据需要修改列的 Sparse 属性值，以确定添加的控件是影响列中的所有单元格，还是只影响活动单元格。

例如，向表格列中添加一个复选框控件，通常将复选框的 Caption 属性设置为空串。然后将该列的 CurrentControl 属性设置为复选框对象（默认名称为 Check1），若同时将列的 Sparse 属性设置为.F.，则该列中所有的单元格都使用 CurrentControl 属性指定的控件显示数据，活动单元格可接收数据。

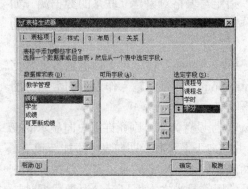

图 8.41 "表格生成器"对话框

通过在事件代码中编写程序，可以在运行时向表格列中添加控件。

也可以调用"表格生成器"来快速设置表格的有关属性，创建所需要的表格。方法是：先在"表单控件"工具栏中单击"生成器锁定"按钮，再向表单添加表格控件，系统自动打开"表格生成器"对话框。也可以先在表单上放置一个表格对象，然后右击该表格，从快捷菜单中选择"生成器"命令，打开"表格生成器"对话框，如图 8.41 所示。通过在对话框内设置有关选项参数，系统会根据指定选项参数设置表格的属性。

【例 8.13】 建立如图 8.42 所示的成绩浏览表单，在"姓名"文本框中输入学生姓名，单击"查询"按钮后，若"学生"表中有该学生的记录，则在表格中显示该同学各门课程的成绩；若没有输入姓名或输入的姓名不在学生表的记录中，则给出相应的提示信息。单击"退出"按钮，可关闭表单。

操作步骤：

① 新建一个表单，进入"表单设计器"窗口。

② 设置表单属性。

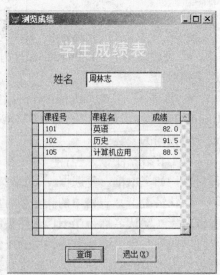

AlwaysOnTop:	.T.
AutoCenter:	.T.
Caption:	浏览成绩
Width:	310
Height:	380

双击表单，打开"代码"窗口。

- 设置表单的 Init 事件代码。

```
OPEN DATABASE E:\VFP6\DATA\教学管理
USE E:\VFP6\DATA\学生 IN  0
USE E:\VFP6\DATA\课程 IN  0
USE E:\VFP6\DATA\成绩 IN  0
```

图 8.42 带表格的表单

● 设置表单的 UnLoad 事件代码。

    CLOSE DATABASE

③ 向表单添加一个标签控件，其属性如下。

    AutoSize：   .T.
    Caption ：   学生成绩表
    BackStyle：   0-透明
    FontName：   黑体
    FontSize：   20
    ForeColor：   255,255,128

④ 向表单再添加一个标签控件，其属性如下。

    AutoSize：   .T.
    Caption ：   姓名

⑤ 向表单添加一个文本框控件，其属性如下。

    Name ：   txtXM

⑥ 向表单添加一个表格控件，其属性如下。

    ColumnCount：   3
    RecordSourceType：   4-SQL 说明
    ScrollBars ：   2-垂直

表格中各列的属性如图 8.42 所示。

    Caption：   课程号、课程名、成绩
    Alignment： 2-居中

⑦ 向表单添加一个命令按钮控件，其属性如下。

    Caption：查询
    Default：.T.

双击该按钮控件，打开代码编辑窗口，编写按钮的 Click 事件代码：

    LOCAL cName
    cName = Alltrim(Thisform.txtXM.Value)
    SELECT 学生
    IF !Empty(cName)   && 判断输入是否为空
        LOCATE FOR 姓名= cName
        IF FOUND( )   && 判断学生表中是否有这个学生记录
            Thisform.Grid1.RecordSource = "SELECT KC.课程号,KC.课程名,CJ.成绩;
                FROM 学生 XS,课程 KC,成绩 CJ ;
                    WHERE XS.学号=CJ.学号 and KC.课程号=CJ.课程号 and XS.姓名=cName;
                        ORDER BY CJ.课程号 INTO CURSOR cjb"
        ELSE
            MessageBox("学生记录中没有"+cName+"同学",16,"提示信息")
            Thisform.txtXM.Value = ""

                    Thisform.txtXM.Setfocus

            ENDIF

        ELSE

                    MessageBox("没有输入学生姓名，无法查询",16,"提示信息")

                    Thisform.txtXM.Setfocus

        ENDIF

⑧ 向表单添加另一个命令按钮控件，其属性如下。

    Cancel: .T.

    Caption: 退出(\<X)

说明：括号中的 X 称为该对象的访问键。在表单运行时，按下 Alt+X 键就相当于单击了该按钮。为对象设置访问键的方法是：在该字符前插入一个反斜杠(\) 和一个小于号（<）。

        双击该按钮控件，打开代码窗口，输入 Click 事件代码：

    Thisform.Release

⑨ 保存表单文件"成绩查询.SCX"并运行，结果如图 8.42 所示。当在"姓名"文本框中输入"周林志"，并单击"查询"按钮或按回车键后，表格中即显示出周林志同学各门课程的成绩。

【例 8.14】   建立一个成绩查询表单，从组合列表框中选择或输入课程名后，即可显示所有学这门课的学生的成绩，并统计出这门课的平均分，运行界面如图 8.43 所示。单击"退出"按钮，关闭表单。

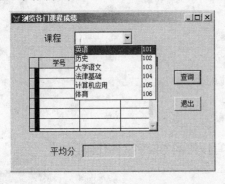 

图 8.43   例 8.14 表单运行界面

操作步骤如下：

① 新建一个表单，进入"表单设计器"窗口。

② 设置表单属性。

    AlwaysOnTop: .T.

    AutoCenter: .T.

    Caption: 浏览各门课程成绩

在"表单设计器"中手动调整表单的大小。双击表单，打开代码窗口。

● 设置表单的 Init 事件代码。

    SET TALK OFF

    OPEN DATABASE E:\VFP6\DATA\教学管理

```
USE E:\VFP6\DATA\学生  IN   0
USE E:\VFP6\DATA\课程  IN   0
USE E:\VFP6\DATA\成绩  IN   0
```

● 设置表单的 UnLoad 事件代码。

```
CLOSE DATABASE
```

③ 向表单添加一个组合框控件，其属性如下。

Style:	0-下拉组合框
ColumnCount:	2
RowSourceType:	6-字段
RowSource:	课程.课程名,课程号
Boundcolumn:	2

④ 向表单添加一个表格控件，其属性如下。

ColumnCount:	3
RecordSourceType:	4-SQL 说明
ScrollBars :	2-垂直

表格中各列的属性如图 8.43 所示。

Caption:	学号、姓名、成绩
Alignment:	2-居中

⑤ 向表单添加一个标签控件，其属性如下。

AutoSize:	.T.
Caption :	平均分

⑥ 向表单添加一个文本框控件，其属性如下。

ReadOnly :	.T.

⑦ 向表单添加一个命令按钮控件，其属性如下。

Caption :	查询
Default:	.T.

双击该按钮控件，打开代码编辑窗口，编写按钮的 Click 事件代码。

```
LOCAL cKCH,nTol
cKCH = Alltrim(Thisform.Combo1.Value)
SELECT   课程
IF !Empty(cKCH)
     Thisform.Grid1.RecordSource = "SELECT XS.学号,XS.姓名,CJ.成绩;
      FROM  学生  XS,课程  KC,成绩  CJ ;
         WHERE   XS.学号=CJ.学号  and   KC.课程号=CJ.课程号   and   KC.课程号=cKCH;
           ORDER BY CJ.学号   INTO CURSOR CJB"
ELSE
     MessageBox("没有"+Alltrim(Thisform.Combo1.Text)+ "这门课",16, "提示信息")
        Thisform.Combo1.Value = " "
```

　　　　　Thisform.Combo1.SetFocus
　　　ENDIF
　　　SELE 成绩
　　　AVERAGE　成绩　FOR　课程号=cKCH　TO　nTol
　　　Thisform.Text1.Value = nTol

⑧ 表单中的其他控件设置参照例 8.13。

⑨ 保存表单文件"成绩查询 2.SCX",并运行,结果如图 8.43 所示。

当在下拉组合框中选择"英语"并单击"查询"按钮或按回车键后,表格中即显示出所有同学的英语课程成绩,并统计出英语课的平均分。由于该项信息不允许修改,所以将文本框的 ReadOnly(只读)属性设置为.T.。

8.4.11　页框控件

页框(PageFrame)控件是包含页面(Page)的容器对象,且页面本身也是一种容器,可以包含其他控件。由页框、页面和相应的控件可以组成 Windows 应用程序中常见的选项卡。

页框定义了页面的总体特性,如大小、位置、边框类型等,页面只能随页框一起在表单中移动。

常用的页框属性有:

(1)PageCount 属性　指定一个页框对象所包含的页面对象的数目,取值范围为 0~99。

(2)Pages 属性　用于存取页框中某个页面对象的数组。

(3)ActivePage 属性　返回页框中活动页的页号,或使页框中的指定页成为活动页。

【例 8.15】　设计如图 8.44 所示带有页框的表单。页框中包含两个页面,一个名为"基本情况",另一个名为"成绩"。单击"基本情况"页,可显示学生表中各个学生的基本信息。单击"成绩"页,可显示"基本情况"页中当前选定学生的各门课程的成绩信息。单击"退出"按钮,关闭表单。

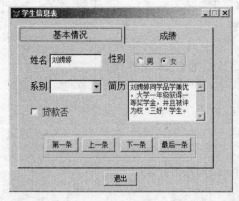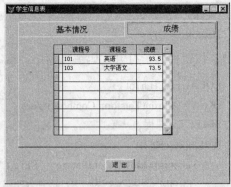

图 8.44　带页框的表单

操作步骤:

① 新建一个表单,进入"表单设计器"窗口。

② 设置表单属性。

AlwaysOnTop： .T.

AutoCenter： .T.

Caption： 学生信息表

MaxButton： .F.

③ 右击表单对象，从快捷菜单中选择"数据环境"项，打开数据环境设计器，分别添加"教学管理"数据库中的"学生"表、"课程"表和"成绩"表。

④ 向表单添加一个页框控件，其属性如下。

PageCount： 2

⑤ 设置页面属性并向页面添加控件。

● 右击页框，从快捷菜单中选择"编辑"命令，进入编辑状态，单击第一个页面对象Page1，设置其属性。

Caption： 基本情况

FontName：宋体

FontSize： 12

按前面各例的做法和要求，将各控件添加到该页面上并设置好相应的属性和事件过程。

注意：在向页面添加控件时，该页面必须处于编辑和选中状态，即页框周围显示有蓝绿色的线框，且选中的页面呈凸起状，否则，控件将会被添加到表单而不是页框的当前页面中。

● 选中第二个页面对象 **Page2**，设置其属性如下。

Caption： 成绩

FontName： 宋体

FontSize： 12

● 向该页面中添加一个表格控件，并设置好相应的属性。

双击 Page2 页面，打开"代码"窗口，为 Page2 对象的 Activate 事件编写代码。

```
LOCAL cName
cName =Thisform.Pageframe1.Page1.Text1.Value
Thisform.Pageframe1.Page2.Grid1.RecordSource = ;
    "SELECT KC.课程号,KC.课程名,CJ.成绩    FROM  学生  XS,课程  KC,成绩  CJ ;
    WHERE   XS.学号=CJ.学号  and KC.课程号=CJ.课程号  and XS.姓名=cName;
        ORDER BY CJ.课程号    INTO CURSOR    CJB"
```

⑥ 向表单添加一个命令按钮控件，其属性如下。

Caption： 退出

Cancel： .T.

双击按钮控件，打开"代码"窗口，为按钮的 Click 事件编写代码。

```
Thisform.Release
```

⑦ 保存表单文件"页框表单.SCX"并运行，结果如图 8.44 所示。

习 题 8

8.1 思考题

1. 简述利用表单设计器设计表单的一般步骤。

2. 如何保存、修改和运行表单？

3. 如何设置表单的属性？

4. 如何设计表单的数据环境？

5. 如何将控件对象添加到表单？

6. 简述编辑框与文本框的异同。

7. 简述复选框与单选按钮的异同。

8. 简述组合框与列表框的异同。

9. 在列表框控件中，数据源有几种类型？通过什么属性进行设置？

10. 命令按钮组中的命令按钮与单独的命令按钮在设置和使用上有何区别？

8.2 选择题

1. 在命令窗口执行"CREATE FORM"命令，能够（   ）。

　（A）打开表单向导　　　　　　　　　　　（B）打开表单设计器

　（C）快速创建一个表单　　　　　　　　　（D）保存表单

2. 在文本框中指定输入和显示数据方式的属性是（   ）。

　（A）DisplayFormat　　（B）Alignment　　　（C）DataFormat　　　（D）InputMask

3. 表单文件的扩展名为（   ）。

　（A）FOM　　　　　　（B）SCX　　　　　　（C）VCX　　　　　　（D）FRM

4. 用于指定列表框或组合框数据项的数据源类型的属性是（   ）。

　（A）RowSourceType　　　　　　　　　　（B）ControlSource

　（C）RowSource　　　　　　　　　　　　（D）ControlSourceType

5. 以下关于数据环境和数据环境中两个表之间关系的叙述中，正确的是（   ）。

　（A）数据环境不是对象，关系是对象

　（B）数据环境是对象，关系不是对象

　（C）数据环境和关系都不是对象

　（D）数据环境是对象，关系是数据环境中的对象

8.3 填空题

1. 在____中可以编写或查看表单及表单控件等任何一个对象的事件和方法程序代码。

2. 利用____可以接收、查看和编辑数据，方便、直观地完成数据管理工作。

3. 要编辑容器中的对象，必须首先激活容器，方法是：右击容器，从快捷菜单中选择_____命令。

4. 在设计代码时，应该用控件对象的_____属性值而不能用 Caption 属性值来引用该对象。

5. 如要在表单上添加多个同类型的控件，可以先在表单控件工具栏中单击_____按钮，然后选定某个控件，并在表单的不同位置单击。

6. 利用_____工具栏中的按钮可以对选定的控件进行居中、对齐等多种操作。

7. 表单窗口只能在_____中移动或改变大小。

8. 表格控件是一种_____对象，主要用来显示和操作多行数据。

9. 组合框控件兼有列表框与文本框的功能。它有两种形式：下拉列表框和下拉组合框，可以通过设置组合框的_____属性来选择。

10. 文本框的 ControlSource 属性用来指定与对象建立联系的_____，可以是字段变量或内存变量。

8.4 上机练习题

1. 使用表单向导，以"E:\VFP 练习\数据\工资.DBF"为数据源，创建图 8.45 所示的职工工资表单，保存在"E:\VFP 练习\表单"文件夹中，输入文件名"工资表.SCX"。

2. 利用表单设计器，以"E:\VFP 练习\数据\职工.DBF"为数据源，设计如图 8.46 所示的职工登记表单，保存在"E:\VFP 练习\表单"文件夹中，输入文件名"职工表.SCX"。要求如下：

（1）根据图 8.46，在表单中添加需要的控件并设置相应的属性。

（2）添加一个命令按钮组控件，包括 4 个命令按钮，用于操作数据记录。

（3）单击"退出"按钮，关闭表单。

（4）调整各控件的 Tab 键次序，按各控件的排列顺序出现。

图 8.45　职工工资表单

3. 利用表单设计器，以"职工"表和"工资"表为数据源，设计图 8.47 所示的工资查询表单，保存在"E:\VFP 练习\表单"文件夹中，输入文件名"工资查询.SCX"。要求如下：在"部门"文本框中输入部门名称，单击"查询"按钮或按回车键后，即可在表格中显示该部门职工的工资信息；如输入的部门有错误，则给出相应的提示信息。单击"退出"按钮或按 Esc 键，关闭表单。

图 8.46　职工登记表单

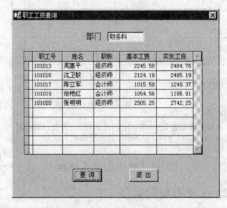

图 8.47　职工工资查询表单

第 9 章　报表的设计与应用

报表（Report）是数据库管理系统中各种统计信息最常用的输出形式，它可以直接和数据库相关联，利用预先定义好的格式、布局和数据源，生成用户需要的各种样式后打印输出。在 VFP 中，打印报表不像其他软件一样将文件内容直接打印出去，而是先建立一个报表布局文件，在打印时将数据源，如表、查询或视图中的数据自动填充到打印结果中。因此，报表设计是数据库管理的一项很重要的技术。

9.1　报表的创建

报表主要由数据源和布局两部分组成。数据源通常是数据库中的表，也可以是视图、查询或自由表。报表布局定义了报表打印的格式。设计报表就是根据报表的数据源和应用需要来设计报表的布局。

9.1.1　概述

1. 报表的基本结构

报表是数据库管理系统中输出数据的一种特殊方式。报表的结构分为表头、表体和表尾三部分。表体由若干行和列组成，一般每一行是一条记录的内容。每一张表有一个总标题和小标题，如图 9.1 所示。

（1）表头　指报表上方的有关内容描述，通常包括表名或标题、报表编制单位、日期和横栏项目等。

（2）表体　是报表的主要部分，其内容通常就是数据表、查询或视图中的数据。

（3）表尾　指报表底部的说明内容，通常包括编制人、审核人、备注等信息。

VFP 提供了一种可视化的报表设计工具，用户可以通过直观的操作来设计和修改报表格式。在输出报表时，系统将使用报表文件中的格式设置，自动填写记录。

图 9.1　报表的基本结构

2. 报表布局的类型

创建报表前，首先应该根据需要对报表进行合理的结构安排，即确定所需报表的总体布局。报表的总体布局大致可分为列报表、行报表、一对多报表、多栏报表和标签 5 大类，如图 9.2 所示。

| 列报表 | 行报表 | 一对多报表 | 多栏报表 | 标签 |

图 9.2　报表布局格式

（1）列布局　其主要特征是报表每行一条记录，记录的字段在页面上按水平方向放置，是一种常用的报表布局类型。各种分组、汇总报表，财政报表，各类清单等都可以使用这种布局格式，如学生成绩表、人事档案表、统计报表等。

（2）行布局　报表只有一栏记录，一条记录占用报表多行位置，字段沿报表边沿向下排列。每行记录的字段在一侧竖放。这类报表布局适用于各类清单、列表，如学生登记卡、邮政标签、货物清单、产品目录、发票等报表。

（3）一对多布局　报表基于一条记录及一对多关系生成。打印时在父表中取得一条记录后，必须将子表中与其相关的多条记录取出打印。这类报表布局多用于基于表间一对多关系的货运清单、会计报表、票据等。

（4）多栏布局　报表拥有多栏记录，可以是多栏行报表，也可以是多栏列报表，如电话本、名片等。

（5）标签布局　这类布局一般拥有多栏记录，记录的字段沿左侧竖直放置对齐，向下排列，一般打印在特殊纸上，多用于邮件标签、名字标签等的布局。

3．创建报表的方法

VFP 提供了三种创建报表的方法：

（1）使用报表向导创建报表　VFP 中文版提供了 4 种类型的报表向导：报表向导、一对多报表向导、标签向导和邮件向导，可根据报表的复杂性和总体布局选择合适的向导。

（2）使用快速报表创建报表　这种方法必须在启动报表设计器后使用，以快速创建简单规范的报表。

（3）使用报表设计器创建报表　在通常情况下，直接使用向导或快速报表生成的简单报表并不能满足要求，因此需要使用设计器来进一步修改和完善。在报表设计器中可以设置报表数据源、更改报表的布局、添加报表的控件及设置数据分组等。

9.1.2　使用报表向导创建报表

1．启动报表向导

（1）在项目管理器中打开"文档"选项卡，选择"报表"项，然后单击"新建"按钮，在出现的"新建报表"对话框中单击"报表向导"按钮。

（2）选择"文件|新建"命令，在"新建"对话框中选择"报表"文件类型，然后单击"向导"按钮，或者选择"工具|向导|报表"命令。

用上述方法都可以打开如图 9.3 所示的"向导选取"对话框，从中选择报表向导。

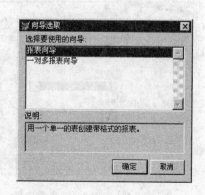

图 9.3　"向导选取"对话框

2. 单一报表

单一报表是用一个单一的表创建的报表，从"向导选取"对话框中选择"报表向导"项，可启动单一报表向导。

【**例 9.1**】 利用报表向导创建一个反映学生基本情况的报表。

操作步骤：

① 在项目管理器中选择"报表"项，单击"新建"按钮后，进入"报表向导"窗口。

② 在"步骤 1 - 字段选取"窗口（如图 9.4 所示）中，从"数据库和表"列表框中选择"教学管理"数据库中的"学生"表，并选定在报表中使用的字段：学号、姓名、性别、出生日期、系别、贷款否。单击"下一步"按钮。

③ 在"步骤 2 - 分组记录"窗口（如图 9.5 所示）中，选择对数据进行分组的字段。注意，只有按照分组字段建立索引之后才能正确分组，最多可建立三层分组。本例按"系别"分组。单击"下一步"按钮。

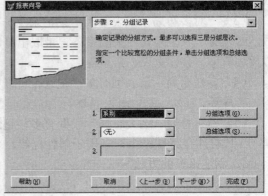

图 9.4　步骤 1 - 字段选取　　　　　　　图 9.5　步骤 2 - 分组记录

④ 在"步骤 3 - 选择报表样式"窗口（如图 9.6 所示）中，VFP 提供了 5 种输出样式，本例选择"经营式"。单击"下一步"按钮。

⑤ 在"步骤 4 - 定义报表布局"窗口（如图 9.7 所示）中，选择纵向、单列的报表布局。单击"下一步"按钮。

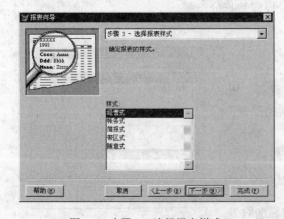
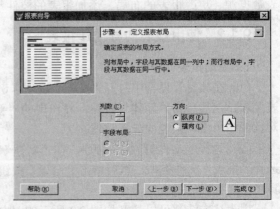

图 9.6　步骤 3 - 选择报表样式　　　　　图 9.7　步骤 4 - 定义报表布局

⑥ 在"步骤5-排序记录"窗口（如图9.8所示）中，记录排序是数据信息编排顺序的重点，用以确定记录在报表中出现的顺序。注意，排序字段必须已经建立索引。本例选用"学号"，并按"升序"方式排列。单击"下一步"按钮。

⑦ 在"步骤6-完成"窗口（如图9.9所示）中，单击"预览"按钮可查看报表的效果。如效果满意，就保存报表。预览结果如图9.10所示。

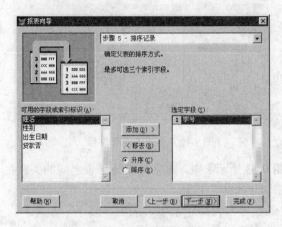

图9.8　步骤5-排序记录

图9.9　步骤6-完成

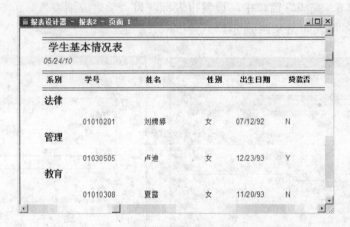

图9.10　预览报表

3. 一对多报表

一对多报表向导用于生成分组报表，其中用于分组的记录来自父表文件，而组中包含的记录来自子表文件。从"向导选取"对话框中选择"一对多报表向导"即可启动该向导。

【例9.2】　以"课程"为父表，"成绩"为子表，建立一个一对多报表。

操作步骤：

① 在项目管理器中选择"报表"项，单击"新建"按钮后，进入"一对多报表向导"窗口。

② 在"步骤1-从父表选择字段"窗口（如图9.11所示）中，选择"教学管理"数据库中的"课程"表作为父表，选定字段：课程号、课程名、学分。单击"下一步"按钮。

③ 在"步骤2-从子表选择字段"窗口（如图9.12所示）中，从子表"成绩"中选取字段：学号、成绩。单击"下一步"按钮。

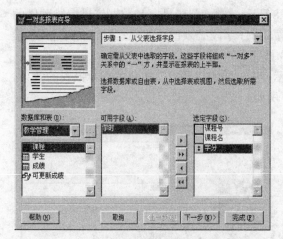
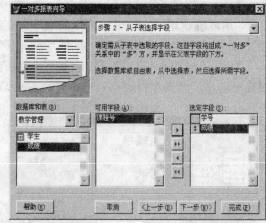

图 9.11　从父表选择字段　　　　　　　　　　图 9.12　从子表选择字段

④ 在"步骤 3 - 为表建立关系"窗口（如图 9.13 所示）中，建立父表与子表之间的关联，本例选定为"课程.课程号=成绩.课程号"。单击"下一步"按钮。

⑤ 在"步骤 4 - 排序记录"窗口，选择"课程号"为排序索引，采用"降序"方式。

⑥ 在"步骤 5 - 选择报表样式"窗口中，选择"帐务式"报表。

⑦ 在"步骤 6 - 完成"窗口中，设置报表标题为"学生成绩表"。

创建的一对多报表如图 9.14 所示。

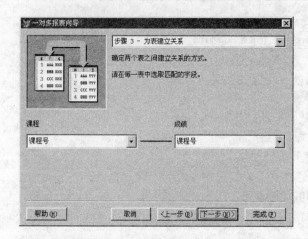
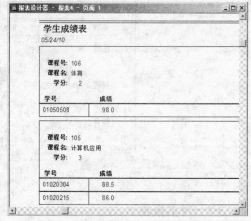

图 9.13　为表建立关系　　　　　　　　　　　图 9.14　一对多报表

通常情况下，直接使用向导所获得的结果并不能满足要求，需要使用报表设计器来进一步修改。

9.1.3　使用设计器创建报表

1. 用报表设计器建立报表

VFP 提供的报表设计器是一个交互工具，允许用户可视化地创建报表。打开报表设计器窗口有以下几种方法。

（1）项目管理器方式　在项目管理器中选择"文档"选项卡，选中"报表"项。然后单击"新建"按钮，在"新建报表"对话框中单击"新建报表"按钮。

（2）菜单方式　选择"文件|新建"命令，或者单击常用工具栏中的"新建"按钮，在"新建"对话框中选择"报表"文件类型，然后单击"新建文件"按钮。

（3）命令方式

格式：**CREATE REPORT** [<报表文件名>]

功能：启动报表设计器，设计报表。

用上述方法都可以打开报表设计器窗口，直接调用报表设计器所创建的报表是一个空白报表，如图 9.15 所示。

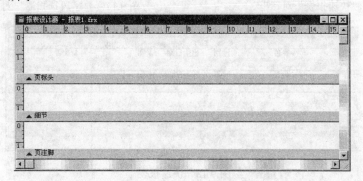

图 9.15　报表设计器窗口

报表设计器窗口是一个设计区域，默认划分为 3 个区：页标头、细节、页注脚。在"页标头"上可以书写报表表头信息。在"细节"上面可以填写要输出的字段，这部分是以行方式在页面伸展的。在"页注脚"上面书写本页内的信息。有关"报表设计器"的具体使用方法将在 9.2 节详细介绍。

2．创建快速报表

在报表设计器环境下，可以使用 VFP 提供的"快速报表"功能创建一个基本的报表，然后在此基础上进一步修改和完善。

【例 9.3】　利用快速报表功能创建一个反映学生基本情况的报表。

操作步骤：

① 在项目管理器中选择"报表"项，单击"新建"按钮，打开"报表设计器"窗口。

② 选择"报表|快速报表"命令，出现"打开"对话框，选择报表的数据源为"学生.DBF"。

③ 在"快速报表"对话框中选择字段布局、标题和字段，如图 9.16 所示。

单击字段布局中的左侧按钮产生列报表（即字段在报表中横向排列），单击右侧按钮产生行报表（即字段在报表中纵向排列）。选择"标题"复选框，可以在报表中为每一个字段添加一个字段名标题。选择"添加别名"复选框，可以在字段前面添加表的别名。如数据源只有一个表，可以不选此项。选择"将表添加到数据环境中"复选框，可以把打开的表文件添加到报表的数据环境中作为报表的数据源。

④ 单击"字段"按钮，打开"字段选择器"对话框，为报表选择可用的字段，如图 9.17 所示。选择除简历和照片外的所有字段。单击"确定"按钮，关闭"字段选择器"，返回"快速报表"对话框。

⑤ 在"快速报表"对话框中单击"确定"按钮，创建的快速报表便出现在"报表设计器"窗口中，如图 9.18 所示。

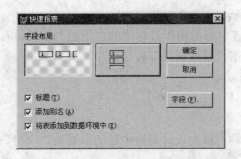

图 9.16 "快速报表"对话框

图 9.17 "字段选择器"对话框

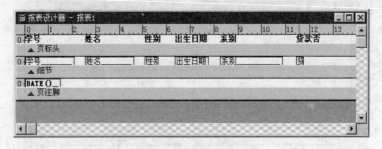

图 9.18 快速报表

⑥ 选择"显示|预览"命令预览快速报表,结果如图 9.19 所示。

图 9.19 预览快速报表

9.1.4 报表的保存与浏览

1. 保存报表

每个报表都有一定的格式,保存在扩展名为.FRX 的报表文件中,同时系统生成一个扩展名为.FRT 的相关文件。报表文件存储了将要打印输出的字段、相关文本及其在纸张页面上的输出位置和格式等信息。

无论用何种方法建立的报表文件,都可以保存在磁盘上以备将来使用。新建的报表文件具有系统默认的文件名"报表 1.FRX"、"报表 2.FRX"、……,用户可以根据需要重新命名并保存在指定的磁盘位置。方法是:从"文件"菜单中选择"保存"或"另存为"命令,然后在"另存为"对话框中选择文件存放位置并输入新的文件名,最后单击"保存"按钮。

2. 预览报表

创建好的报表文件,在正式输出到打印机打印之前,通常都要先预览,检查实际打印的效果。预览报表有以下两种方法：

（1）在项目管理器中展开"报表"项，选择要预览的报表后，单击"预览"按钮。

（2）在报表设计器环境下选择"显示|预览"命令，或右击报表设计器窗口，从快捷菜单中选择"预览"命令，也可以直接单击常用工具栏中的"打印预览"按钮。

9.2 报表的设计

本节主要介绍如何利用报表设计器设计报表。启动报表设计器后，系统主菜单上出现"报表"菜单项，同时在屏幕上显示"报表设计器"工具栏和"报表控件"工具栏，它们共同构成了一个可视化的报表设计环境。

9.2.1 设计报表的一般步骤

VFP 提供了非常方便的报表设计器，用于报表的设计、生成和修改。报表设计器的作用是利用报表设计器窗口设计一个报表的格式，然后通过报表运行机制将设计好的报表格式生成一个具体的报表。

报表的设计过程包括两个基本要点：选择数据源和设计布局。数据源通常是数据库中的表，也可以是视图、查询或临时表。视图和查询将筛选、排序、分组数据库中的数据。报表布局即报表的打印格式。在定义了一个表、视图或查询后，便可以创建报表。

通过设计报表，可以用各种方式在打印页面上显示数据。设计报表的一般步骤是：

（1）决定要创建的报表类型。

（2）选择报表的数据来源。

（3）创建和定制报表布局。

（4）预览和打印报表。

9.2.2 报表设计器

1. 报表设计器窗口

报表设计器窗口是一个设计区域，在其中可以放置或格式化一些报表控件。报表设计器默认划分为 3 个区域：页标头、细节和页注脚，参见图 9.15。在窗口的左部和顶部都可显示标尺刻度，以便精确定位控件。

（1）报表窗口中的带区 一个完整的报表设计器窗口分为 9 个带区，如图 9.20 所示，可以控制数据在页面上显示或打印的具体位置。在打印或预览报表时，系统会以不同的方式处理各个带区的数据。表 9.1 中列出了报表各个带区的主要作用。

系统默认的"页标头"、"细节"和"页注脚"三个带区，在新建报表时自动显示在报表设计器窗口中，如用户要使用其他带区，可按以下方法设置：

① 添加"标题"和"总结"带区 选择"报表|标题/总结"命令，出现图 9.21 所示的"标题/总结"对话框。选中"标题带区"复选框，系统自动在报表的顶部添加一个"标题"带区。若要使标题内容单独打印一页，可以选中"新页"复选框。选中"总结带区"复选框，系统自动在报表的最后添加一个"总结"带区。若要使总结内容单独打印一页，可以选中"报表总结"框中的"新页"复选框。

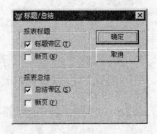

图 9.20 报表设计器中的带区　　　　　　　　图 9.21 "标题/总结"对话框

表 9.1　报表带区及作用

带　　区	作　　　　　　　　用	输 出 情 况
标题	放置报表标题、日期、页数、公司标志及修饰报表标题的边框等	每表开头打印一次
页标头	放置报表列标题或日期、页码等控件	每页开头打印一次
列标头	在多栏报表中使用，放置栏标题等控件	每列开始打印一次
组标头	在数据分组中使用，放置分组字段、分隔线等控件	每组开头打印一次
细节	放置报表的主要数据和一些描述性文字	每记录打印一次
组注脚	"组注脚"区与"组标头"区对应，放置各分组的总计和小计的文本	每组结束打印一次
列注脚	"列注脚"区与"列标头"区对应，放置各栏的总计或小计的文本	每列末尾打印一次
页注脚	放置日期、页码、分类总计线、分类总计及一些说明性文本	每页末尾打印一次
总结	放置对整个内容进行统计的一些控件，如各种数据的总结、平均值等	每表末尾打印一次

② 添加"列标头"和"列注脚"带区　如要创建多栏报表，需要设置"列标头"或"列注脚"带区，方法是：选择"文件|页面设置"命令，出现图 9.22 所示的"页面设置"对话框。在"列数"框中增加列数，使其值大于 1，系统就会在报表中添加一个"列标头"带区和一个"列注脚"带区。

③ 添加"组标头"和"组注脚"带区　当需要对数据进行分组显示或打印时，就要使用"组标头"或"组注脚"带区。方法是：选择"报表|数据分组"命令，出现图 9.23 所示的"数据分组"对话框。在"分组表达式"框中输入分组表达式或单击"…"按钮打开表达式生成器，设置分组表达式。系统将在报表设计器中添加一个"组标头"和"组注脚"带区。若设置了多个分组表达式，报表中就会添加多个"组标头"和"组注脚"带区。

（2）调整带区高度　报表设计器窗口中各带区的高度可以根据需要调整，但不能使带区的高度小于添加到该带区中的控件的高度。调整带区高度的方法有两种：

① 用鼠标选中需要调整高度的带区标识栏，上下拖动该带区，直至需要的高度。

② 双击带区的标识栏，在出现的对话框中直接输入高度值。使用这种方法可以精确设置带区高度。

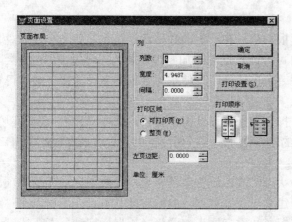

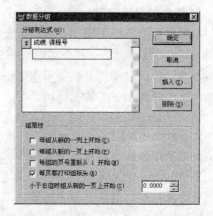

图 9.22　"页面设置"对话框　　　　　　图 9.23　"数据分组"对话框

2. 报表工具栏

（1）"报表设计器"工具栏　默认情况下，在打开报表设计器时，主窗口中会自动出现"报表设计器"工具栏，如图 9.24 所示。也可以选择"显示|工具栏"命令，在"工具栏"对话框中选择"报表设计器"工具栏。

工具栏上各按钮的含义如表 9.2 所示。在设计报表时，利用"报表设计器"工具栏中的工具按钮可以方便地进行操作。

（2）"报表控件"工具栏　"报表控件"工具栏是报表设计必不可少的。默认情况下，打开报表设计器即打开"报表控件"工具栏，如图 9.25 所示。也可以选择"显示|报表控件工具栏"命令，或单击"报表设计器"工具栏中的"报表控件工具栏"按钮。使用"报表控件"工具栏，可以以交互方式在报表上创建控件。表 9.3 列出了各报表控件的作用。

表 9.2　报表设计器工具栏按钮

按　钮	含　义
数据分组	打开"数据分组"对话框
数据环境	打开"数据环境设计器"窗口
报表控件工具栏	打开"报表控件"工具栏
调色板工具栏	打开"调色板"工具栏
布局工具栏	打开"布局"工具栏

图 9.24　"报表设计器"工具栏

图 9.25　"报表控件"工具栏

表 9.3　报表控件

控　件	作　用
选定对象控件	移动或调整控件的大小（创建一个控件后系统将自动选定该按钮）
标签控件	用于显示不希望用户改动的文本
字段或域控件	用于显示字段、内存变量或其他表达式的值
线条控件	用于在设计时画各种样式的线条
矩形控件	用于画矩形
圆角矩形控件	画椭圆和圆角矩形
图片 / ActiveX 绑定控件	用于报表上显示、插入图片或通用型字段的内容
按钮锁定控件	允许连续添加多个相同类型的控件，而无须多次选中该控件

3. 报表的数据环境

报表是数据信息的输出形式，因此，报表总是和一定的数据源相联系。如一个报表总是使用相同的数据源（表、视图或临时表），可把该数据源添加到报表的数据环境中，它们会随着报表的运行而自动打开，随着报表的关闭而自动关闭。使用"数据环境设计器"能够可视化地创建和修改报表的数据环境。

启动"数据环境设计器"的方法是：打开"报表设计器"窗口，选择"显示|数据环境"命令，或者单击"报表设计器"工具栏上的"数据环境"按钮，也可以右击报表设计器窗口，从快捷菜单中选择"数据环境"命令。

当"数据环境设计器"窗口处于活动状态时，系统主菜单中显示"数据环境"菜单项，用以处理数据环境对象。报表数据环境的建立与表单数据环境的建立基本相同，可以在"数据环境"中添加多个表或视图，以及在它们之间建立适当的联接（用鼠标拖动父表字段到子表的索引项上，在父表字段与子表相应索引项之间出现一条关系线）。

通过选择数据源，可以控制报表中所需的数据及报表中数据的显示顺序（按照在表、视图或查询中的顺序处理和显示）。若要在表中排序记录，可以在代码或报表的数据环境中建立一个索引。对于视图、查询或 SQL-SELECT 代码，可以使用 ORDER BY 子句排序。如不使用数据源对记录进行排序，可利用数据环境中临时表上的 ORDER 属性。

报表的数据环境与报表文件一起存储，将数据源添加到数据环境中，使得每次运行报表时系统自动激活指定的数据源，且当数据源中的数据更新时，打印的报表会以相同的格式自动反映新的数据内容。

9.3 报表控件的使用

设计报表格式时，在确定了报表的类型并创建了数据环境后，要在相应带区内设置所需要的控件。通过在报表中添加控件，可以灵活安排所要打印的内容。

9.3.1 标签控件

标签控件用来保存不希望用户改动的文本，如可以作为各种对象设计标题或页标头、页标题等。

（1）添加标签控件 在"报表控件"工具栏中选中"标签"控件，然后在报表的合适位置单击鼠标，出现一个插入点（光标），即可输入标签内容。输入完毕，在控件外的任意位置单击，该标签就设计好了。

（2）格式化标签文本 单击选定要格式化的标签控件（控件周围出现 4 个黑色控点）。然后选择"格式|字体"命令，打开"字体"对话框，从中选择合适的字体、样式、大小和颜色。

【例 9.4】 利用"报表设计器"创建一个名为"课程.FRX"的报表文件，在标题带区输入标题"课程信息表"。

操作步骤：

① 打开"教学.PJX"项目文件，启动项目管理器，选择"报表"项后，单击"新建"按钮，打开"报表设计器"窗口。

② 选择"报表|标题/总结"命令，在"标题/总结"对话框中选择"标题带区"选项，

在"报表设计器"顶端出现标题带区。

③ 在"表单控件"工具栏上单击"标签"控件，然后把鼠标移到"标题"带区，在适当的位置单击定位并输入报表标题"课程信息表"。

④ 选择"格式|字体"命令，在"字体"对话框中选择楷体、二号、红色，然后单击"确定"按钮，效果如图 9.26 所示。

⑤ 选择"文件|另存为"命令，在"另存为"对话框中将文件保存在"E:\VFP6\REPORTS"文件夹中并输入文件名"课程.FRX"，最后单击"保存"按钮。

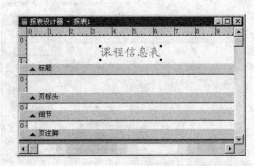

图 9.26　添加标签控件

9.3.2　域控件

域控件是报表设计中最重要的控件，用于表达式、字段、内存变量的显示，通常用来表示表中字段、变量和计算结果的值。

1. 添加域控件

添加域控件有两种方法：

（1）从"数据环境设计器"中将相应的字段名拖入"报表设计器"窗口。

（2）在"报表控件"工具栏中单击"域控件"按钮，然后在报表带区的指定位置上单击鼠标，出现"报表表达式"对话框，如图 9.27 所示。

可以在"表达式"文本框中输入表达式，如某个字段名，或者单击"表达式"文本框右侧的"…"按钮，打开"表达式生成器"对话框，设置表达式。例如，在"字段"框中双击某个字段名（如"表达式生成器"对话框的"字段"框为空，说明没有设置数据源，应该向数据环境添加表或视图），表名和字段名便出现在"报表字段的表达式"编辑框内，如图 9.28 所示。

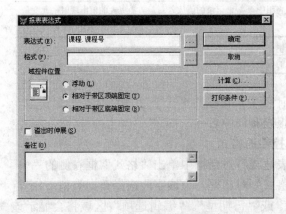

图 9.27　"报表表达式"对话框

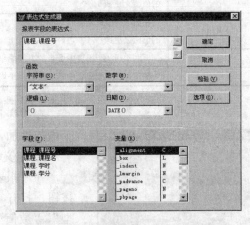

图 9.28　"表达式生成器"对话框

若从"函数"框的"日期"列表中选择 DATE( )函数，则可以在域控件中显示系统日期。若从"变量"列表中选择系统变量_Pageno，则可以在域控件中显示页码。通常把该域控件放在"页标头"带区或者"页注脚"带区，以便每页都显示出一个页码，如图 9.29 所示。

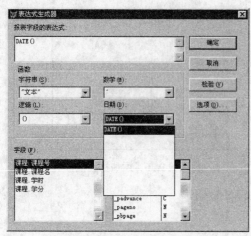

（a）选择日期函数

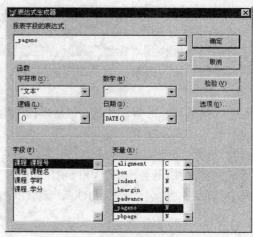

（b）选择系统变量

图 9.29　设置"表达式生成器"

单击"报表表达式"对话框中的"计算"按钮（参见图 9.27），系统打开"计算字段"对话框，如图 9.30 所示。在对话框中可以选择一种数学运算，用计算结果来创建一个字段。"计算"框中各选项含义如表 9.4 所示。

表 9.4　"计算字段"对话框中各计算项及其含义

计 算 项	含　义
不计算	对指定的表达式不进行计算
计数	计算每组/每页/每列/每个报表中打印变量的次数。此计算操作基于变量出现的次数，而不是变量的值
总和	计算变量值的总和
平均值	在组/页/列/报表中计算变量的算术平均值
最小值	在组/页/列/报表中显示变量的最小值。将组中第 1 个记录的值放入变量，当更小的值出现时，此变量的值随之更改
最大值	在组/页/列/报表中显示变量的最大值。将组中第 1 个记录的值放入变量，当更大的值出现时，此变量的值随之更改
标准误差	返回组/页/列/报表中变量的方差的平方根
方差	衡量组/页/列/报表中各字段值与平均值的偏离程度

图 9.30　"计算字段"对话框

在报表设计器中，可以将多个表字段结合在一起作为一个域控件加入报表布局中。

2. 定义域控件的格式

在"报表表达式"对话框中单击"格式"框右侧的"…"按钮，打开"格式"对话框，为该字段选择数据类型："字符型"、"数值型"或"日期型"。"编辑选项"区域将会显示该数据类型下的各种格式选项。

注意： 格式只决定打印报表时域控件如何显示，不会改变字段原有的数据类型。

3. 设置域控件的位置

在"报表表达式"对话框的"域控件位置"框中有三个

选项："浮动"指定域控件相对于周围域控件的大小浮动；"相对于带区顶端固定"使域控件在报表设计器中保持固定的位置，并维持其相对于带区顶端的位置；"相对于带区底端固定"使域控件在报表设计器中保持固定的位置，并维持其相对于带区底端的位置。

如域控件的内容较长，可选择"报表表达式"对话框中的"溢出时伸展"复选框，以显示字段的全部内容；否则，超出域控件范围的内容将被截掉。

4. 修改域控件属性

要修改域控件的属性，可以双击相应的域控件，出现图 9.27 所示的"报表表达式"对话框，然后重新设置。

5. 在域中对齐文本

在域中对齐文本不会改变控件在报表上的位置，只是在控件内对其内容进行格式调整，有两种方法：

（1）定义域控件的格式时，在"格式"对话框的"编辑选项"区域选择对齐方式。

（2）选择要调整的控件，然后选择"格式|文本对齐方式"命令，再从下级子菜单中选择合适的选项。

对于每个域控件，还可以改变字体和文本的大小，方法和标签控件的格式化方法相同。

6. 域控件的操作

（1）选定控件　单击域控件即可选定，域控件四周出现 8 个控点。按位 Shift 键依次单击各控件，可同时选定多个控件；或者在控件周围拖动鼠标，凡圈在虚线框内的控件都被选中。同时选定的控件可以作为一个整体完成移动、复制或删除等操作。

（2）调整控件大小　选定域控件，然后拖动控件四周的某个控点即可改变控件的宽度或高度。按住 Shift 键，再单击左右方向键可以精确调整控件宽度。

（3）移动、复制、删除控件　选定控件后，用鼠标拖动到目标位置可移动控件。利用"编辑"菜单中的"复制"和"粘贴"命令，可复制控件。直接按 Delete 键可删除控件。

（4）设置控件布局　利用"布局"工具栏中的各种工具按钮，或者选择"格式|对齐"命令，可以方便地对多个选定的控件调整相对位置或大小。

【例 9.5】　在"课程"报表的页标头区添加报表输出字段标题，在细节区放置"课程号"、"课程名"、"学时"、"学分" 4 个字段变量，在总结区显示总学时和总学分。

操作步骤：

① 在项目管理器中选择"报表"项中的"课程"，然后单击"修改"按钮，打开"报表设计器"窗口。在"报表控件"工具栏中选择"标签"控件并放置在页标头区，输入"课程号"。按图 9.31 所示，依次在页标头区添加"课程名"、"学时"、"学分" 3 个标签控件。

② 在"报表设计器"窗口右击，从快捷菜单中选择"数据环境"命令，打开"数据环境设计器"窗口。在"数据环境设计器"窗口右击，从快捷菜单中选择"添加"命令，然后在打开的"添加表或视图"对话框中选择"课程"表，将其添加到数据环境设计器中，最后单击"关闭"按钮关闭该对话框。

③ 从"数据环境设计器"中直接将"课程号"字段拖入报表设计器的细节区，或者选择"报表控件"工具栏中的"域控件"按钮，在细节区的指定位置单击后，打开"报表表达式"对话框，在"表达式"文本框中输入"课程.课程号"，也可以通过"表达式生成器"选择相应的字段名。

按图 9.31 所示，依次将"课程名"、"学时"、"学分"3 个字段变量放到细节区的合适位置。

④ 将鼠标移至"标题"带区标识栏向下拖动，增大"标题"带区的高度；然后在"标题"带区添加一个标签控件，内容为"制表日期："；再添加一个域控件显示系统日期。

⑤ 在"页注脚"带区添加两个标签控件，内容分别为"第"和"页"；然后在两个标签控件之间添加一个域控件显示页码。

⑥ 选择"报表|标题/总结"命令，在"标题/总结"对话框中选择"总结带区"项，在报表设计器的底部出现"总结"带区。

⑦ 从"报表控件"工具栏中选择"标签"控件，放置在"总结"带区的合适位置并输入"总计"；然后从"报表控件"工具栏中选择"域控件"，在"总结"带区的合适位置单击，打开"报表表达式"对话框，单击"表达式"文本框右侧的"…"按钮打开"表达式生成器"，在"字段"列表框中双击"课程.学时"字段名；返回"报表表达式"对话框，再单击"计算"按钮打开"计算字段"对话框，"重置"项选择"报表尾"，"计算"项选择"总和"。按同样方法，在"总结"带区放置域控件以计算学分的总和。

⑧ 同时选中"总结"带区中的 3 个控件，然后选择"格式|字体"命令，在"字体"对话框中选择"宋体"、"粗体"、"10 磅"。

⑨ 按图 9.31 所示，利用"布局"工具栏调整好各控件的布局。

⑩ 单击常用工具栏中的"保存"按钮，保存修改后的报表文件，预览结果如图 9.32 所示。

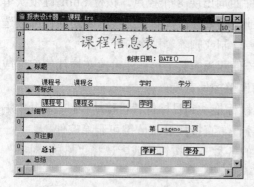

图 9.31　添加域控件

图 9.32　例 9.5 预览结果

9.3.3　线条、矩形和圆角矩形控件

线条、矩形和圆角矩形控件一般作为修饰型控件来使用，多数情况下用做报表边框和分隔线。

1. 线条控件

线条控件是专门用来画线的控件，可以画水平线和垂直线（注意：并没有斜线）。

（1）画线操作　在"报表控件"工具栏中单击"线条"控件，然后在指定带区拖动鼠标就可以画一条线，向右拖动画一条水平线，向下拖动画一条垂直线。

（2）更改线条样式　选定线条控件，然后选择"格式|绘图笔"命令，再从子菜单中选择合适的线型或样式。

2. 矩形和圆角矩形控件

矩形和圆角矩形控件分别用来画矩形和圆角矩形，用法与线条控件相同。双击圆角矩形控件，出现"圆角矩形"对话框，可以设置圆角样式。

与域控件的操作方法类似，可以对线条、矩形和圆角矩形控件进行移动、复制、删除、调整大小及设置布局等操作。

【例 9.6】 在已设计好的"课程"报表的格式上添加边框线。

操作步骤：

① 在项目管理器中选择"报表"项中的"课程"，然后单击"修改"按钮，打开"报表设计器"窗口。

② 在"报表控件"工具栏中双击"线条"控件，在"页标头"带区沿水平方向拖动鼠标画出 1 条长的横线，然后分别在垂直方向画 5 条短的竖线，如图 9.33 所示。

③ 将鼠标移至"细节"带区，分别画 1 条长的横线和 5 条短的竖线。

④ 在"报表控件"工具栏中单击"矩形"控件，在"总结"带区拖动鼠标画出一个矩形，再用"线条"控件工具画 2 条短的竖线。

⑤ 按图 9.33 所示，选择"格式|对齐"命令或利用"布局"工具栏并参照水平标尺，调整各图形控件的布局。

⑥ 同时选定"页标头"带区中的横线和两边的竖线、"细节"带区两边的竖线、"总结"带区中的矩形等控件，然后选择"格式|绘图笔"命令，将线型设置为"2 磅"。

⑦ 保存修改后的报表文件，预览结果如图 9.34 所示。

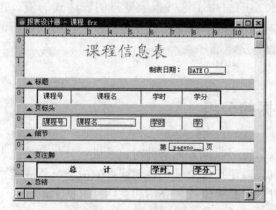

图 9.33 在报表中添加线条控件

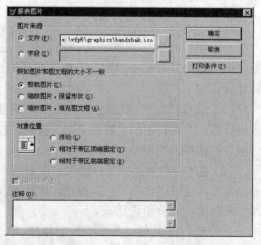

图 9.34 例 9.6 预览结果

9.3.4 图片/OLE 绑定型控件

使用图片/OLE 绑定型控件可以在报表中插入用户所需的图片，该图片可取自文件，也可以取自通用型字段，具体操作是：单击"报表控件"工具栏中的"图片/OLE绑定型控件"按钮，在报表的合适位置拖动鼠标选定图文框的大小，出现图 9.35 所示的"报表图片"对话框。

在"图片来源"选框中可以选择"文件"或"字段"项。如要在报表中插入图片文件，选择"文件"选项并输入图片文件名，或单击"…"按钮，通过对话框选择。如要在报表中

图 9.35 "报表图片"对话框

插入字段中的图片，选择"字段"选项并输入通用型字段名，或单击"…"按钮，通过对话框选择。

当图片和图文框的大小不一致时，可以选择"裁剪图片"、"缩放图片，保留形状"或"缩放图片，填充图文框"选项来定制。

9.3.5 报表变量

通过设置变量，可以在报表中操作数据或显示计算结果，并且用这些值来计算其他相关

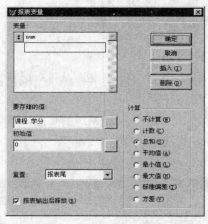

图 9.36 "报表变量"对话框

值。方法是：选择"报表|变量"命令，出现"报表变量"对话框，如图 9.36 所示。在"变量"框内输入一个变量名，在"要存储的值"框中输入一个字段名或表达式，在"初始值"框中输入该变量的初始值，最后选择一个计算选项。

定义报表变量之后，就可以在报表的任何表达式中使用此变量。

报表变量根据出现的先后顺序来计算，并且会影响引用了这些报表变量的表达式的值。在"变量"框中拖动变量左边的按钮，可以重新调整各变量顺序。

9.4 数据的分组

可以根据需要进行数据分组，也就是按照给定字段或其他条件对记录进行分组，使报表更便于阅读。例如，可以按照学生的学号分组，以便把每个学生各门课程的成绩、总成绩、平均成绩计算出来。分组可以明显地分隔每组记录并为组添加介绍和总结性数据。

分组是基于某个分组表达式进行的，表达式可以由一个或多个表字段组成。根据分组表达式的个数，可以对数据源中的数据进行一级或多级分组。

9.4.1 一级数据分组

一个单组报表可以基于选择的表达式进行一级数据分组，数据分组是在"数据分组"对话框中完成的。具体操作如下。

（1）选择"报表|数据分组"命令，或者单击"报表设计器"工具栏中的"数据分组"按钮，打开"数据分组"对话框，如图 9.37 所示。

（2）在"分组表达式"栏输入字段名或表达式作为分组依据，也可以单击"…"按钮，启动"表达式生成器"来帮助建立分组表达式。

一般地，报表布局并不给数据排序，它只是按数据在数据源中存放的顺序处理数据。所以，如数据源

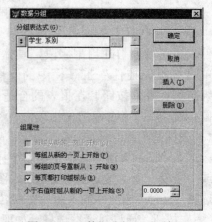

图 9.37 "数据分组"对话框

是表，则记录的物理顺序可能不适合分组。而表中索引关键字值相同的记录是排列在一起的，所以只有对表的索引字段设置分组才能使报表中的数据组织在一起，从而得到预想的分组效果。

设置了分组字段后，可以在数据环境中为作为数据源的表指定当前索引。方法如下：

① 选择"显示|数据环境"命令，或者右击报表设计器，从快捷菜单中选择"数据环境"，打开"数据环境设计器"窗口。

② 在"数据环境设计器"中右击要设置索引的表，从快捷菜单中选择"属性"，打开"属性"窗口。

③ 在"属性"窗口中选择"Order"属性项，从索引列表中选择一个索引。

（3）设置组属性，以确定如何分页。

① 每组从新的一列开始　该项只适用于列格式的报表（对横排报表无效），表示新组自动打印到下一列。

② 每组从新的一页开始　表示新组自动换页打印，而不论该页是否已满。

③ 每组的页号重新从 1 开始　表示新组重置页号。

④ 每页都打印组标头　表示在每页上都打印该组的组标头内容。

设置分组表达式后，报表设计器窗口自动出现"组标头"带区和"组注脚"带区。"组标头"带区一般放置用于分组的字段或表达式的域控件，也可以是作为组中字段文字标题的标签控件。"组注脚"带区一般放置分组的汇总信息。

【**例 9.7**】　设计一个名为"学生名单.FRX"的报表，按系别输出各系学生的基本情况。

操作步骤：

① 打开"教学.PJX"项目文件，启动项目管理器，选择"报表"项，单击"新建"按钮，打开"报表设计器"窗口。

② 在报表设计器窗口右击鼠标，从快捷菜单中选择"数据环境"项，打开"数据环境设计器"。在"数据环境设计器"窗口右击，从快捷菜单中选择"添加"命令，在"添加表和视图"对话框中选择"学生"表，将其添加到报表的数据环境中。

③ 选择"报表|标题/总结"命令，在"标题/总结"对话框中选择"标题带区"项，报表设计器顶端出现"标题"带区。

④ 选择"报表|数据分组"命令，在"数据分组"对话框中设置分组表达式"学生.系别"，如图 9.37 所示。关闭"数据分组"对话框后，报表设计器中即出现"组标头"带区和"组注脚"带区。

⑤ 按图 9.38 所示设计报表格式。

● "标题"带区　添加一个标签控件，内容为"各系学生名单"，字体格式设置为宋体、加粗、三号；在标签控件的左边，添加一个"图片/OLE 绑定型控件"，内容取自一个图像文件。在标签控件下，用"线条"工具画两条水平线。

● "页标头"带区　添加 4 个标签控件，内容分别为"学号"、"姓名"、"出生日期"和"贷款否"。

● "组标头 1"带区　添加一个标签控件，内容为"系别："；添加一个域控件，与之对应的表达式为"学生.系别"；然后用"圆角矩形"工具画出一个圆角矩形。

● "细节"带区　分别添加 4 个域控件，对应的前 3 个域控件表达式分别为"学生.学号"、

"学生.姓名"、"学生.出生日期";第4个域控件表达式为 IIF(学生.贷款否,"√","-"),其含义是：如该学生贷款，则打印一个"√"号，否则打印一个"-"号。

- "组注脚 1"带区　添加一个标签控件，内容为"人数："；再添加一个域控件，用于统计各系人数。方法是：在"报表表达式"对话框的"表达式"栏中输入"学生.学号"，然后单击"计算"按钮，打开"计算字段"对话框，选择"计数"选项。最后用"线条"工具画出两条水平线。

- "页注脚"带区　添加两个标签控件，内容分别为"第"、"页"；在两个标签控件之间添加一个域控件，并选择系统变量_Pageno 作为表达式。

⑥ 调整各控件布局。

⑦ 选择"文件|另存为"命令，将文件保存在"E:\VFP6\REPORTS"文件夹中，输入文件名"学生名单.FRX"。报表预览结果如图 9.39 所示。

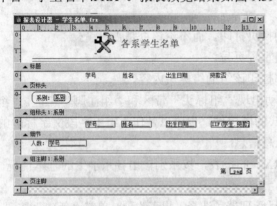

图 9.38　设计分组报表

图 9.39　例 9.7 分组报表预览效果

9.4.2　多级数据分组

VFP 中文版的报表支持对数据的多级嵌套分组，在报表内最多可以定义 20 级的数据分组。嵌套分组有助于组织不同层次的数据和总计表达式。

进行嵌套分组，首先要确定参加分组的各分组表达式，然后确定各分组的嵌套级别，即选择一个分组层次，一般是将最经常更改的组设置为第 1 层。

进行多级嵌套分组的方法是：在"数据分组"对话框的"分组表达式"区中按从里到外的嵌套分组级别依次输入分组表达式，拖动"分组表达式"前面的移动块可以改变分组次序。

【例 9.8】　对"学生名单"报表按学生的性别进行二级分组。

操作步骤：

① 打开"学生名单"报表。

② 选择"报表|数据分组"命令，打开"数据分组"对话框，在"分组表达式"框中增加一个分组表达式"学生.性别"，如图 9.40 所示。

③ 打开"数据环境设计器"窗口，右击"学生"表，从快捷菜单中选择"属性"命令，打开"属性"窗口，将"Order"属性设置为"系别_性别"，如图 9.41 所示。

④ 在"组标头 2"中添加一个标签，内容为"性别"，再添加一个域控件，相关表达式为"学生.性别"，如图 9.42 所示。

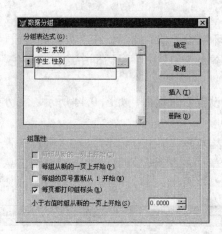

图 9.40　设置多级分组

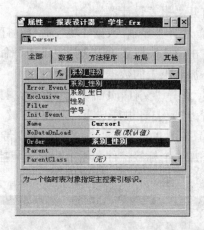

图 9.41　数据源"属性"对话框

⑤ 将文件另存为"学生.FRX"，预览结果如图 9.43 所示。

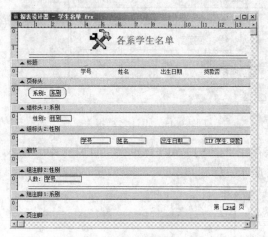

图 9.42　设计多级数据分组

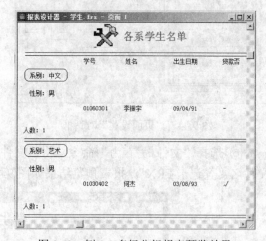

图 9.43　例 9.8 多级分组报表预览效果

9.5　多栏报表的设计

多栏报表是一种可以分为多个栏目打印输出的报表，其设计方法与前面介绍的列报表基本相同。具体操作如下：

（1）选择"文件|页面设置"命令，在"页面设置"对话框中设置分栏的列数和打印顺序。注意，打印顺序必须选择为"从左到右"方式，否则无法在页面上真正打印出多个栏目。

（2）页面设置完毕，在报表设计器中会自动增加一个"列标头"带区和"列注脚"带区，同时"细节"带区相应缩短。

（3）根据需要向各带区添加控件，完成多栏报表的格式设计。

【**例 9.9**】　设计一个名为"登记卡.FRX"的报表文件，分两栏显示学生的学号、姓名、性别和系别信息。

操作步骤：

① 打开"教学.PJX"项目文件，启动项目管理器，选择"报表"项后，单击"新建"按

钮，打开"报表设计器"窗口。

② 选择"显示|数据环境"命令，打开"数据环境设计器"窗口。在"数据环境设计器"窗口右击，从快捷菜单中选择"添加"命令，在"添加表和视图"对话框中选择"学生"表，将其添加到报表的数据环境中。

③ 选择"文件|页面设置"命令，打开"页面设置"对话框，如图9.44所示。将分栏列数设置为2，打印顺序选为"从左到右"的方式。

④ 按图9.45所示，在"页标头"带区输入报表标题"学生登记卡"，在"列标头"带区分别添加4个标签控件和4个相应的域控件，显示学生的学号、姓名、性别和系别信息。并将这些控件放置于一个矩形框中。

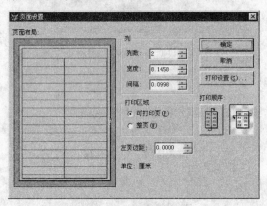

图9.44 "页面设置"对话框

图9.45 设计多栏报表

⑤ 选择"文件|另存为"命令，将该文件保存在"E:\VFP6\REPORTS"文件夹中，输入文件名"登记卡.FRX"。报表预览结果如图9.46所示。

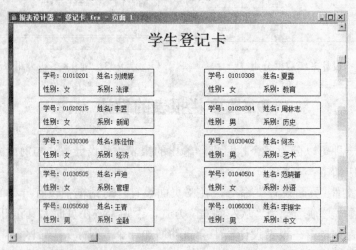

图9.46 例9.9 多栏报表预览效果

9.6 报表的输出

使用报表设计器创建的报表文件仅仅为数据提供了一个带有一定格式的框架，在报表文件中并不包含要打印的数据，它只存储数据源的位置和格式信息。

9.6.1 页面设置

在设计报表格式时，首先需要进行页面设置，如选择纸张类型、设置页边距等。具体操作如下：

（1）选择"文件|页面设置"命令，出现"页面设置"对话框，进行页面布局的设置，如选择打印列数（主要用于分栏打印）、打印区域、打印顺序和设置页边距等。

（2）单击"打印设置"按钮，打开"打印设置"对话框，选择打印机类型、纸张类型和打印方向。注意，不同的打印机所使用的纸张类型有所不同，所以应先选择打印机，再选择纸张类型。

9.6.2 报表的预览

报表按数据源中记录出现的顺序处理记录，在对数据分组打印时，如直接使用表内的数据，数据可能不会在布局内正确地按组排序，所以在打印报表文件之前，应确认数据源中已对数据进行了正确的索引或排序。通过预览功能，可以在将报表正式输出到打印机之前，检查页面设置和数据输出的结果是否符合要求。如效果不满意或数据输出不正确，可返回报表设计器重新修改。

选择"显示|预览"命令，或单击工具栏中的"打印预览"按钮进入打印预览窗口，同时屏幕显示"打印预览"工具栏，如图9.47所示。单击"上一页"或"前一页"按钮，可以前后翻页。使用"缩放"列表，可以改变显示比例。单击"预览"窗口右上角的"关闭"按钮，可退出预览状态，返回设计状态。

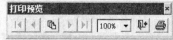

图9.47 "打印预览"工具栏

9.6.3 报表的打印

设计好的报表经过预览后，若效果符合要求，就可以输出到打印机进行打印。方法是：选择"文件|打印"命令，出现"打印"对话框，单击"选项"按钮，打开图9.48所示的"打印选项"对话框。在"类型"列表框中选择打印类型为"报表"，在"文件"框中输入报表文件名，或单击其右侧的"..."按钮，通过"打开"对话框选择报表文件。最后单击"确定"按钮，系统就将数据源中的全部记录送往打印机打印。

如只打印部分记录，可在"打印选项"对话框中单击"选项"按钮，在随后打开的"报表和标签打印选项"对话框中设定打印记录的范围和条件，如图9.49所示。

图9.48 "打印选项"对话框

图9.49 设置打印范围和条件

在命令窗口或程序中可以使用 REPORT 命令预览或打印选定的报表。

格式：REPORT FORM <报表文件名> [PREVIEW] [TO PRINTER [PROMPT]]

说明：带 PREVIEW 子句表示对指定的报表进行打印预览，带 TO PRINTER 子句表示把报表输出到打印机打印，带 PROMPT 子句表示在打印开始前显示设置打印机的对话框（PROMPT 子句应紧跟在 TO PRINTER 子句之后）。

例如，在"学生情况"表单中，可以添加一个"打印"按钮，并在该按钮的 Click 事件过程中添加以下代码，打印或预览报表"学生.FRX"。

```
LOCAL nAnswer
nAnswer = MessageBox("是否打印预览？",1+32, "提示信息")
IF nAnswer=1
    Report Form E:\VFP6\Reports\学生   PREVIEW        && 预览"学生"报表
ELSE
    Report Form   E:\VFP6\Reports\学生  TO PRINTER     && 打印"学生"报表
ENDIF
```

习　题　9

9.1　思考题

1. 什么是报表布局？报表布局有哪几种类型？各有什么特点？

2. 报表设计器中的带区共有几种？它们的作用是什么？

3. 标题带区与页标头带区输出有何不同？

4. 如何在报表中添加控件？

5. 报表中的数据环境起什么作用？

6. 如何进行数据分组？在数据分组时应注意的问题是什么？

9.2　选择题

1. 创建报表的命令是（　　）。

（A）CREATE REPORT　　　　　　　　　　（B）MODIFY REPORT

（C）RENAME REPORT　　　　　　　　　　（D）CREATE FORM

2. 利用报表设计器创建报表时，系统默认的三个带区是（　　）。

（A）标题、细节和页注脚　　　　　　　　（B）页标头、细节和页注脚

（C）页标头、细节和总结　　　　　　　　（D）页标头、细节和总结

3. 利用域控件可以在报表中显示以下各项的值，除了（　　）。

（A）表达式　　　　　　（B）字段　　　　　　（C）标签　　　　　　（D）内存变量

9.3　填空题

1. 报表由_____和_____两部分组成。

2. 数据源通常是_____，也可以是自由表、视图或查询。

3. _____定义了报表打印的格式。

4. 域控件是一种与字段、内存变量和_____链接的控件。

5. 创建分组报表需要按_____进行索引或排序，否则不能保证正确分组。

6. 使用报表_____功能，可以在屏幕上观察报表的设计效果，具有所见即所得的特点。

7. 多栏报表的栏目数可以在______中设置。

8. 使用____控件可以在报表中插入用户所需的图片。

9.4 上机练习题

1. 利用报表设计器，以“职工”表为数据源，设计图 9.50 所示的职工档案报表，保存在“E:\VFP 练习\报表”文件夹中，输入文件名“职工档案.FRX”。

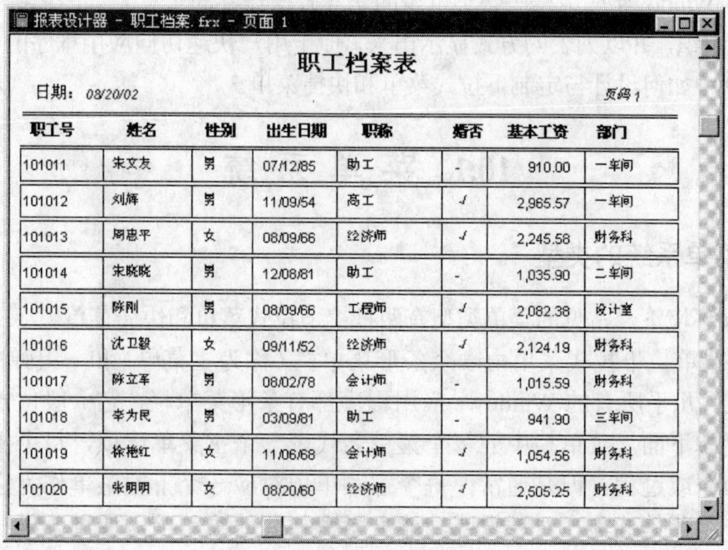

职工档案表

日期：08/20/02　　页码 1

职工号	姓名	性别	出生日期	职称	婚否	基本工资	部门
101011	朱文友	男	07/12/85	助工		910.00	一车间
101012	刘辉	男	11/09/54	高工	√	2,965.57	一车间
101013	周惠平	女	08/09/66	经济师	√	2,245.58	财务科
101014	朱晓晓	男	12/08/81	助工	-	1,035.90	二车间
101015	陈刚	男	08/09/66	工程师	√	2,082.38	设计室
101016	沈卫毅	女	09/11/52	经济师	√	2,124.19	财务科
101017	陈立军	男	08/02/78	会计师	-	1,015.59	财务科
101018	李为民	男	03/09/81	助工	-	941.90	三车间
101019	徐艳红	女	11/06/68	会计师	√	1,054.56	财务科
101020	张明明	女	08/20/60	经济师	√	2,505.25	财务科

图 9.50　职工档案表报表

2. 用报表设计器，以“工资”表为数据源，设计图 9.51 所示的工资单报表，保存在“E:\VFP 练习\报表”文件夹中，输入文件名“工资单.FRX”。要求计算各项工资的总计和平均值。

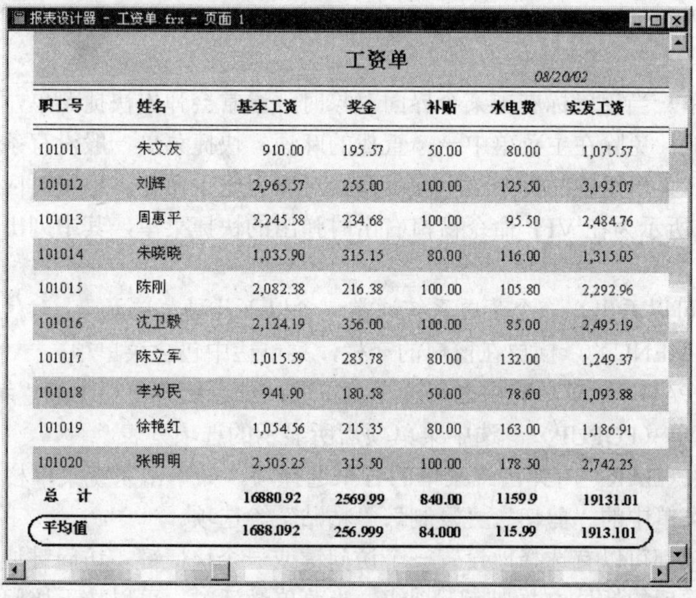

工资单

08/20/02

职工号	姓名	基本工资	奖金	补贴	水电费	实发工资
101011	朱文友	910.00	195.57	50.00	80.00	1,075.57
101012	刘辉	2,965.57	255.00	100.00	125.50	3,195.07
101013	周惠平	2,245.58	234.68	100.00	95.50	2,484.76
101014	朱晓晓	1,035.90	315.15	80.00	116.00	1,315.05
101015	陈刚	2,082.38	216.38	100.00	105.80	2,292.96
101016	沈卫毅	2,124.19	356.00	100.00	85.00	2,495.19
101017	陈立军	1,015.59	285.78	80.00	132.00	1,249.37
101018	李为民	941.90	180.58	50.00	78.60	1,093.88
101019	徐艳红	1,054.56	215.35	80.00	163.00	1,186.91
101020	张明明	2,505.25	315.50	100.00	178.50	2,742.25
总　计		16880.92	2569.99	840.00	1159.9	19131.01
平均值		1688.092	256.999	84.000	115.99	1913.101

图 9.51　工资单报表

第 10 章 菜单的设计与应用

菜单系统是 Windows 应用程序必不可少的交互式操作界面工具之一，它将一个应用程序的功能有效地按类组织，并以列表的方式显示出来，便于用户快速访问应用程序的各项功能。本章主要介绍在 VFP 中如何设计与定制下拉式菜单和快捷菜单。

10.1 菜 单 系 统

10.1.1 菜单系统的类型

在 Windows 环境下，常见的菜单类型有两种：下拉式菜单和快捷菜单。

（1）下拉式菜单 下拉式菜单由一个条形菜单栏（称为主菜单）和一组弹出式菜单条（称为子菜单）组成。几乎所有的 Windows 应用程序都有条形菜单栏，它一般位于应用程序窗口的顶部，标题栏的下面。菜单栏中的每个菜单名代表一个主菜单选项，每个主菜单项可以直接对应于一条命令或过程。但是通常，每个主菜单项对应一个下拉菜单作为它的子菜单，子菜单中包含了一组菜单选项。对逻辑或功能上紧密相关的菜单项，通过分隔线可以划分菜单选项的组别。子菜单中的每个菜单选项可直接对应于一条命令，也可对应于下一级子菜单。子菜单里又可包含一组相关的菜单项，它们分别对应于一个子菜单或直接对应于一条命令，从而形成一种级联的菜单结构。

图 10.1（a）所示为 VFP 应用系统的系统菜单，主菜单中列出了 VFP 常用的几大功能类别，有"文件"、"编辑"、"显示"等。单击主菜单项，如"编辑"菜单，可将它展开，显示其子菜单选项。

（2）快捷菜单 当用鼠标右击某个界面对象时，通常会弹出快捷菜单，快速展示当前对象可用的命令功能，免除在主菜单中一一查找的麻烦。快捷菜单一般没有条形菜单栏，只有一个弹出式菜单。菜单组中的每个菜单项可直接对应于一条命令，也可对应于一个级联子菜单。图 10.1（b）所示为在 VFP 命令窗口右击时弹出的快捷菜单，其中列出了与命令窗口操作有关的命令项。

从图 10.1 中可以看出，一个菜单系统通常包含以下几种菜单元素：

① 菜单栏（MENU） 横放在窗口的一栏，菜单栏中包含菜单项。

② 菜单条（PAD） 菜单栏中的每一个菜单项，如系统菜单栏中的"编辑"菜单项。

③ 弹出式菜单（POPUP） 选中菜单项后所显示的选项列表。

④ 菜单选项（BAR） 弹出式菜单的各个选择项，如单击系统菜单栏的"编辑"菜单项，弹出的下拉菜单中的"剪切"、"复制"、"粘贴"等选项。

每一个菜单项都可以有选择地设置一个访问键或一个快捷键。访问键通常是一个字符，出现在菜单项名称后的括号内并带有下划线，当菜单激活时，可以按下访问键快速选择相应的菜单项。快捷键通常是 Ctrl 键和另一个字符键组成的组合键，不论菜单是否激活，都可以通过快捷键选择相应的菜单项。

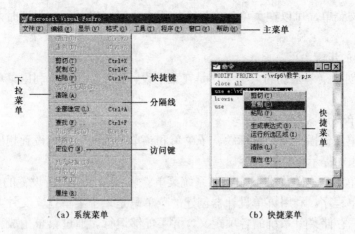

图 10.1　VFP 的系统菜单和快捷菜单

10.1.2　菜单系统的设计原则

1. 菜单系统的规划

菜单系统由菜单栏、菜单标题、菜单项和子菜单等组成。规划和设计菜单系统主要是确定需要哪些菜单、出现在界面的何处，以及哪些菜单要有子菜单等。在创建菜单之前，首先要进行菜单系统的规划和设计。

创建菜单系统通常有以下几个步骤：

（1）规划系统　确定需要哪些菜单、出现在界面的何处，以及哪几个菜单要有子菜单等。

（2）创建菜单和子菜单　使用菜单设计器或用编程方式定义菜单标题、菜单项和子菜单。

（3）按实际要求为菜单系统指定任务　指定菜单所要执行的任务，如显示表单或对话框等。

（4）生成菜单程序　运行生成的菜单程序，测试菜单系统。

此外，还需要考虑以下几个原则：

（1）按照用户所要执行的任务组织系统，而不要按应用程序的层次组织系统。

通过查看菜单和菜单项，就应该使用户对应用程序的组织方法有一个感性认识。因此，必须清楚用户思考问题的方法和完成任务的方法，才能设计出好用的菜单和菜单项。

（2）给每个菜单定义一个有意义的菜单标题。

（3）按照估计的菜单项使用频率、逻辑顺序或字母顺序组织菜单项。

如不能预计频率，也无法确定逻辑顺序，可按字母顺序组织菜单项。当菜单中包含 8 个以上的菜单项时，按字母顺序特别有效。太多的菜单项需要用户花费一定的时间才能浏览一遍，按字母顺序则便于查看菜单项。

（4）在菜单项的逻辑组之间放置分隔线，将功能相关的菜单项显示在一个菜单组内。

（5）将菜单项的数目限制在一个屏幕之内。如菜单项的数目超过了一屏，应为其中的一些菜单项创建子菜单。

（6）为菜单和菜单项设置访问键或快捷键，以便快捷、方便地利用键盘进行菜单操作。

（7）使用能够准确描述菜单项的文字。

描述菜单项时，最好使用日常用语而不要使用计算机术语。同时，菜单项说明应使用简单、生动的动词，而不要将名词当作动词使用。另外，应使用相似语句结构说明菜单项。例如，如对所有菜单项的描述都使用了同一个词，则这些描述应使用相同的语言结构。

（8）对于英文菜单，可以在菜单项中混合使用大小写字母。只有强调时才全部使用大写字母。

2．菜单设计的步骤

在 VFP 中，创建菜单系统的大量工作是在菜单设计器中完成的。利用菜单设计器设计菜单的一般步骤是：

（1）调用菜单设计器。

（2）定义菜单，包括定义菜单标题、子菜单和菜单选项的名称，设置相应的访问键或快捷键，为菜单项添加提示信息等内容。

（3）预览菜单。在预览状态下，VFP 系统菜单栏中将显示用户所设置的菜单内容。

（4）生成菜单程序。利用菜单设计器创建的菜单只是一个菜单定义文件（.MNX），该文件本身是一个表，存储菜单系统的各项定义，并不能够运行。通过菜单生成程序，可以将菜单定义文件编译为可执行的菜单程序文件（.MPR），以便在 VFP 应用程序中使用。

（5）运行菜单程序。对于编译生成的菜单程序文件，可以在命令窗口或程序代码中用 DO 命令运行。格式如下：

DO〈菜单程序文件名〉

说明：菜单程序文件的扩展名为.MPR，在 DO 命令中不能省略。

10.2　下拉式菜单的设计

10.2.1　菜单设计器

菜单设计器是 VFP 提供的一个可视化设计工具，用户可以以交互方式设计应用程序的菜单系统。使用菜单设计器可以添加新的菜单选项到 VFP 的系统菜单中，定制已有的 VFP 系统菜单；也可以创建一个全新的自定义菜单，代替 VFP 的系统菜单。

1．启动菜单设计器

（1）在项目管理器中打开"其他"选项卡，选中"菜单"项，然后单击"新建"按钮，出现图 10.2 所示的"新建菜单"对话框，单击"菜单"选项。

（2）选择"文件|新建"命令，在"新建"对话框中选择"菜单"文件类型，然后单击"新建文件"按钮，出现图 10.2 所示的"新建菜单"对话框，单击"菜单"选项。

（3）在命令窗口中输入命令：MODIFY MENU 〈文件名〉，其中的〈文件名〉指菜单定义文件，扩展名为.MNX，允许默认。

使用以上方法都可打开图 10.3 所示的"菜单设计器"窗口。

图 10.2　"新建菜单"对话框

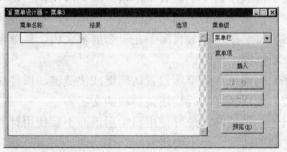

图 10.3　"菜单设计器"窗口

2．菜单设计器

菜单设计器窗口由以下几部分组成。

（1）菜单名称　该列用于指定各菜单项的标题名称及菜单项的访问键。例如，定义一个标题名称为"编辑"的菜单项，并设置其访问键为字符 E，可在菜单名称栏中输入"编辑(\<E)"或 "\<Edit"。注意，在字符 E 前必须加上 "\<" 两个符号。

为增强可读性，可使用分隔线将内容相关的菜单项分隔成组。在"菜单名称"栏中输入"\-"，便可以创建一条分隔线。

在每个菜单项左侧都有一个移动按钮，拖动此按钮可以调整菜单项在当前菜单中的显示位置。

（2）结果　该列用于指定激活菜单项时的动作，有 4 个选项。

① 命令　表示当前菜单项的功能是执行某条命令。命令代码可在列表框右侧的文本框中输入。

② 子菜单　表示所定义的当前菜单项包含子菜单。对于每个菜单项，都可以创建包含其他菜单项的子菜单。

在菜单项中添加子菜单的操作如下：在菜单设计器的"菜单名称"栏中选择要添加子菜单的菜单项，在"结果"框中选择"子菜单"，此时"创建"按钮会出现在列表的右侧。如已经有了子菜单，则此处出现的是"编辑"按钮。单击"创建"或"编辑"按钮，菜单设计器窗口便切换到子菜单输入界面，然后在此窗口界面的"菜单名称"栏中定义子菜单项。子菜单建立完成后，可以从窗口右上方的"菜单级"下拉列表中选择其上级菜单名称，返回上级菜单定义窗口，继续建立其他菜单项。如选择"菜单栏"，可直接返回主菜单定义窗口。

③ 过程　表示菜单被激活时将执行的过程代码。单击列表框右侧的"创建"按钮，可打开一个文本编辑窗口输入和编辑过程代码。"过程"与"命令"选项不同的是，过程可以包含多条命令语句。

④ 填充名称或菜单项#　表示为所选的菜单项指定一个内部名称或序号。若当前定义的是主菜单，则该选项显示为"填充名称"，可以为相应的菜单项指定一个内部名称；若当前菜单为子菜单，则该选项显示为"菜单项#"，可以为相应的菜单项指定一个序号。在程序中将通过该名称或序号引用相应的菜单项。

在"菜单设计器"中，"菜单名称"栏中的内容显示在用户界面上，"结果"框右栏中的内容则出现在生成程序中。

（3）选项　单击各列的"选项"按钮将出现一个"提示选项"对话框，如图 10.4 所示，用户可以为定制的菜单系统设置其他属性。

图 10.4　"提示选项"对话框

① 快捷方式区　用于指定菜单或菜单项的快捷键。其中，"键标签"文本框用于显示快捷键的名称。设置快捷键的方法是：先将光标置于"键标签"文本框中，然后在键盘上按下快捷键，文本框中便会自动显示该快捷键名称。如按下 Ctrl+C 键，文本框中就出现 CTRL+C。"键说明"文本框中的内容通常与用户所设置的快捷键名称相同，它显示在菜单项标题名称的右侧，用做对快捷键的说明。

若要取消已定义的快捷键，可以先用鼠标单击"键标签"文本框，然后按空格键。

② 位置区　用于指定在应用程序中编辑一个 OLE 对象时，菜单标题的位置：

● 无　不选择任何选项，指定菜单标题不设置在菜单栏上。

● 左　指定将菜单标题设置在菜单栏中左边的菜单标题组中。

● 右　指定将菜单标题设置在菜单栏中右边的菜单标题组中。

● 中　指定将菜单标题设置在菜单栏中中间的菜单标题组中。

③ 跳过　设置一个表达式作为允许或禁止菜单项的条件。当菜单激活时，若表达式的值为真，则菜单项以灰色显示，表示当前不可用。例如，在使用"编辑|粘贴"命令时，若尚未执行过一次"复制"或"剪切"操作，即剪贴板的内容为空时，"粘贴"菜单项就呈灰色显示，禁止用户使用。

④ 信息　定义菜单项的说明信息。当选中该菜单项时，这些信息将显示在 VFP 主窗口的状态栏上。

⑤ 菜单项#　指定主菜单项的内部名称或子菜单项的序号。默认状态下，VFP 系统会自动指定一个唯一的名称或序号。

图 10.5　"插入系统菜单栏"对话框

⑥ 备注区　用于添加对菜单项的注释，这种注释不影响生成的菜单程序代码及其运行。

当在"提示选项"对话框中定义过属性后，相应菜单项的选项按钮上就会显示"√"标记。

此外，"菜单设计器"窗口（如图 10.3 所示）中还有以下按钮。

（1）插入　单击此按钮，可在当前菜单项之前插入一个"新菜单项"。

（2）插入栏　进入子菜单设计界面后，该按钮被激活，用于插入一个 VFP 系统菜单项。单击此按钮，打开"插入系统菜单栏"对话框（如图 10.5 所示），其中列出了各种 VFP 系统菜单命令。

（3）删除　单击此按钮，可删除当前菜单项。

（4）预览　单击此按钮，可预览当前定义的菜单，该菜单出现在原来系统菜单的地方。

3. "菜单"的菜单

在菜单设计器环境下，系统菜单中将会添加一个"菜单"菜单项，主要功能有：

（1）快速菜单　用于快速设计菜单。打开菜单设计器后，在尚未输入任何其他内容时，执行该菜单命令将把系统菜单的内容提取到当前菜单设计器中，对该菜单进行修改调整后，可以形成一个新的菜单系统。

（2）生成　执行该命令后运行菜单生成程序，将当前定义的菜单文件（.MNX）生成对应的可执行的菜单程序文件（.MPR）。菜单程序文件与菜单定义文件具有相同的主文件名，默认情况下存放在同一个文件夹中。

其他菜单选项与菜单设计器中的相应命令按钮作用相同。

4. "显示"菜单

在菜单设计器环境下，系统的"显示"菜单中将添加两个菜单项。

（1）常规选项　选择该菜单项将打开"常规选项"对话框，如图 10.6 所示，可以为整个菜单系统指定代码。该对话框有以下几个选项：

① 过程编辑框　在该编辑框中可以为整个菜单系统设置一个过程代码。如菜单系统中的某个菜单项没有规定具体的动作，则在选择该菜单项时执行此处设置的菜单过程代码。

当代码过多超出编辑区域时，将自动激活右侧的滚动条。也可以单击"编辑"按钮，打开一个代码编辑窗口，单击"确定"按钮激活该编辑窗口，输入菜单过程的代码。

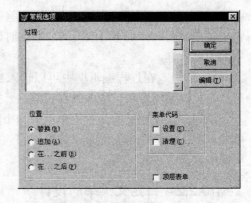

图 10.6　"常规选项"对话框

② 位置区　包含 4 个选项，用于指定当前定义的菜单与系统菜单的关系。

● 替换　将当前的系统菜单替换为用户自定义的菜单系统。

● 追加　将定义的菜单内容附加在当前系统菜单内容的后面。

● 在…之前　将用户定义的菜单内容插入到当前系统菜单中某个指定菜单项的前面。选中该项后将出现一个下拉列表框，列出了当前菜单系统的主菜单名，可从中选择一个菜单名，则已定义的菜单内容将出现在该菜单项的前面。

● 在…之后　将定义的菜单内容插入到当前系统菜单中某个指定菜单项的后面。选中该项后，其右侧将出现一个下拉列表框，列出当前菜单系统的主菜单名，可从中选择一个菜单名，则已定义的菜单内容将出现在该菜单项的后面。

③ 菜单代码区　包括两个复选框。

● 设置　选中此项将打开一个代码编辑窗口，可为定义的菜单系统加入一段初始化代码。单击"确定"按钮可激活编辑窗口，输入代码。

初始化代码通常包含创建环境的代码、定义内存变量的代码、打开所需文件的代码，以及使用 PUSH MENU 和 POP MENU 保存或还原菜单系统的代码，这段代码将在运行显示菜单的命令之前执行。

● 清理　选中此项将打开一个代码编辑窗口，可为定义的菜单系统加入一段清理代码。单击"确定"按钮可激活编辑窗口，输入代码。

典型的清理代码包含初始时启用或废止菜单及菜单项的代码。在生成的菜单程序中，清理代码放置在初始化代码及菜单定义代码之后，为菜单或菜单项指定的过程代码之前。清理代码将在运行显示菜单的命令之后执行，而不是在使用完菜单之后执行。

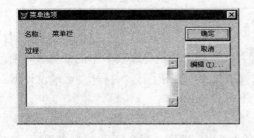

图 10.7　"菜单选项"对话框

④ 顶层表单　菜单设计器创建的菜单系统默认显示在 VFP 系统窗口中，如希望定义的菜单出现在表单中，可选中"顶层表单"复选框，同时将表单设置为"顶层表单"。

（2）菜单选项　选择该菜单项将打开"菜单选项"对话框，如图 10.7 所示，可以为菜单栏（即主菜单）或各子菜单项输入代码。该对话框包含以下几个选项：

① 名称　显示菜单的名称。如当前正在编辑子菜单，则名称可以改变；如当前正在编辑主菜单，则名称是不可改变的。默认时，这里的名称与"菜单设计器"窗口中"菜单名称"中的内容一样。

② 过程　在过程编辑框中可以输入或显示菜单的过程代码。单击"编辑"按钮，将打开一个代码编辑窗口，输入过程代码。

当用户正在定义的是主菜单上的一个菜单项时，这个过程文件可以被主菜单中的所有菜单项调用；如正在定义的是子菜单中的一个菜单项，则此过程可以被这个子菜单的所有菜单项调用。

10.2.2　自定义菜单的设计

上面介绍了利用菜单设计器创建菜单的一般过程，本节将通过两个具体实例说明自定义菜单的设计方法。

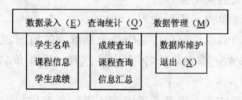

图 10.8　自定义菜单结构

【**例 10.1**】　为教学管理应用程序设计一个菜单系统，如图 10.8 所示。主菜单包含"数据录入"、"查询统计"、"数据管理"3 个菜单项，且各菜单项分别带有下拉子菜单。

操作步骤：

① 规划菜单系统，菜单项的设置如表 10.1 所示。

表 10.1　例 10.1 菜单项的设置

菜 单 名 称	结　果	菜 单 级
数据录入（\<E）	子菜单	菜单栏
学生名单	命令	数据录入 E
课程信息	命令	数据录入 E
学生成绩	命令	数据录入 E
查询统计（\<Q）	子菜单	菜单栏
成绩查询	命令	查询统计 Q
课程查询	命令	查询统计 Q
\-	菜单项#	查询统计 Q
信息汇总	命令	查询统计 Q
数据管理（\<M）	子菜单	菜单栏
数据库维护	命令	数据管理 M
退出（\<X）	命令	数据管理 M

② 创建菜单系统。

● 打开"教学.PJX"项目文件，启动项目管理器，选择"其他"选项卡中的"菜单"项，单击"新建"按钮后，在"新建菜单"对话框中选择"菜单"按钮图标，打开"菜单设计器"窗口。

● 定义主菜单，如图 10.9 所示。

● 定义子菜单，单击"数据录入"菜单项中的"创建"按钮，进入子菜单定义界面，定义子菜单，如图 10.10 所示。

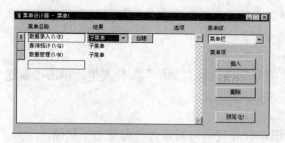

图 10.9　定义主菜单

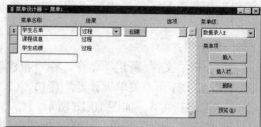

图 10.10　"数据录入"子菜单

从"菜单级"列表框中选择"菜单栏"选项，返回主菜单定义界面，并按同样方法分别定义另外两个子菜单，如图 10.11 和图 10.12 所示。

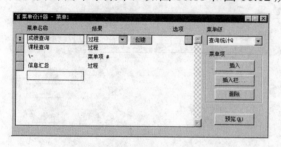

图 10.11　"查询统计"子菜单

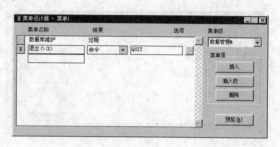

图 10.12　"数据管理"子菜单

- 在"退出"菜单项的命令框中输入命令 QUIT。当执行该菜单项时可退出 VFP 系统。

③ 单击菜单设计器窗口中的"预览"按钮，预览自定义的菜单系统。

④ 选择"文件|另存为"命令，将菜单文件保存在"E:\VFP6\MENUS"文件夹中，输入文件名"教学管理.MNX"。

⑤ 选择"菜单|生成"命令，生成菜单程序，将"教学管理.MNX"菜单定义文件生成为可执行的菜单程序文件"教学管理.MPR"，如图 10.13 所示。

⑥ 关闭菜单设计器，在项目管理器中选中"菜单"项下的"教学管理"菜单，单击"运行"按钮，运行生成的菜单程序文件，结果如图 10.14 所示。

图 10.13　生成菜单程序文件

图 10.14　"教学管理系统"菜单

【例 10.2】　利用菜单设计器创建一个下拉式菜单，结构如图 10.15 所示。主菜单包含 3 个菜单项，且各菜单项分别带有下拉子菜单。

图 10.15　自定义菜单系统

当选择"浏览名单"菜单项时，运行例 8.12 创建的表单"学生情况.SCX"；选择"成绩查询"菜单项时，运行例 8.13 创建的表单"成绩查询.SCX"；选择"退出"菜单项返回。

"编辑"菜单下拉子菜单中的"剪切"、"复制"、"粘贴"3 个选项分别调用相应的系统标准菜单项。

操作步骤：

① 选择"文件|新建"命令，在"新建"对话框中选择"菜单"文件类型。单击"新建文件"按钮，打开"菜单设计器"窗口。

② 定义主菜单，如图 10.16 所示。

③ 单击"退出"菜单项中的"创建"按钮，打开代码编辑窗口，定义如下代码：

```
SET SYSMENU NOSAVE
SET SYSMENU TO DEFAULT    && 将菜单系统恢复为 VFP 系统菜单的标准配置
```

④ 为"学生管理"菜单项定义下拉子菜单，如图 10.17 所示。

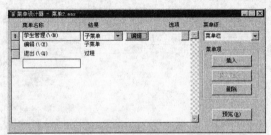

图 10.16　定义主菜单

图 10.17　学生管理子菜单

单击"浏览名单"项中的选项按钮，打开图 10.18（a）所示的"提示选项"对话框。单击"键标签"框，为菜单项设置快捷键，并在"信息"框中输入激活此菜单项时在窗口状态栏中显示的提示信息。按同样方法为"成绩查询"菜单项设置快捷键和提示信息，如图 10.18（b）所示。

（a）

（b）

图 10.18　"提示选项"对话框

在"浏览名单"菜单项的命令框中输入命令：

　　DO FORM E:\VFP6\FORMS\学生情况

在"成绩查询"菜单项的命令框中输入命令：

　　DO FORM E:\VFP6\FORMS\成绩查询

⑤ 返回主菜单定义窗口，单击"编辑"菜单项中的"创建"按钮，进入子菜单定义界面。单击"插入栏"按钮，打开"插入系统菜单栏"对话框，从列表中选择"粘贴"项并单击"插入"按钮。用同样方法插入"复制"和"剪切"项，结果如图 10.19 所示。

图 10.19　编辑子菜单

⑥ 单击菜单设计器窗口中的"预览"按钮，预览自定义的菜单系统。

⑦ 选择"文件|另存为"命令，将文件保存为"自定义菜单.MNX"。

⑧ 选择"菜单|生成"命令，生成菜单程序。

⑨ 关闭菜单设计器，在命令窗口中输入以下命令，运行自定义的菜单。

　　DO　E:\VFP6\MENUS\自定义菜单.MPR

10.2.3　SDI 菜单的设计

SDI 菜单是出现在单文档界面（SDI）窗口中的菜单。使用菜单设计器创建的用户菜单默认显示在 VFP 系统窗口中，不是显示在窗口的顶层，而是在第二层（可以看到 VFP 主窗口标题栏中的标题为"Microsoft Visual FoxPro"）。如希望定义的菜单出现在窗口的顶层，即设计 SDI 菜单，可以创建一个顶层表单，并将用户定义的菜单添加在顶层表单中。具体步骤是：

（1）在菜单设计器中定义用户菜单。

（2）在 VFP 系统菜单中选择"显示|常规选项"命令，在"常规选项"对话框中选中"顶层表单"复选框。

（3）生成菜单程序（.MPR）。

（4）在表单设计器中设计一个表单，然后将表单的 ShowWindows 属性设置为 2，使其成为顶层表单。

（5）在表单的 Init 事件代码中输入以下命令：

　　DO〈菜单程序名〉WITH THIS, .T.

说明：可以进一步将表单的 Caption 属性设置为用户指定的标题。

【例 10.3】　将例 10.2 设计的自定义菜单添加到顶层表单中。

操作步骤：

① 打开"自定义菜单.MNX"文件，进入菜单设计器窗口。

② 选择"显示|常规选项"命令，在"常规选项"对话框中选中"顶层表单"复选框。

③ 单击常用工具栏中的"保存"按钮，保存修改后的自定义菜单；然后选择"菜单|生成"命令，重新生成菜单程序"自定义菜单.MPR"。

④ 选择"文件|新建"命令，在"新建"对话框中选择"表单"文件类型。单击"新建文件"按钮，打开表单设计器，设置表单属性。

Caption:	顶层表单
AlwaysOnTop:	.T.
AutoCenter:	.T.
ShowWindows:	2-作为顶层表单

⑤ 为表单的 Init 事件过程添加如下代码。

DO E:\VFP6\MENUS\自定义菜单.MPR WITH THIS, .T.

⑥ 选择"文件|另存为"命令，输入文件名"顶层表单.SCX"。

图 10.20　单文档菜单

⑦ 运行顶层表单，结果如图 10.20 所示。

10.3　快捷菜单的设计

鼠标在窗口界面对象上右击时，将显示快捷菜单。快捷菜单通常列出与相应对象有关的功能命令。与下拉式菜单相比，快捷菜单没有条形菜单栏，只有一个弹出式菜单。

利用菜单设计器可以创建快捷菜单，并可以将这些菜单附加在控件中。例如，可创建包含"剪切"、"复制"和"粘贴"命令的快捷菜单，当用户在表格控件所包含的数据上右击时，出现此快捷菜单。

创建快捷菜单的具体步骤如下：

（1）选择项目管理器中的"其他"选项卡，选定"菜单"选项，并单击"新建"按钮。在"新建菜单"对话框中单击"快捷菜单"按钮，打开"快捷菜单设计器"窗口。

（2）在"快捷菜单设计器"中添加菜单项的过程与创建下拉式菜单完全相同，即在"菜单名称"框中指定相应的菜单标题，在"结果"框中选择菜单项激活后的动作并编写相应的命令或过程代码，单击"选项"栏中的按钮后，在"提示选项"对话框中设置快捷键等。

（3）预览快捷菜单。

（4）选择"文件|另存为"命令，保存快捷菜单的定义文件（.MNX）。

（5）选择"菜单|生成"命令，生成相应的菜单程序文件（.MPR）。

若要使用创建的快捷菜单，可以在表单设计器环境下选定需要调用快捷菜单的对象，在该对象的 RightClick 事件过程中添加调用快捷菜单程序的代码：

图 10.21　在表单中调用快捷菜单

DO <快捷菜单程序文件名>

说明：快捷菜单程序文件的扩展名.MPR 不能省略。

【例 10.4】　为表单的一个标签控件建立快捷菜单，结构如图 10.21 所示。快捷菜单中包含 3 个菜单项：字体（F）、颜色（C）、大小（S），它们分别带有下级子菜单。选择不同的字体、颜色、大小时，标签标题随之发生相应的改变。

操作步骤：

① 选择"文件|新建"命令，从"新建"对话框中选择"菜单"文件类型，在"新建菜单"对话框中单击"快捷菜单"按钮，打开"快捷菜单设计器"窗口。

② 定义快捷菜单各选项的名称，如表 10.2 所示。3 个子菜单的设置结果如图 10.22 所示。

表 10.2　快捷菜单项的设置

菜 单 名 称	结　果
字体(\<F)	子菜单
宋体	过程：DO CASE
	CASE BAR( ) = 1　　　　　　　　&& 函数 BAR( )返回最近一次
	ft = "宋体"　　　　　　　　&& 选择的菜单项的序号
黑体	CASE BAR( ) = 2
	ft = "黑体"
隶书	CASE BAR( ) = 3
	ft = "隶书"
	CASE BAR( ) = 4
	ft = "楷体_GB2312"
楷体	ENDCASE
	_VFP.ActiveForm.Label1.FontName = ft
颜色（\<C）	子菜单
黑色	过程：DO CASE
	CASE BAR( ) = 1　　　　　　　　&& 函数 RGB( )返回一种由给定的
	cl = RGB(0,0,0)　　　　　　&& 红、绿、蓝颜色值合成的颜色
红色	CASE BAR( ) = 2
	cl = RGB(255,0,0)
蓝色	CASE BAR( ) = 3
	cl = RGB(0,0,255)
	CASE BAR( ) = 4
	cl = RGB(255,255,0)
黄色	ENDCASE
	_VFP.ActiveForm.Label1.ForeColor = cl
大小（\<S）	子菜单
12	命令：_VFP.ActiveForm.Label1.FontSize = 12
16	命令：_VFP.ActiveForm.Label1.FontSize = 16
20	命令：_VFP.ActiveForm.Label1.FontSize = 20

③ 在"菜单级"列表框中选择"快捷菜单"项，回到顶层菜单。选择"字体"菜单项，单击"编辑"按钮，重新进入"字体"子菜单，如图 10.22（a）所示。然后选择"显示|菜单选项"命令打开"菜单选项"对话框，单击"编辑"按钮，再单击"确定"按钮，进入代码编辑窗口，为"字体"编写通用过程，代码如表 10.2 所示。关闭编辑窗口，返回菜单设计器。

在"菜单级"列表框中选择"快捷菜单"项，回到顶层菜单。选择"颜色"菜单项，单击"编辑"按钮重新进入"颜色"子菜单，如图 10.22（b）所示。按同样方法，为"颜色"子菜单中的各菜单项编写通用过程，代码如表 10.2 所示。关闭编辑窗口，返回菜单设计器。

在"菜单级"列表框中选择"快捷菜单"项，回到顶层菜单。选择"大小"菜单项，单击"编辑"按钮重新进入"大小"子菜单，如图 10.22（c）所示。在各子菜单项的命令框中输入相应的代码，内容如表 10.2 所示。

④ 单击"预览"按钮，预览快捷菜单。

⑤ 选择"文件|另存为"命令，保存创建的快捷菜单，输入文件名"快捷菜单.MNX"。

⑥ 选择"显示|生成"命令，生成相应的菜单程序文件"快捷菜单.MPR"。

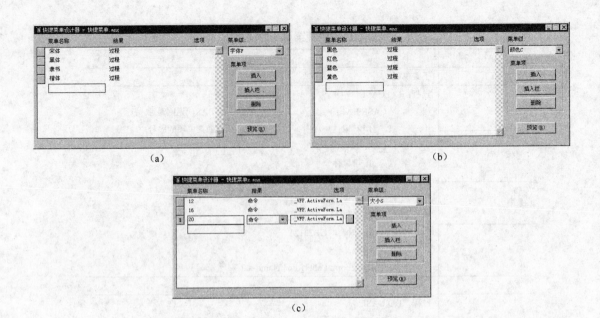

(a)   (b)

(c)

图 10.22   定义子菜单

⑦ 选择"文件|新建"命令，在"新建"对话框中选择"表单"文件类型。单击"新建文件"按钮，打开表单设计器，设置表单属性。

Caption:	调用快捷菜单
AlwaysOnTop:	.T.
AutoCenter:	.T.
Left:	50

⑧ 在表单中添加一个标签控件，设置标签属性。

AutoSize:	.T.
BackStyle:	0-透明
Caption:	欢迎进入教学管理系统
FontName:	宋体
FontSize:	12
ForeColor:	0,0,0

双击标签控件，打开代码编辑窗口，为标签的 RightClick 事件过程添加以下代码：

DO E:\VFP6\MENUS\快捷菜单.MPR

⑨ 选择"文件|另存为"命令，输入文件名"调用快捷菜单.SCX"，保存表单文件。

运行"调用快捷菜单"表单，当右击标签对象时，弹出图 10.21 所示的快捷菜单，选择不同的菜单项可使标签的标题文字做出相应的改变。

10.4   用编程方式定义菜单

在 VFP 中，既可以使用"菜单设计器"创建下拉式菜单和快捷菜单，也可以使用 VFP 的命令来创建，具体命令如下：

（1）定义主菜单栏：使用 DEFINE MENU 命令。

（2）定义主菜单的菜单项：使用 DEFINE PAD 命令。

（3）定义弹出式菜单：使用 DEFINE POPUP 命令。

（4）定义弹出式菜单的菜单项：使用 DEFINE BAR 命令。

菜单定义命令的格式比较复杂，这里不再详细介绍，可以参阅其他文献。

下面是例 10.2 生成的菜单程序"自定义菜单.MPR"的内容，通过分析该程序可以了解菜单定义命令的用法。

在命令窗口中输入命令：

  MODIFY COMMAND E:\VFP6\MENUS\自定义菜单.MPR

打开代码编辑窗口，显示以下代码。

```
*       **********************************************************
*       *
*       * 08/16/02              自定义菜单.MPR              12:17:31
*       *
*       **********************************************************
*       *
*       * 作者名称
*       *
*       * 版权所有 (C) 2002  公司名称
*       * 地址
*       * 城市,        邮编
*       * 国家
*       *
*       * 说明:
*       * 此程序由 GENMENU 自动生成。
*       *
*       **********************************************************
*       **********************************************************
*       *
*       *                        菜单定义
*       *
*       **********************************************************
*

SET SYSMENU TO
SET SYSMENU AUTOMATIC
DEFINE PAD _0qq0iox9g OF _MSYSMENU PROMPT "学生管理(\<M)" COLOR SCHEME 3 ;
      KEY ALT+M, ""
DEFINE PAD _0qq0iox9h OF _MSYSMENU PROMPT "编辑(\<E)" COLOR SCHEME 3 ;
      KEY ALT+E, ""
DEFINE PAD _0qq0iox9i OF _MSYSMENU PROMPT "退出(\<Q)" COLOR SCHEME 3 ;
      KEY ALT+Q, ""
ON PAD _0qq0iox9g OF _MSYSMENU ACTIVATE POPUP 学生管理 m
```

```
ON PAD _0qq0iox9h OF _MSYSMENU ACTIVATE POPUP 编辑 e
ON SELECTION PAD _0qq0iox9i OF _MSYSMENU ;
    DO _0qq0iox9j ;
    IN LOCFILE("\VFP6\MENUS\自定义菜单","MPX;MPR|FXP;PRG","WHERE is 自定义菜
    单? ")


DEFINE POPUP 学生管理 m MARGIN RELATIVE SHADOW COLOR SCHEME 4
DEFINE BAR 1 OF 学生管理 m PROMPT "浏览名单";
    KEY CTRL+B, "Ctrl+B";
    MESSAGE "浏览学生登记表"
DEFINE BAR 2 OF 学生管理 m PROMPT "成绩查询";
    KEY CTRL+Q, "Ctrl+Q";
    MESSAGE "查询学生各门课程的成绩"
ON SELECTION BAR 1 OF 学生管理 m do form e:\vfp6\forms\学生情况
ON SELECTION BAR 2 OF 学生管理 m do form e:\vfp6\forms\成绩表单


DEFINE POPUP 编辑 e MARGIN RELATIVE SHADOW COLOR SCHEME 4
DEFINE BAR _med_cut OF 编辑 e PROMPT "剪切(\<T) ";
    KEY CTRL+X, "Ctrl+X";
    MESSAGE "移去选定内容并将其放入剪贴板"
DEFINE BAR _med_copy OF 编辑 e PROMPT "复制(\<C)";
    KEY CTRL+C, "Ctrl+C";
    MESSAGE "将选定内容复制到剪贴板上"
DEFINE BAR _med_paste OF 编辑 e PROMPT "粘贴(\<P) ";
    KEY CTRL+V, "Ctrl+V";
    MESSAGE "粘贴剪贴板上的内容"


*       ********************************************************
*       *
*       * _0QQ0IOX9J    ON SELECTION PAD
*       *
*       * Procedure Origin:
*       *
*       * From Menu:    自定义菜单.MPR,            Record:    12
*       * Called By:    ON SELECTION PAD
*       * Prompt:       退出(Q)
*       * Snippet:      1
*       *
*       ********************************************************
*
PROCEDURE _0qq0iox9j
set sysmenu nosave
set sysmenu to default
```

菜单程序中各部分的含义说明如下。

（1）开发者信息。GENMENU.PRG 程序在生成时使用项目管理中开发者的信息来生成此部分的内容。

（2）使用 SET SYSMENU 命令关闭系统菜单。

（3）使用 DEFINE PAD 命令定义主菜单栏。本例定义了 3 个主菜单项"学生管理"、"编辑"和"退出"。主菜单项关键字是 PAD，ON PAD…表示当单击该菜单项后所执行的操作。

（4）使用 DEFINE POPUP 命令定义下拉式菜单。本例定义了 2 个下拉菜单"学生管理 m"和"编辑 e"。下拉式菜单的关键字是 POPUP，下拉式菜单的菜单项关键字是 BAR。下拉式菜单的菜单项号为 1，2 等。ON SELECTION BAR…命令用于执行下拉式菜单中菜单项的功能。

（5）使用 Procedure 命令定义过程。在菜单设计器中可以直接编写过程。本例定义了"退出"菜单项的过程代码。

在菜单操作中有一个常用命令 SET SYSMENU，其功能是允许或禁止在程序执行时访问系统菜单，也可以重新配置系统菜单。

格式：SET SYSMENU ON | OFF | AUTOMATIC

    | TO [<弹出式菜单名表>] | TO [<主菜单项名表>] | TO [DEFAULT] | SAVE | NOSAVE

说明：

① ON 表示允许程序执行时访问系统菜单；OFF 表示禁止程序执行时访问系统菜单；AUTOMATIC 表示使系统菜单显示出来，可以访问系统菜单。

② TO <弹出式菜单名表>表示重新配置系统菜单，并以内部名字列出可用的弹出式菜单项。

③ TO <主菜单名表>表示重新配置系统菜单，并以主菜单项内部名字的列表列出可用的子菜单。

④ TO DEFAULT 表示将系统菜单恢复为默认配置。

⑤ SAVE 表示将当前的系统菜单配置指定为默认配置；NOSAVE 表示将默认配置恢复成 VFP 系统菜单的标准配置。

⑥ 不带参数的 SET SYSMENU TO 命令将屏蔽系统菜单，使系统菜单不可用。

习　题　10

10.1　思考题

1. 简述如何创建下拉式菜单。

2. 什么是快捷菜单？何时使用快捷菜单？

3. 如何在用户菜单中加入系统菜单？

4. 如何在顶层表单中添加菜单？

5. 如何在弹出菜单的菜单项之间插入分隔线，将内容相关的菜单项分隔成组？

6. 如何给菜单项设置访问键或快捷键？

10.2　选择题

1. 打开"菜单设计器"窗口后，在 VFP 主窗口的系统菜单中增加的菜单项是（　　）。

 （A）菜单　　　　（B）屏幕　　　　　（C）浏览　　　　　　（D）数据库

2. 在菜单设计器窗口中，如要为某个菜单项设计一个子菜单，则该项的"结果"列应选择（　　）。

 （A）命令　　　　（B）过程　　　　　（C）子菜单　　　　　（D）菜单项

3. 在 VFP 中，可以执行的菜单文件的扩展名为（　　）。

　　（A）MNX　　　　　　（B）PRG　　　　　　（C）MPR　　　　　　（D）MNT

4. 要将"Edit"菜单项中的字符 E 设置为访问键（结果为"Edit"），下列方法中正确的是（　　）。

　　（A）Edit(\<E)　　　（B）\<Edit　　　　（C）Edit(\>E)　　　（D）\>Edit

10.3　填空题

1. 在命令窗口中执行_____命令可以启动菜单设计器，建立或修改菜单文件。

2. 菜单设计器窗口中的_____组合框可用于上、下级菜单之间的切换。

3. 在菜单设计器中，当某菜单项对应的任务需要用多条命令完成时，在"结果"框中应选择_____。

4. 若要将表单设置为顶层表单，其 ShowWindow 属性应设置为_____。

5. 若要为表单的一个对象设置快捷菜单，通常要在该对象的_____事件代码中添加调用该快捷菜单程序的命令。

6. 利用菜单设计器设计自定义菜单时，若要在子菜单中插入 VFP 系统菜单，可在菜单设计器的"菜单项"组框中单击_____按钮，打开"插入系统菜单栏"对话框，选择需要插入的系统菜单项。

10.4　上机练习题

1. 设计一个下拉菜单，如图 10.23 所示。"打开"和"关闭"选项分别调用相应的系统标准功能。"职工档案"选项用于打开一个"职工表"表单，"职工工资"选项用于打开一个"工资表"表单，"工资查询"选项用于打开一个"工资查询"表单（这 3 个表单分别参见第 8 章上机题）。"退出"选项的功能是恢复标准的 VFP 系统菜单。将该菜单保存在"E:\VFP 练习\菜单"文件夹中，文件名为"自定义菜单.MNX"。

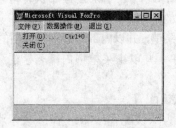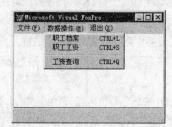

图 10.23　自定义菜单

2. 将第 1 题中设计的"自定义菜单"添加到一个顶层表单中，结果如图 10.24 所示。将该表单保存在"E:\VFP 练习\表单"文件夹中，文件名为"顶层表单.SCX"。

3. 为第 2 题中设计的"顶层表单"建立一个快捷菜单，如图 10.25 所示。选中"日期"或"时间"选项，表单标题将变为系统当前日期或时间。选中"还原"选项，表单标题将恢复为原有的标题。选择不同的颜色选项，将改变表单的背景色。

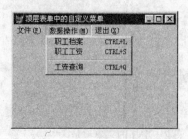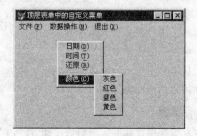

图 10.24　顶层表单中的自定义菜单　　　　图 10.25　表单的快捷菜单

第 11 章　应用系统的开发

学习数据库管理系统软件的主要目的是为了开发用户自己的信息管理系统。本章将以教学管理应用系统的开发过程为例，介绍开发数据库应用程序的总体方法和步骤，以及如何利用 VFP 的项目管理器将应用程序开发所需要的数据表、数据库、表单、报表及菜单等功能模块组织起来，最终生成一个可在 Windows 环境下直接运行的可执行文件。

11.1　系统开发的一般过程

要设计一个高质量的数据库应用系统，必须从软件工程的角度来考虑和分析问题。软件开发通常要经过分析、设计、实施、测试、维护等几个阶段。

（1）分析阶段　开发数据库应用系统首先必须明确用户的各项需求，并通过对开发项目信息的收集，确定系统目标和软件开发的总体构思。

（2）设计阶段　通过第一阶段的分析，明确了系统要"做什么"，接下来就要考虑"怎样做"，即如何实现软件开发的目标。设计阶段的基本任务是建立软件系统的结构，包括数据结构和模块结构，并明确每个模块的输入、输出以及应完成的功能。

数据处理是数据库应用系统的主要功能，因此，设计阶段的主要工作之一就是对数据库的设计，确定应用系统所需各种数据的类型、格式、长度和组织方式等。数据库设计性能的优劣将直接影响整个数据库应用系统的性能和执行效率。数据库的设计可以分为概念结构设计、逻辑结构设计和物理设计几个步骤。

概念结构设计主要是通过综合、归纳与抽象，形成一个独立于 DBMS 的概念模型（E-R 模型）；逻辑结构设计是将概念结构转换为某个 DBMS 所支持的数据模型（如 VFP 支持的关系数据模型）并对其进行优化；物理设计是为逻辑数据模型选择一种合适的存储结构和存储方法。

（3）实施阶段　经过理论上的分析和规划设计后，就要用某种数据库管理系统软件来实现上述方案，通常包括以下几个方面：

① 菜单设计　用于组织应用程序的各项功能。

② 界面设计　用于控制数据输入和输出的种类、方式及格式。用户界面作为用户和应用系统之间的接口，既要方便用户使用，还要清晰、直观地展示数据信息，给用户创造一个良好的工作环境。

③ 功能模块设计　用于完成具体的数据处理工作，如数据的录入、修改和编辑，信息的查询与统计等，一般通过控件的事件代码来实现。

④ 系统安全性设计　除了完成基本的数据操作和数据处理工作，系统设计人员还应充分考虑到系统在运行时可能会发生的各种意外情况，如非法数据的录入、操作错误等。可在程序中设置各种错误陷阱来捕获错误信息，并采取相应措施避免程序运行时出现跳出、死机等现象，确保程序的安全性和可靠性。

⑤ 调试程序　当一个程序编写完成后，应该对它进行调试，找出程序中的各种错误（包

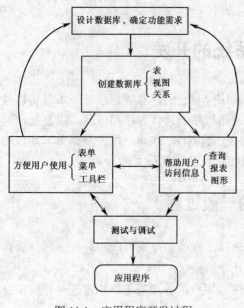

图 11.1 应用程序开发过程

括语法错误和算法设计错误）。编写程序时，"设计—编程—调试—修改—调试"的过程是一个迭代重复的过程。

（4）测试阶段 测试阶段的任务有以下几项：

① 验证应用程序是否在不同条件下都能得到正确的结果（即是否还存在算法错误）。

② 检查应用程序是否能够完全满足用户的需求，在功能上是否还有遗漏。

③ 检验在程序运行过程中对可能遇到的问题是否都有相应的解决措施，进一步确保系统正式投入运行时的安全性和可靠性。

（5）运行维护阶段 应用系统经过反复测试后可投入正式运行，并在运行过程中对其不断修改、调整和完善。

图 11.1 表示了数据库应用程序开发的一般过程。

11.2 构造 Visual FoxPro 应用程序

11.2.1 项目的建立

1. 应用程序的基本组成

一个典型的 VFP 数据库应用系统通常包括以下几部分：

（1）数据库 存储应用程序要处理的所有原始数据。根据应用系统的复杂程度，可以只有一个数据库，也可以有多个数据库。

（2）用户界面 提供用户与数据库应用程序之间的接口，通常有一个菜单、一个工具栏和多个表单。菜单可以让用户快捷、方便地操纵应用程序提供的全部功能，工具栏则可以让用户更方便地使用应用程序的基本功能。表单作为最主要的用户界面形式，提供给用户一个数据输入和显示的窗口，通过调用表单中的控件，如命令按钮，可以完成各种数据处理操作，可以说，用户的绝大部分工作都是在表单中进行的。

（3）事务处理 提供特定功能代码，完成查询、统计等数据处理工作，以便用户可以从数据库的众多原始数据中提取需要的各项信息。这些工作主要是在事件的响应代码中设计完成的。

（4）打印输出 将数据库中的信息按用户要求的组织方式和数据格式打印输出，以便长期保存，或供多人传阅。这部分功能主要是由各种报表和标签实现的。

（5）主程序 用于设置应用程序的系统环境和起始点，是整个应用程序的入口点。

在设计应用程序时，应仔细规划每个部分的功能及与其他部分之间的关系。

2. 应用系统的组织和管理

（1）建立目录结构 数据库应用程序通常由数据库、用户界面、查询选项和报表等组成。一个完整的应用程序，无论规模大小，都会涉及多种类型的文件，如数据库、数据表、菜单、表单、报表等。同时，VFP 系统还会生成相应的辅助文件，如备注文件、索引文件等。所以，在设计应用程序时应该建立一个分层目录结构，分类存储不同类型的文件，以便于管理和维护。例如，可建立图 11.2 所示的目录结构，将所有的数据表文件及其相关的索引文件和备注文件存放在 Data 文件夹中，将表单文件、报表文件、菜单文件分别存放在 Forms, Reports, Menus 文件夹中。

图 11.2　应用程序目录结构

（2）利用项目管理器组织项目　建立目录结构可实现在存储位置上对各类文件的管理，利用项目管理器可以将 VFP 应用程序中要使用的各类对象，如文件、数据、文档等，从逻辑上进行组织，创建为一个项目，并由此生成最终的应用程序。项目管理器是 VFP 提供给系统开发人员的一个用于组织和管理项目中各类数据和对象的重要工具，也是系统开发人员的主要工作平台。

一个 VFP 项目包含若干独立的组件，这些组件作为单独的文件保存。一个文件若要包含在一个应用程序中，必须添加到项目中。这样在编译应用程序时，VFP 才会在最终的产品中将该文件作为组件包含进来。

用项目管理器可以很方便地将文件加入到项目中，组织和管理整个应用系统。将文件添加到项目中一般有两种方法：

① 直接在项目管理器中新建文件　创建或打开已有的项目文件，启动项目管理器，单击"新建"按钮，新建文件，这些文件将自动包含在项目中。

② 将已有的文件添加到项目中　单独开发各个模块或部件，然后打开项目管理器，单击"添加"按钮，将各类文件加入到当前项目中。

如在一个程序或者表单中引用了某些文件，则 VFP 会将它们添加到项目中。例如，在一个项目中，如某程序包含如下命令：

　　　　DO FORM ORDERS.SCX

那么 VFP 会将 Orders.scx 文件添加到项目中。

3．加入项目信息

用户开发的应用系统中一般都包含与项目有关的信息，如开发者的姓名、地址，项目的主目录等。这些信息在编译应用程序时，会包含到应用程序中。加入项目信息的方法是：打开项目管理器，选择"项目|项目信息"命令，或者右击项目管理器窗口，从快捷菜单中选择"项目信息"，打开"项目信息"对话框，如图 11.3 所示。

（1）在"项目"选项卡中有以下选项。

① 开发者的信息　如作者的姓名、单位、地址、所在城市等。

② 定位项目的主目录　如"教学"项目中的"E:\VFP6"。

③ "调试信息"复选框　若选中，在应用程序文件中将包含调试信息。调试信息通常在程序调试阶段使用，帮助系统开发人员

图 11.3　"项目信息"对话框

了解整个程序的运行状况，以发现程序中可能存在的错误。加入调试信息会增加程序的大小，所以在交付用户使用之前，对应用程序进行最后一次连编时应清除此复选框。

图 11.4　"文件"选项卡

④ "加密"复选框　若选中，则可以对应用程序进行加密，防止他人获取应用程序的源代码。

⑤ "附加图标"复选框　选中此项，可激活"图标"按钮，以便为生成的应用程序指定一个图标。应用程序处于最小化状态时会显示此图标。

（2）在"文件"选项卡中，可以查看添加到项目管理器中的所有文件信息，如图 11.4 所示。文件按名称排列，单击各栏目的标题按钮可以改变排序方式。

4. 主程序的设计

当运行一个数据库应用程序时，首先启动的是该应用程序的主文件，主文件再依次调用所需要的其他组件。每个数据库应用系统都必须包含一个主文件，它是应用程序的起始点。主文件可以是程序文件或其他类型的文件，一般使用程序作为应用系统的主文件，该程序称为主程序。但也可以使用顶层表单作为主文件，这样就将主文件的功能和初始的用户界面集成在一起。

主程序是整个应用系统的主控程序，是系统首先要执行的程序。主程序通常负责初始化环境、显示初始的用户界面、控制事件循环，以及在退出应用程序时恢复原始的开发环境。所以，在应用程序的主程序文件（.PRG）中，必须包含一些必要的命令，以控制与应用程序的主要任务相关的任务。在主文件中，没有必要直接包含执行所有任务的命令，常用的做法是调用过程或函数来控制某些任务。一个简单的主程序应该包括以下命令：

- 初始化环境的命令及打开数据库、声明变量的命令。
- 调用一个菜单或表单的命令，建立初始的用户界面。
- 执行 READ EVENTS 命令，建立事件循环。注意，结束事件循环一般是通过一个菜单项或表单上的按钮执行 CLEAR EVENTS 命令完成的，主程序不应执行此命令。
- 应用程序退出时，恢复环境的命令。

（1）初始化环境　主程序必须做的第一件事情就是对应用程序的环境进行初始化。在启动 VFP 系统时，默认的开发环境将建立 SET 命令和系统变量的值。但是，对特定的应用程序来说，这些值并非最合适的。因此，需要在特定应用程序的启动代码中建立特定的环境设置。

在建立应用程序工作环境时，应该先保存系统的原始环境，以备在退出应用程序时正确还原。

例如，如要测试 SET TALK 命令的默认值，同时保存该值，并将应用程序的 TALK 设为 OFF，可以在启动过程中包含如下代码：

```
IF   SET('TALK') = "ON"
     SET   TALK   OFF
     cTalkVal = "ON"                &&  保存初始设置
```

```
      ELSE
          cTalkVal = ″OFF″
      ENDIF
```

除了环境以外,其他的初始化工作有:初始化变量,建立应用程序的默认路径,打开需要的数据库、表及索引,添加外部库和过程文件等。如应用程序需要访问远程数据,则初始的例行程序还可以提示用户提供所需的注册信息。

例如,在教学管理应用系统的主程序 MAIN.PRG 中可以包含以下语句:

```
SET  TALK  OFF
SET  SYSMENU  OFF
SET  CENTURY  ON
SET  DATE  TO  YMD
CLOSE  ALL
CLEAR  ALL
SET  DEFAULT  TO  E:\VFP6
SET  PATH  TO  PROGS, FORMS, CLASS, MENUS, DATA, REPORTS, GRAPHICS
OPEN  DATABASE  教学管理  EXCLUSIVE
```

(2)显示初始的用户界面 初始的用户界面可以是一个菜单,也可以是一个表单或其他组件。通常,在显示主菜单或表单之前,应用程序先出现一个启动屏幕或登录口令对话框,以控制非法用户使用本系统。

在主程序中,可以使用 DO <程序文件名>命令运行一个菜单,或者使用 DO FORM <表单文件名>命令运行一个表单以初始化用户界面。例如,

```
DO  教学管理.MPR
DO  FORM  登录表单.SCX
```

(3)控制事件循环 应用程序的环境建立之后,将显示初始的用户界面,这时需要建立一个事件循环来等待用户的交互动作。

① 控制事件循环 执行 READ EVENTS 命令,开始事件循环,使系统可以处理鼠标单击、输入等用户事件。

从执行 READ EVENTS 命令开始,到相应的 CLEAR EVENTS 命令执行期间,主文件中所有的处理过程全部挂起,因此将 READ EVENTS 命令正确地放在主文件中十分重要。例如,可以将 READ EVENTS 命令作为初始化过程的最后一个命令,在初始化环境并显示了用户界面后执行。如在初始过程中没有 READ EVENTS 命令,应用程序运行后将返回到操作系统中。

在启动了事件循环之后,应用程序将处在所有最后显示的用户界面元素控制之下。例如,如在主程序中执行下面的两个命令,应用程序将显示表单"登录表单.scx":

```
DO  FORM  登录表单.SCX
READ  EVENTS
```

如在主文件中没有包含 READ EVENTS 或等价的命令,在开发环境的"命令"窗口中可以正确地运行应用程序。但是,如要在菜单或者主屏幕中运行应用程序,程序将显示片刻,然后退出。

② 结束事件循环　执行 CLEAR EVENTS 命令退出事件循环。通常情况下，可以使用一个菜单项或表单上的一个命令按钮，如"退出"菜单或"退出"按钮，执行 CLEAR EVENTS 命令。CLEAR EVENTS 命令将挂起 VFP 的事件处理过程，同时将控制权返回给执行 READ EVENTS 命令并开始事件循环的程序。

（4）恢复初始的开发环境　如要恢复存储变量的初始值，可以将它们宏替换为原始的 SET 命令。例如，在公有变量 cTalkVal 中保存了 SET TALK 设置，可以执行下面的命令恢复初始的 TALK 设置：

    SET　TALK　&cTalkval

5. 主程序的设置

主程序是整个应用程序的入口点，当用户运行应用程序时，将首先启动主程序文件。设置主程序有以下两种方法：

图 11.5　设置主文件

（1）在项目管理器中右击要设置的主程序文件，从快捷菜单中选择"设置主文件"，如图 11.5 所示。也可以选择"项目|设置主文件"命令。

在项目管理器中，设置为主文件的文件名以黑体显示。

（2）在"项目信息"对话框的"文件"选项卡中，右击要设置的主程序文件，从快捷菜单中选择"设置主文件"。

一个应用程序只有一个起始点，所以系统的主文件是唯一的。当重新设置主文件时，原来的设置将自动解除。

11.2.2　连编应用程序

使用 VFP 创建面向对象的事件驱动应用程序时，可以每次只建立一部分模块。这种模块化构造应用程序的方法可以使开发者在每完成一个组件后，就对其进行检验。在完成了所有的功能组件之后，就可以进行应用程序的集成和编译。对整个项目进行联合调试和编译的过程称为连编项目。经过连编，VFP 系统将所有在项目中引用的文件（除了那些标记为排除的文件外）合成为一个应用程序文件。

1. 文件的"排除"与"包含"

（1）排除与包含　在项目管理器中，数据表文件名左侧带有排除标记"∅"的文件为排除文件，如图 11.6 所示，表示此文件从项目中排除。被排除的文件可以在最终生成的应用程序中修改。"包含"与"排除"相对，在项目中标记为"包含"的文件在项目编译之后将变为只读文件，也就是在生成的应用程序中不允许再修改。

将一个项目编译成一个应用程序时，该项目包含的所有文件将合成为一个单一的应用程序文件。

图 11.6　项目中带排除标记的表

在项目连编之后，那些在项目中标记为"包含"的文件将变为只读文件，而标记为"排除"的文件仍然是应用程序的一部分，因此 VFP 仍可跟踪，将它们看成项目的一部分。但是这些文件作为独立的文件存在于应用系统中，没有在应用程序的文件中编译，所以可以更新。如应用程序中带有需要用户修改的文件，就必须将该文件标为"排除"。VFP 假设数据库和表在应用程序中可以修改，所以默认数据库和表为"排除"文件。

作为通用的准则，可执行程序（如表单、报表、查询、菜单和程序文件）应该在应用程序文件中为"包含"，而数据文件为"排除"。但是，可以根据应用程序的需要包含或排除文件。例如，一个文件如包含敏感的系统信息或者包含只用来查询的信息，则该文件可以在应用程序文件中设为"包含"，以免不小心被更改。反过来，如应用程序允许用户动态更改一个报表，则可将该报表设为"排除"。如将一个文件设为排除，必须保证 VFP 在运行应用程序时能够找到该文件。为安全起见，可将所有不需要用户更新的文件设为包含，应用程序文件（.APP）不能设为包含，类库文件（.OCX、.FLL 和.DLL）可以有选择地设为排除。

（2）设置文件的排除与包含　如应用程序中带有需要用户修改的文件，必须将该文件设置为"排除"。对于不需要用户更新的文件，可设置为"包含"，方法是：

① 在项目管理器中，右击选定要设置为排除的文件，从快捷菜单中选择"排除"命令，或者选择"项目|排除"命令。排除的文件在其文件名左边出现排除标记（"∅"）。

② 在项目管理器中，右击选定要设置为包含的文件，从快捷菜单中选择"包含"命令，或者选择"项目|包含"命令。

注意：项目管理器将标记为主文件的文件自动设置为"包含"，且不能排除。

在"项目信息"对话框的"文件"选项卡中，可一次性查看项目中所有文件的排除与包含信息，在"包含"栏中带"×"标记的为包含，空的表示排除，如图 11.4 所示。单击此标记，也可设置文件的"包含"或"排除"。

2．连编项目

为了校验程序中的引用，并检查所有的程序组件是否可用，需要对项目进行测试。通过重新连编项目，VFP 会分析文件的引用，然后重新编译过期的文件。

连编项目将使 VFP 系统对项目的整体性进行测试，此过程的最终结果是将所有在项目中引用的文件（除了那些标记为排除的文件）合成为一个应用程序文件，最后将应用程序文件、数据文件及其他排除的项目文件一起发布给用户，用户可运行该应用程序。

连编项目时，VFP 系统将分析对所有文件的引用，并自动把所有的隐式文件包含在项目中。如通过用户自定义的代码引用任何一个其他文件，项目连编也会分析所有包含及引用的文件。在下一次查看该项目时，引用的文件会出现在项目管理器中。

项目管理器解决不了对图片（.BMP 或 .MSK）文件的引用，因为这取决于在代码中如何使用图片文件，因此需要将这些文件手工添加到项目中。项目连编也不能自动包含那些用"宏替换"引用的文件，因为在应用程序运行之前不知道该文件的名字。如应用程序要引用"宏替换"的文件，必须手工添加这些引用文件。

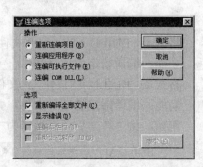

图 11.7　"连编选项"对话框

连编项目文件的方法如下。

（1）项目管理器方式

单击"连编"按钮，出现图 11.7 所示的"连编选项"

对话框，选择"重新连编项目"项。

若同时选中"显示错误"复选框，则连编过程中如发生错误，可以立刻查看错误文件。错误文件中收集了编译过程中出现的所有错误，该文件主名与项目文件相同，扩展名为 .ERR。编译错误的数量显示在状态栏中。

若同时选中"重新编译全部文件"复选框，VFP 系统将重新编译项目中的所有文件；否则，只会重新编译上次连编后修改过的文件。

（2）命令方式

格式：BUILD PROJECT〈项目文件名〉

功能：编译指定的项目文件。

例如，在命令窗口中输入以下命令，对"教学"项目进行连编：

    BUILD PROJECT E:\VFP6\教学

说明：如在连编过程中发生错误，应该及时排除错误，并反复进行"重新连编项目"，直至没有错误。另外，当向项目中添加新的组件后，应该重新连编项目。

3．连编应用程序

当成功地连编项目之后，在建立应用程序之前应试运行该项目。方法是：在项目管理器中选中主程序，然后单击"运行"按钮；也可以在命令窗口中执行命令：DO〈主程序文件名〉。如程序运行正确，就可以连编成一个应用程序文件，该文件包括项目中的所有"包含"文件。

在 VFP 系统中，应用程序文件有两种形式：一种是扩展名为.APP 的应用程序文件，该程序只能在 VFP 环境中运行；另一种是扩展名为.EXE 的可执行文件，它可以在 Windows 环境中运行。可执行文件和两个 VFP 动态链接库（VFP6R.DLL 和 VFP6ENU.DLL）链接，可以构成 VFP 所需的完整运行环境。

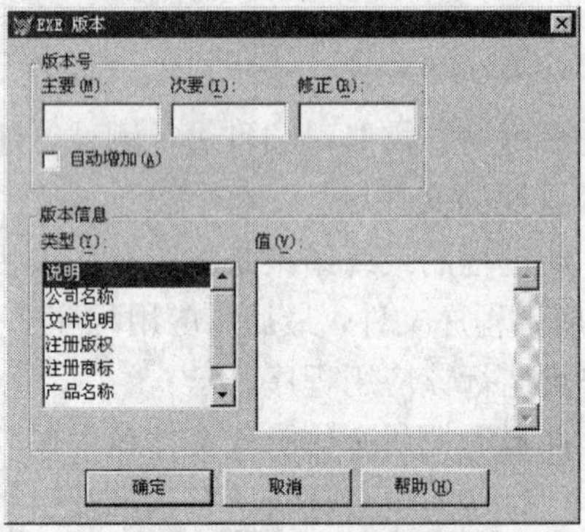

连编应用程序的方法如下。

（1）在项目管理器中单击"连编"按钮，打开图 11.7 所示的"连编选项"对话框。选择"连编应用程序"选项，可生成.APP 文件；选择"连编可执行文件"选项，可建立一个.EXE 文件。根据需要选择其他选项后，单击"确定"按钮。

选中"连编可执行文件"选项时，会激活"版本"按钮。单击此按钮，打开图 11.8 所示的"EXE版本"对话框，可以为应用程序指定一个版本号及版本类型。

图 11.8 "EXE 版本"对话框

（2）命令方式

格式 1：BUILD APP〈APP 文件名〉FROM〈项目文件名〉[RECOMPILE]

功能：编译指定的项目文件，并生成扩展名为.APP 的应用程序。

格式 2：BUILD EXE〈EXE 文件名〉FROM〈项目文件名〉[RECOMPILE]

功能：编译指定的项目文件，并生成扩展名为.EXE 的可执行文件。

例如，将"教学"项目编译为一个.APP 文件，可输入以下命令：

    BUILD APP 教学管理系统 FROM 教学

将"教学"项目编译为一个.EXE 文件，可输入以下命令：

BUILD EXE 教学管理系统 FROM 教学

4．运行应用程序

当为项目建立了一个最终的应用程序文件之后，就可以运行了。

（1）运行.APP 应用程序

启动 VFP，选择"程序|运行"命令，在"运行"对话框中选择要执行的应用程序（.APP）；或者在"命令"窗口中输入命令 DO〈应用程序文件名〉。

例如，要运行应用程序"教学管理系统.APP"，可输入命令：

    DO   教学管理系统.APP

（2）运行.EXE 可执行程序

① 启动 VFP，选择"程序|运行"命令，在"运行"对话框中选择可执行程序文件（.EXE）。

② 在"命令"窗口中输入命令 DO〈可执行文件名〉。

例如，要运行"教学管理系统.exe"文件，可输入命令：

    DO   教学管理系统.EXE

③ 在 Windows 中，双击该 .EXE 文件的图标。

11.2.3　教学管理系统开发实例

上面介绍了 VFP 应用系统开发的总体过程，本节将结合前面各章的内容，开发一个教学管理应用系统。

1．系统功能

为简化问题，本系统将只涉及学生、课程和成绩三方面信息的管理。

2．系统基本组成

（1）数据资源　　本系统的数据资源采用的是第 3 章介绍的"教学管理"数据库中的"学生"、"课程"和"成绩"3 个表，各表结构参见表 3.1～表 3.3。其中，"学生"表与"成绩"表通过"学号"建立关联，"课程"表与"成绩"表通过"课程号"建立关联。

（2）系统主程序　　由此启动系统登录表单。

（3）系统菜单　　使用户可以方便、快捷地控制整个系统的操作。

（4）系统登录表单　　用以控制非法用户使用本系统。

（5）数据录入表单　　提供数据资源的输入与编辑界面，有"学生名单"、"课程信息"和"学生成绩"3 张表单。

（6）查询统计表单　　提供数据信息检索与汇总的显示界面，有"课程查询"、"成绩查询"和"信息汇总"3 张表单。

（7）报表　　打印输出需要保留的信息，有"学生名单"、"课程信息"和"成绩单"3 份报表。

（8）数据库维护表单　　供高级操作人员直接对数据库和数据表进行操作。

3．建立目录结构

本系统虽然不复杂，但要用到诸如数据库、数据表、菜单、表单、报表、程序等多种类型的文件及其辅助文件。为此，先建立一个如图 11.2 所示的分层目录结构，用来分类存储不同类型的文件。

4. 建立项目文件

在"E:\VFP6"文件夹中建立项目文件"教学.PJX"，且以下所有文件都直接在项目管理器中建立。

5. 建立数据库

在项目管理器中建立数据库"教学管理.DBC"，并参照表 3.1～表 3.3 在"教学管理"数据库中建立"学生.DBF"、"课程.DBF"、"成绩.DBF" 3 个数据库表。

6. 主程序设计

主程序是整个应用程序的入口点，主要功能是初始化系统运行环境、打开数据库、调用表单建立初始的用户界面、控制事件循环等。本系统的主程序为 MAIN.PRG，其代码如下。

```
SET  TALK  OFF
SET  SYSMENU  Off
SET  CENTURY  ON
SET  DATE  TO  YMD
CLOSE  ALL
CLEAR  ALL
SET  DEFAULT  TO  E:\VFP6                    && 设置默认工作目录
SET  PATH  TO  PROGS,FORMS,MENUS,DATA,REPORTS,GRAPHICS   && 设置搜索路径
OPEN  DATABASE  教学管理  EXCLUSIVE
_SCREEN.CAPTION = "教学管理系统"
ZOOM  WINDOWS  SCREEN  MAX
DO  FORM  登录表单
READ  EVENTS
```

7. 系统登录表单

登录表单主要是验证用户输入的口令是否正确。若口令正确，可调用系统主菜单，进入系统环境。登录表单为"登录表单.SCX"，其界面与设计方法参照第 8 章中的例 8.6。在本例中，"确定"按钮的 Click 事件代码如下。

```
LOCAL  cPassword
cPassword = Thisform.Text1.Value
IF  AllTRIM(cPassword) = "student"
    Thisform.Release
    DO  教学管理.MPR              && 调用系统主菜单，进入系统环境
ELSE
    Thisform.nCount=Thisform.nCount+1
    IF  Thisform.nCount = 3
        MessageBox("口令错误,登录失败! ",16, "提示信息")
        Thisform.Release
        QUIT
    ELSE
        Thisform.Text1.Value = ""
        Thisform.Text1.SetFocus
```

MessageBox("口令错误,请重新输入……",16, "提示信息")

ENDIF

ENDIF

"取消"按钮的 Click 事件代码如下。

Thisform.Release

QUIT

当用户输入口令 student 时,单击"确定"按钮即可进入"教学管理系统"的主菜单界面。若连续三次输入口令错误,单击"确定"按钮后将退出应用系统。

8. 系统主菜单

根据本系统的功能,菜单系统主要由"数据录入"、"查询统计"、"数据库维护"和"退出"四个菜单项及相应子菜单构成,如图 11.9 所示。菜单文件为"教学管理.MPR",具体设计方法参照第 10 章中的例 10.1。

分别在各子菜单项的命令代码中输入一条调用表单的命令:DO FORM 〈表单文件名〉。各表单文件名与对应的菜单项的名称相同。例如,在"学生表单"的命令代码中可输入命令:

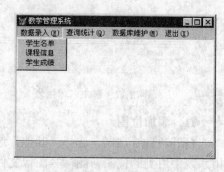

图 11.9 教学管理系统菜单

DO FORM 学生名单

在"退出"菜单项的命令代码中输入命令 QUIT。当选择该菜单项时,将退出应用系统。

9. 录入与查询表单

在主菜单中单击各菜单项(除"退出"菜单项)将分别启动相应的 7 个表单:学生名单.SCX、课程信息.SCX、学生成绩.SCX、成绩查询.SCX、课程查询.SCX、信息汇总.SCX、数据库维护.SCX,用于数据的输入和显示。"学生名单"和"成绩查询"两个表单的运行界面如图 11.10 和图 11.11 所示。

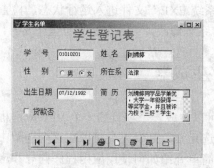

图 11.10 学生名单

图 11.11 成绩查询

10. 报表

本系统提供了要打印输出的 3 个报表,当单击"学生名单"表单、"课程信息"表单、"成绩查询"表单中的"打印"按钮时将分别运行报表"学生名单.FRX"(如图 11.12 所示)、"课程信息.FRX"和"成绩单.FRX"(如图 11.13 所示)。

图 11.12　学生名单报表　　　　　　　　　　图 11.13　成绩单报表

11．添加位图

打开项目管理器，选择"其他"选项卡中的"其他文件"项，单击"添加"按钮，将应用系统中用到的位图、图标等图像文件添加到项目文件中。

12. 设置主文件和项目信息

在项目管理器中右击选中主程序 MAIN.PRG，从快捷菜单中选择"主文件"命令，将MAIN.PRG 设置为主文件。然后选择"项目|项目信息"命令，在"项目信息"对话框中设置系统开发的作者信息、系统桌面图标等项目信息。

13．连编应用程序及生成可执行文件

分别调试各个模块，并确定项目中要排除或包含的文件，然后在项目管理器中单击"连编"按钮，在"连编项目"对话框中选择"重新连编项目"选项。若没有错误，则可以选择"连编为可执行文件"选项，在随后出现的"另存为"对话框中输入可执行文件名"教学管理系统.EXE"，并将文件保存在"E:\VFP6"文件夹中。

14．运行应用程序

打开 Windows 资源管理器，双击"教学管理系统.EXE"文件进入运行状态，检查系统是否能够正常运行。若出现问题，可重新进入 VFP 系统修改，再连编运行直至正常。

11.3　应用程序生成器

VFP 提供了应用程序向导和应用程序生成器，可以生成一个项目和一个 VFP 应用程序框架。应用程序框架包含了所有必需元素和大量的可选元素，开发人员可以在这个框架中添加已生成的数据库、表、表单和报表等组件。本节将简单介绍如何使用应用程序向导和应用程序生成器来简化开发工作。

11.3.1　应用程序向导

利用应用程序向导不仅可以创建一个具有各种功能的应用程序，包含项目文件、表、报表、表单和一个特定项目的完整类库，也可以创建一个应用程序框架，只包含项目文件和一个启动类库，然后可以添加新的或现有的表和文档。

1. 启动应用程序向导

（1）选择"文件|新建"命令，在"新建"对话框中选择"项目"文件类型并单击"向导"按钮，或者选择"工具|向导|应用程序"命令，打开"应用程序向导"对话框，如图 11.14 所示。

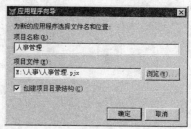

（2）在"项目名称"文本框中输入新项目的名称，在"项目文件"文本框中指定项目文件的名称及存储路径。如指定的文件夹不存在，系统将自动建立。

（3）选中"创建项目目录结构"复选框，向导将创建一个目录结构，这个目录结构分别为数据、表单、类库、菜单等创建各自的目录。如不选此项，向导将所有的数据和文档都放在与项目文件相同的目录中。

图 11.14 "应用程序向导"对话框

（4）单击"确定"按钮，应用程序向导将自动调用所需要的各种应用程序生成器，并为应用程序生成一个目录和项目结构，如图 11.15 所示。

图 11.15 应用程序向导新建的目录

2. 应用程序框架

运行"应用程序向导"后，得到一个含有部分文件的已打开项目，这些文件组成了应用程序框架。应用程序框架可以自动完成以下任务：

- 提供启动和清理程序，其中包括负责保存和恢复环境状态的程序。
- 显示菜单和工具栏。
- 管理自定义表单和报表的集成。

应用程序框架可帮助开发人员确定应用程序的功能、用户输入数据的方式、应用程序的外观，以及如何使其具有最强大的功能。

11.3.2　应用程序生成器

1. 应用程序生成器的功能

应用程序向导创建项目的同时，会自动打开应用程序生成器，如图 11.16 所示。

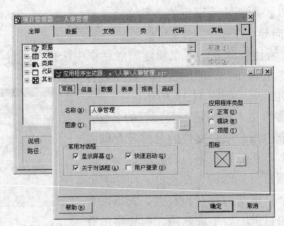

图 11.16　应用程序生成器

应用程序生成器是应用程序开发人员强有力的工具，可使开发者轻而易举地将所有必需元素及许多可选元素包含在应用程序中。应用程序生成器与应用程序框架结合在一起完成以下工作：

（1）添加、编辑或删除与应用程序相关的组件，如表、表单和报表。

（2）设定表单和报表的外观样式。

（3）加入常用的应用程序元素，包括启动画面、"关于"对话框、"收藏夹"菜单、"用户登录"对话框和"标准"工具栏。

（4）提供应用程序的作者和版本等信息。

与其他的 VFP 生成器一样，应用程序生成器是可重入的，即在关闭生成器之后，可以将其重新打开并修改其中的任何设置。如要重新打开，可在项目管理器窗口右击，从快捷菜单中选择"生成器"菜单项。

使用应用程序向导和应用程序生成器，无须编写任何代码便可创建完整的应用程序，基本上可满足一般用户的需要。

2．应用程序生成器的使用

（1）"常规"选项卡　用于指定应用程序的名称和类型、图标、常用对话框，如"显示屏幕"对话框、"关于"对话框、"快速启动"对话框和"用户登录"对话框，如图 11.16 所示。

在"名称"框中可指定应用程序的名称，该名称将显示在标题栏和"关于"对话框中，并在整个应用程序中使用。

在"应用程序类型"框中有 3 个选项按钮，可指定应用程序的运行方式："正常"表示生成可在 VFP 主窗口中运行的.APP 应用程序；"模块"表示应用程序将被添加到已有的项目中，或将被其他程序调用；"顶层"表示生成可在 Windows 桌面上运行的.EXE 可执行程序。

（2）"信息"选项卡　提供显示在应用程序的启动画面和"关于"对话框中的信息，包括作者和公司名称、程序版本、版权和商标。

（3）"数据"选项卡　用于指定应用程序的数据源及表单和报表的样式，如图 11.17 所示。

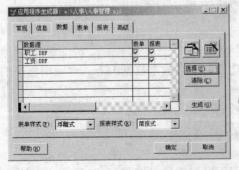

图 11.17　"数据"选项卡

如数据已经存在，可以用"数据"选项卡将自由表或数据库表添加到应用程序中，从而为应用程序建立数据环境。在指定了一个表后，应用程序生成器立即将其显示在表格中，并准备好为其创建表单和报表。单击"生成"按钮，数据即被添加到应用程序框架中；同时，相应的向导为该数据源新建一个文档。若只想添加数据源，而不想创建与之相应的表单和报表，可清除表格中该表旁的选项。从"表单样式"和"报表样式"下拉列表中可以为这些文档选择合适的外观样式。

单击数据库向导按钮，可创建应用程序所需的数据库；关闭向导后，新数据库中的表将出现在"数据"选项卡中。

当使用应用程序生成器添加数据时，这些数据在项目中标记为"排除"，即在连编时不会绑定到应用程序中，便于以后对表进行编辑。

（4）"表单"选项卡　用于指定表单类型，启动表单的菜单、工具栏，指定表单是否可有多个实例。需要为每个列出的表单分别设置所需的选项。

单击"添加"按钮，可将已有的表单添加到应用程序中；单击"编辑"按钮，可在表单设计器中修改选定的表单；单击"删除"按钮，可从应用程序中删除表单。

（5）"报表"选项卡　指定在应用程序中使用的报表名称。

单击"添加"按钮，可将已有的报表添加到应用程序中；单击"编辑"按钮，可在报表设计器中修改选定的报表；单击"删除"按钮，可从应用程序中删除报表。

（6）"高级"选项卡　为应用程序指定帮助文件和默认的数据目录，还可指定应用程序中是否包含常用工具栏和"收藏夹"菜单。

11.4　应用程序的发布

一个应用程序在开发完成并经过测试之后，就可以准备发布，即将运行应用程序所需要的所有文件打包，创建发布磁盘后，交给用户使用。软件发布的过程就是将提供给用户的程序、数据进行压缩，整理成能装在几张软盘（或其他介质）中的过程。

在 VFP 中可使用安装向导进行软件发布，创建发布磁盘及应用程序的安装例程，使得用户可以很容易地把应用系统程序安装到自己的计算机上。

具体操作是：

（1）创建发布目录（也称"发布树"），将所有需要复制到用户硬盘上的应用系统程序文件（包括连编好的可执行文件、数据文件，以及没有编译进可执行文件的其他文件）复制到发布目录。注意，可执行文件必须放在发布树的根目录下。

（2）使用安装向导创建发布磁盘。选择"工具|向导|安装"命令，启动安装向导（只有正版的企业版 Visual FoxPro 6.0 才能完全运行安装向导），如图 11.18 所示。如"安装向导"提示要求创建 Distrib.src 目录或指定其位置，应确认要创建该目录的位置，或选择"定位目录"并指定该目录的位置。

① 在"安装向导"的"步骤 1 - 定位文件"对话框中，指定发布树目录。

② 在"步骤 2 - 指定组件"对话框中，选择需要的运行组件。

③ 在"步骤 3 - 磁盘映像"对话框中，指定磁盘映像目录或安装磁盘类型。

磁盘映像目录用于存放软件发布过程中的处理结果，例如，将教学管理系统打包之后，先存放在指定的映像目录中。此外，还要选择磁盘映像的介质，例如，选择"1.44MB 3.5 英寸"复选框，表示将来做出来的软件产品是以软盘方式存储的。

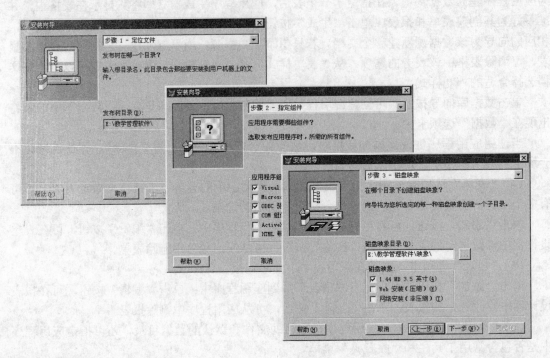

图 11.18　安装向导

④ 在"步骤 4 - 安装选项"对话框中，定制要发布的安装对话框，包括对话框标题、版权信息及执行的程序名称。

⑤ 在"步骤 5 - 默认目标目录"对话框中，指定安装程序需要创建的目录名称和程序组名称。

⑥ 在"步骤 6 - 改变文件位置"对话框中，可以修改文件的目标目录，更改程序组的属性等。

⑦ 在"步骤 7 - 完成"对话框中单击"完成"按钮，开始执行压缩整理程序，生成磁盘映像文件。

执行完成之后，在 Windows 资源管理器下浏览磁盘映像目录，可以看到该产品被分别存放在 Disk1, Disk2, Disk3 等文件夹中，并在 Disk1 文件夹中生成了 SETUP.EXE 安装程序。可以将每个文件夹分别复制到一张独立的磁盘上，作为软件产品。

用户通过运行 Disk1 中的 SETUP.EXE 程序，可安装应用程序的所有文件。在安装过程中，所有包含在发布目录中的子文件夹都被自动创建，所有的文件也都一并被复制。

习　题　11

11.1　思考题

1. 简述应用程序开发的一般过程。

2. 在应用程序的设计中，常见的用户界面有哪几种？其作用是什么？

3. 设计 VFP 应用程序时，主程序的作用是什么？

4. 连编 VFP 应用程序时，设置文件的"排除"与"包含"有何意义？

5. 连编 VFP 应用程序时可以生成哪两种格式的应用程序？它们有什么不同？

6. 在 VFP 中，应用程序向导和应用程序生成器的主要作用是什么？

11.2 选择题

1. 下面关于 VFP 主程序的叙述中正确的是（　　）。

（A）主程序是 VFP 应用系统中的主要程序，可以完成应用系统的所有功能

（B）主程序中必须同时包含建立事件循环和结束事件循环的命令

（C）主程序是运行 VFP 应用程序时首先启动的主文件，是整个应用程序的入口点

（D）每个数据库应用系统都可以包含多个主程序

2. 在 VFP 系统中，如要使某个文件在连编后的应用程序中不能被修改，该文件应设置为（　　）。

（A）包含　　　　　　（B）排除　　　　　　（C）更改　　　　　　（D）主文件

3. VFP 应用程序连编后可生成.APP 和.EXE 两种类型的文件，以下说法中正确的是（　　）。

（A）.APP 应用程序只能在 Windows 环境下运行

（B）.APP 应用程序既可以在 VFP 环境下运行，也可以在 Windows 环境下运行

（C）.EXE 应用程序只能在 Windows 环境下运行

（D）.EXE 应用程序既可以在 VFP 环境下运行，也可以在 Windows 环境下运行

4. 在连编 VFP 应用程序前应正确设置文件的"排除"与"包含"，以下说法中正确的是（　　）。

（A）排除是指将该文件从项目中删除

（B）排除是指将项目编译为应用程序后，程序中不包含标记为"排除"的文件

（C）包含是指将该文件添加到项目文件中

（D）包含是指将项目编译为应用程序后，所有标记为"包含"的文件都可以被修改

11.3 填空题

1. 经过连编，VFP 系统将所有在项目中引用的文件，除了_____外，合成为一个应用程序文件。

2. 建立事件循环是为了等待用户操作并进行响应，使用命令____将启动 VFP 事件处理；使用命令_____将停止 VFP 事件处理，使程序退出事件循环。

3. 一个 VFP 应用程序只有一个主文件，当重新设置主文件时，原来的设置将_____。

4. 利用应用程序向导，可以创建一个具有各种功能的应用程序，也可以创建一个_____。

11.4 上机练习题

1. 利用应用程序向导和应用程序生成器开发人事管理应用系统。

附录 A 常用数据库操作命令

命 令 名 称	功 能
&&	注释语句（在命令语句的尾部加注释信息）
*	注释语句（程序文件中用星号开始的行是注释行）
?	从屏幕的下一行的起始位置输出表达式的值
??	从当前行光标所在位置开始输出表达式的值
@···SAY	在指定的行和列位置显示表达式的值
@···SAY···GET	GET 子句在屏幕上显示变量供 READ 命令编辑
ACCEPT	接收键盘输入的字符串并存入内存变量
ACTIVATE POPUP	显示并激活一个菜单
ACTIVATE SCREEN	激活 Visual FoxPro 主窗口
ACTIVATE WINDOW	显示并激活一个或多个用户自定义窗口或系统窗口
ADD CLASS	添加类定义到.VCX 可视类库中
ADD TABLE	添加自由表到当前打开的数据库中
APPEND	添加一个或多个新记录到表的末尾
APPEND FROM	从源文件中添加记录到当前表的末尾
APPEND MEMO	将文本文件中的内容复制到备注型字段中
APPEND PROCEDURES	将文本文件中的存储过程添加到当前数据库的存储过程中
ALTER TABLE-SQL	SQL 命令，修改表的结构
AVERAGE	计算数值表达式或数值型字段的算术平均值
BEGIN TRANSACTION	开始一次事务处理
BROWSE	打开 BROWSE 窗口并显示当前表或指定表的记录
BUILD APP	从项目文件中创建.APP 应用程序文件
BUILD DLL	使用项目文件中的类信息创建动态链接库
BUILD EXE	从项目文件中创建一个可执行文件
BUILD PROJECT	创建项目文件
CANCEL	取消当前 Visual FoxPro 程序文件的运行，返回命令窗口
CD|CDDIR	将默认的 Visual FoxPro 目录改变为指定的目录
CHANGE	编辑指定的字段
CLEAR	清除屏幕，光标回到屏幕的左上角
CLEAR ALL	释放所有内存变量，关闭所有文件，选择 1 号工作区
CLEAR MEMORY	释放所有内存变量
CLEAR TYPETHEAD	清除键盘缓冲区
CLOSE ALL	关闭所有文件，选择 1 号工作区
CLOSE DATABASES	关闭当前数据库和表
CLOSE PROCEDURE	关闭打开的过程文件
CLOSE TABLES	关闭所有打开数据库中的所有表，但不关闭数据库
COMPILE	编译一个或多个源文件，然后为每个源文件建立目标文件
COMPILE DATABASE	编译数据库中的存储过程
CONTINUE	与 LOCATE 命令配合使用，继续查找下一条满足条件的记录

命 令 名 称	功　　能
COPY FILE	复制任何类型的文件
COPY INDEXES	从单项索引文件.IDX 中建立复合索引标记
COPY MEMO	将当前记录中指定备注字段的内容复制到文本文件中
COPY PROCEDURES	将当前数据库中的存储过程复制到文本文件中
COPY STRUCTURE EXTENDED	将当前表的每个字段的信息作为记录复制到另一个表中
COPY STRUCTURE TO	将当前数据表的结构复制到新的数据表中
COPY TAG	从复合索引文件的标记中创建单项索引文件.IDX
COPY TO	将当前表的内容复制到新文件
COPY TO ARRAY	将当前表中的数据复制到数组
COUNT	统计表中的记录数
CREATE	建立新的 Visual FoxPro 数据表
CREATE CLASS	打开类设计器，建立新的类定义
CREATE CLASSLIB	建立新的、空的可视类库文件
CREATE CONNECTION	建立一个有名联接，并将其存入当前数据库
CREATE DATABASE	建立并打开一个数据库
CREATE FORM	打开表单设计器
CREATE LABEL	打开标签设计器
CREATE MENU	打开菜单设计器
CREATE PROJECT	打开项目管理器
CREATE QUERY	打开查询设计器
CREATE REPORT	打开报表设计器
CREATE SQL VIEW	打开视图设计器
CREATE TABLE-SQL	SQL 命令，定义一个具有指定字段的表
CREATE TRIGGER	为表建立 DELETE, INSERT 和 UPDATE 触发器
CREATE VIEW	在 Visual FoxPro 环境中建立视图文件
DEACTIVATE MENU	撤销自定义菜单栏并从屏幕上删除，但不从内存中释放
DEACTIVATE POPUP	撤销用 DEFINE POPUP 命令建立的弹出式菜单
DEACTIVATE WINDOW	撤销自定义窗口或系统窗口并从屏幕上消除，但不从内存中释放
DEBUG	打开 Visual FoxPro 调试器
DEBUGOUT	在 DEBUG OUTPUT 窗口显示表达式的结果
DECLARE	定义一维或者二维数组
DEFINE BAR	为 DEFINE POPUP 命令建立的菜单定义菜单项
DEFINE CLASS	创建自定义的类或者子类，并指定其属性、事件和方法
DEFDIE MENU	建立一个菜单栏
DEFINE PAD	为自定义菜单栏或者系统菜单栏定义菜单标题
DEFINE POPUP	建立一个弹出式菜单
DEFINE WINDOW	建立一个窗口，并确定其属性
DELETE	为记录加删除标记（逻辑删除记录）
DELETE CONNECTION	从当前数据库中删除一个有名联接
DELETE DATABASE	从磁盘中删除一个数据库
DELETE FILE	从磁盘中删除一个文件
DELETE-SQL	SQL 命令，为记录加删除标记

命 令 名 称	功　能
DELETE TAG	从复合索引文件中删除索引标记
DELETE TIGGER	从当前数据库表中删除 DELETE, INSERT 和 UPDATE 触发器
DELETE VIEW	从当前数据库中删除一个 SQL 视图
DIMENSON	定义一维或者二维数组
DIR	显示一个目录或文件夹中的文件信息
DISPLAY	在系统主窗口或者用户自定义窗口中，显示当前表的信息
DISPLAY CONNECTIONS	显示当前数据库中有名联接的有关信息
DISPLAY DATABASE	显示当前数据库（包括表、视图等）的有关信息
DISPLAY DLLS	显示与共享库函数有关的信息
DISPLAY FILES	显示文件的有关信息
DISPLAY MEMORY	显示当前内存变量和数组元素的内容
DISPLAY OBJECTS	显示一个对象或者一组对象的有关信息
DISPLAY PROCEDURES	显示当前数据库中存储过程的名称
DISPLAY STATUS	显示 Visual FoxPro 的环境状态
DISPLAY STRUCTURE	显示指定表文件的结构
DISPLAY TABLES	显示当前数据库中所有表和表的信息
DISPLAY VIEWS	显示当前数据库中关于 SQL 视图的信息
DO〈程序文件名〉	运行程序文件。当执行菜单程序或者查询时，必须带扩展名(.MPR 或.QPR)
DO FORM	运行表单文件
DO CASE…ENDCASE	根据不同的条件表达式结果执行不同的分支语句
DO WHILE…ENDDO	根据指定的条件循环执行一组命令
EDIT	显示并编辑指定的字段
END TRANSACTION	结束当前的事务处理并保存处理结果
ERASE	从磁盘中删除一个文件
ERROR	产生一个 Visual FoxPro 错误
EXIT	退出 DO WHILE, FOR 或 SCAN 循环
EXPORT	将 Visual FoxPro 表中的数据复制到不同格式的文件中
FIND	对已建立索引的表按索引关键字查询
FLUSH	将对表和索引所做的修改存入磁盘
FOR…ENDFOR	按指定的次数重复执行一组命令
FUNCTION	定义一个用户自定义函数
GATHER FROM	将数组、内存变量或者对象中的数据传送到表的当前记录中
GETEXPR	显示表达式生成器对话框，创建表达式并存入内存变量或者数组元素中
GO | GOTO	将记录指针移动到指定位置
HELP	打开帮助窗口
HIDE MENU	隐藏一个或者多个用 DEFINE MENU 命令建立的菜单栏
HIDE POPUP	隐藏一个或者多个用 DEFINE POPUP 命令建立的活动菜单
HIDE WINDOW	隐藏活动的自定义窗口或者 Visual FoxPro 系统窗口
IF…ENDIF	根据逻辑表达式的值有条件地执行一组命令
IMPORT	从外部文件导入数据，创建一个新的 Visual FoxPro 数据表
INDEX ON	建立一个索引文件，按某个逻辑顺序显示或访问表中的记录
INPUT	从键盘输入数据，保存到一个内存变量或数组元素中

命 令 名 称	功　　能
INSERT	在当前表中插入新记录，然后显示该记录并进行编辑
INSERT-SQL	SQL 命令，在表尾追加一个包含指定字段值的记录
JOIN WITH	联接两个已有的表来创建新表
KEYBOARD	将指定的字符表达式放置在键盘缓冲区中
LABEL	根据表文件的内容和标签定义文件，打印标签
LIST	连续显示表的信息
LIST CONNECTIONS	连续显示当前数据库中有名联接的有关信息
LIST DATABASE	连续显示当前数据库（包括表和视图）的有关信息
LIST DLLS	连续显示与共享库函数有关的信息
LIST MEMORY	连续显示当前内存变量和数组元素的内容
LIST OBJECTS	连续显示一个对象或者一组对象的有关信息
LIST PROCEDURES	连续显示当前数据库中存储过程的名称
LIST STRUCTURE	连续显示指定表文件的结构
LIST TABLES	连续显示当前数据库中所有表和表的信息
LIST VIEWS	连续显示当前数据库中与 SQL 视图有关的信息
LOCAL	建立局部内存变量和数组
LOCATE…FOR	顺序查找表中满足指定条件的第一个记录
LPARAMETERS	将调用程序中传入的数据赋给局部内存变量或者数组
MD|MKDIR	在磁盘上建立一个新目录
MODIFY CLASS	打开类设计器，修改类定义或者建立新的类定义
MODIFY COMMAND	打开编辑窗口，编辑或者建立程序文件
MODIFY CONNECTION	打开联接设计器，修改已经存储在当前数据库中的有名联接
MODIFY DATABASE	打开数据库设计器，编辑当前数据库或建立新的数据库
MODIFY FILE	打开编辑窗口，修改或者建立文本文件
MODIFY FORM	打开表单设计器，修改或者建立表单
MODIFY GENERAL	打开编辑窗口，编辑当前记录的通用型字段
MODIFY LABEL	打开标签设计器，编辑或者建立标签
MODIFY MEMO	打开编辑窗口，编辑当前记录的备注字段
MODIFY MENU	打开菜单设计器，编辑或者建立菜单系统
MODIFY PROCEDURE	打开文本编辑器，为当前数据库建立新的或者修改已有的存储过程
MODIFY PROJECT	打开项目管理器，编辑或者建立一个项目文件
MODIFY QUERY	打开查询设计器，编辑或者建立查询
MODIFY REPORT	打开报表设计器，编辑或建立报表
MODIFY STRUCTURE	打开表设计器，修改表的结构
MODIFY VIEW	打开视图设计器，编辑已有的 SQL 视图
MODIFY WINDOW	编辑用户自定义窗口或者 Visual FoxPro 主窗口
MOVE POPUP	将用 DEFINE POPUP 定义的用户自定义菜单移到新的位置
MOVE WINDOW	将用 DEFINE WINDOW 定义的用户自定义窗口或系统窗口移到新的位置
NOTE	在程序文件中，标明非执行注释行的开始
ON BAR	指定从菜单中选择特定菜单项时，激活的菜单或者菜单栏
ON ERROR	指定发生错误时要执行的命令
ON ESCAPE	指定在程序或命令执行期间，当按下 Esc 键时将执行的命令

命 令 名 称	功 能
ON EXIT BAR	指定退出一个指定的菜单项时执行的命令
ON EXIT MENU	指定退出指定菜单栏中的任一菜单标题时将要执行的命令
ON EXIT PAD	指定退出指定的菜单标题时将要执行的命令
ON EXIT POPUP	指定退出指定的弹出菜单时将要执行的命令
ON KEY	指定程序执行期间按任意键时将要执行的命令
ON KEY LABEL	指定当按下特定键或组合键，或者单击鼠标时，将要执行的命令
ON PAD	指定选择菜单标题时要激活的菜单或者菜单栏
ON READERROR	指定响应数据输入错误时要执行的命令
ON SELECTION BAR	指定选择指定的菜单项时将要执行的命令
ON SELECTION MENU	指定当选择菜单栏中的任意一个菜单标题时将要执行的命令
ON SELECTION PAD	指定选择菜单栏中指定的菜单标题时将要执行的命令
ON SELECTION POPUP	指定从菜单中任意选择一个菜单项时将要执行的命令
ON SHUTDOWN	指定退出 Visual FoxPro 时，将要执行的命令
OPEN DATABASE	打开一个数据库
PACK	永久性地删除当前表中所有带逻辑删除标记的记录
PACK DATABASE	删除当前数据库中所有带逻辑删除标记的记录
PARAMETERS	将调用程序传来的参数赋值给私有内存变量或数组
POP MENU	恢复用 PUSH MENU 命令保存在栈中的指定菜单栏的定义
POP POPUP	恢复用 PUSH POPUP 命令存入栈中的指定菜单的定义
PRIVATE	在当前程序中隐藏指定的、在调用程序中定义的内存变量或数组
PROCEDURE	在程序文件中标识一个过程的开始
PUBLIC	定义全局内存变量或者数组
PUSH MENU	将菜单栏的定义存入内存的菜单栏定义栈中
PUSH POPUP	将菜单定义存入内存的菜单定义栈中
QUIT	退出 Visual FoxPro 系统，返回操作系统
RD|RMDIR	从磁盘中删除一个目录
READ	激活控件
READ EVENTS	开始事件处理
RECALL	取消当前表中记录的逻辑删除标记
REGIONAL	建立区域内存变量和数组
REINDEX	重建当前打开的索引文件
RELEASE	从内存中释放内存变量和数组
RELEASE BAR	从内存中删除菜单中指定的菜单项或者所有的菜单项
RELEASE CLASSLIB	关闭包含类定义的可视类库文件
RELEASE MENUS	从内存中删除用户自定义的菜单栏
RELEASE PAD	从内存中释放指定的菜单标题或者全部菜单标题
RELEASE POPUPS	从内存中释放指定的菜单或者全部菜单
RELEASE PROCEDURE	关闭用 SET PROCEDURE 命令打开的过程文件
RELEASE WINDOWS	从内存中释放用户自定义窗口或者 Visual FoxPro 系统窗口
REMOVE CLASS	从可视类库中删除类定义
REMOVE TABLE	从当前数据库中删除一个表
RENAME TO	更改一个文件的名称

命 令 名 称	功 能
RENAME CLASS	更改包含在可视类库中的类定义名
RENAME CONNECTION	更改当前数据库中有名联接的名称
RENAME TABLE	更改当前数据库中表的名称
RENAME VIEW	更改当前数据库中 SQL 视图的名称
REPLACE	更新表中的记录
REPLACE FROM ARRAY	用内存数组的值更新字段内容
REPORT	根据报表定义文件显示或打印报表
RESTORE FROM	恢复保存在内存变量文件或者备注字段中的内存变量和数组
RESUME	继续执行被挂起的程序
RETRY	重新执行上次的命令
RETURN	将程序控制权返回给调用程序
ROLLBACK	放弃当前事务处理期间的任何更改
RUN | !	执行外部的操作命令或程序
SAVE TO	将当前的内存变量和数组保存到内存变量文件或者备注字段中
SCAN…ENDSCAN	在当前表中移动记录指针,并对每一个满足条件的记录执行一组命令
SCATTER	将当前记录的数据复制到内存变量或者数组中
SCROLL	全屏幕移动系统主窗口或用户自定义窗口中的一个区域
SEEK	查找表中索引关键字值与指定的表达式相匹配的第一条记录
SELECT	选择指定的工作区
SELECT-SQL	SQL 命令,从一个或多个表中检索数据
SET	打开"数据工作期"窗口
SET CARRY ON|OFF	当用 APPEND, INSERT 和 BROWSE 命令添加新记录时,设置是否将当前记录的数据复制到新记录中
SET CENTURY ON|OFF	设置是否显示日期表达式中的世纪部分
SET CLASSLIB	打开包含类定义的可视类库
SET CLOCK ON|OFF	设置是否显示系统时钟,并指定时钟在 Visual FoxPro 主窗口中的位置
SET CONSOLE ON|OFF	设置是否将输出送到 Visual FoxPro 主窗口或活动的用户自定义窗口
SET CURRENCY TO	定义货币符号并指定在表达式中的显示位置
SET CURSOR ON|OFF	当 Visual FoxPro 等待输入时,确定是否显示插入点
SET DATABASE	指定当前的数据库
SET DATE TO	设置日期型和日期时间型表达式显示时的格式
SET DECIMALS TO	设置数值表达式中显示的小数位数
SET DEFAULT TO	设置默认的驱动器、目录或者文件夹
SET DELETED ON|OFF	指示是否处理带有删除标记的记录
SET DEVICE TO	将@…SAY 命令的输出结果送往屏幕、打印机或者文件中
SET ECHO ON|OFF	为调试程序打开跟踪窗口
SET ESCAPE ON|OFF	确定按 Esc 键时是否中断程序和命令的运行
SET EXACT ON|OFF	确定不同长度字符串的比较规则
SET EXCLUSIVE ON|OFF	设置按独占或者共享方式打开网络上的表文件
SET FIELDS TO	指定可以访问表中的哪些字段
SET FILTER TO	指定当前表中可以被存取访问的记录必须满足的条件
SET FIXED ON|OFF	设置数值型数据显示时的小数位数是否固定

命 令 名 称	功　　能
SET FORMAT TO	打开 APPEND, CHANGE, EDIT 和 INSERT 等命令的格式文件
SET FULLPATH ON|OFF	设置 CDX( ), DBF( ), MDX( )和 NDX( )函数是否返回文件的路径名和文件名
SET HOURS	设置系统时钟为 12 或者 24 小时格式
SET INDEX TO	为当前表打开一个或者多个索引文件
SET LOGERRORS ON|OFF	确定是否将编译错误提示信息存入文本文件中
SET MARK OF	为菜单标题或菜单项，或显示或清除或指定一个标记字符
SET MARK TO	设置显示日期表达式时所使用的分隔符
SET MEMOWIDTH TO	指定备注型字段和字符表达式的显示宽度
SET MULTILOCKS ON|OFF	指定是否可以用 LOCK( )和 RLOCK( )函数为多个记录加锁
SET NEAR ON|OFF	当 FIND 和 SEEK 命令查找记录不成功时，确定记录指针停留的位置
SET NOTIFY ON|OFF	确定是否显示某些系统提示信息
SET NULL ON|OFF	确定 ALTER TABLE, CREATE TABLE, INSERT-SQL 如何处理空值
SET ORDER TO	指定表的主控索引文件或者标识
SET PATH TO	设置文件的搜索路径
SET PRINTER ON|OFF	设置是否将输出结果送往打印机、文件或端口
SET PROCEDURE TO	打开过程文件。若不带任何参数，则表示关闭所有打开的过程文件
SET RELATION TO	在两个打开表之间建立关联
SET RELATION OFF	消除当前工作区和指定工作区内两个表之间的关联
SET RESOURCE	指定一个资源文件
SET SAFETY ON|OFF	确定改写已有文件之前是否显示警告；当用报表设计器或 ALTER TABLE 命令更改表结构时，确定是否重新计算表或字段规则、默认值和错误信息等
SET SECONDS ON|OFF	指定在日期时间型数据中是否显示时间部分的秒
SET SEPARATOR	指定小数点左边每 3 位数字之间的分隔符
SET SKIP TO	在表之间建立一对多的关联
SET SKIP OF	启用或废止自定义菜单或系统菜单的菜单、菜单栏、菜单标题或菜单项
SET SPACE ON|OFF	确定使用 "?" 或者 "??" 命令时，在表达式之间是否显示空格字符
SET STATUS ON|OFF	显示或取消状态栏
SET SYSMENU ON|OFF	确定程序运行期间 VFP 系统菜单栏是否可用，是否允许重新配置
SET TALK ON|OFF	确定 VFP 是否显示命令结果
SET UDFPARMS	确定 VFP 传递给自定义函数的参数是按值还是按引用方式传递
SET UNIQUE ON|OFF	确定索引文件中是否可以存在相同索引关键字值的记录
SET WTARK TO	指定显示日期表达式时所使用的分界符
SHOW MENU	显示一个或者多个用户自定义菜单栏，但是不激活
SHOW POPUP	显示一个或者多个自定义菜单，但是不激活
SHOW WINDOW	显示一个或者多个自定义窗口或 VFP 系统窗口，但是不激活
SIZE POPUP	更改用 DEFINE POPUP 创建的用户自定义菜单的大小
SIZE WINDOW	更改用 DEFINE WINDOW 创建的窗口或者 VFP 系统窗口的大小
SKIP	向前或者向后移动表中的记录指针
SORT	对当前表中的记录进行排序，并将排序后的记录输出到新表中
STORE…TO	将数据存入内存变量或者数组元素中
SUM	对当前表中的所有或者指定的数值型字段求和
SUSPEND	暂停程序的运行，返回到交互式 VFP 状态

命 令 名 称	功 能
TEXT…ENDTEXT	输出若干行的文本、表达式及函数的结果和内存变量的内容
TOTAL	计算当前表中的数值型字段的总和
TYPE	显示文件的内容
UNLOCK	对表中的一个或多个记录解除锁定，或者解除文件的锁定
UPDATE	用其他表中的数据更新当前指定工作区中打开的表
UPDATE-SQL	SQL 命令，用新的值更新表中的记录
USE	打开一个表及相关索引文件。不带参数的 USE 命令可关闭当前打开的表
VALIDATE DATABASE	确保当前数据库中表和索引位置的正确性
WAIT	显示信息并暂停 VFP 的运行，按任意键或单击鼠标后继续执行
WITH…ENDWITH	设置对象的多个属性
ZAP	将表中的所有记录删除，只保留表的结构
ZOOM WINDOW	更改用户自定义窗口或系统窗口的大小和位置

附录 B 习题答案

习题 1 答案

1.2 选择题

1.（A） 2.（B） 3.（C） 4.（C） 5.（D） 6.（A） 7.（D） 8.（D） 9.（C）

1.3 填空题

1. 计算机 2. 数据模型 3. 实体之间 4. 数据库集合、数据库管理系统及相关软件
5. 二维表 6. 命令窗口 7. 设计器 8. 项目管理器、.PJX

1.4 上机练习题

1. 选择"开始|程序|Microsoft Visual FoxPro 6.0|Microsoft Visual FoxPro 6.0"命令。或者在桌面上建立 VFP 应用程序的快捷方式图标，双击该图标启动程序。

2. 选择"文件|新建"命令，打开"新建"对话框，选中"项目"文件类型，单击"新建文件"按钮后，在"创建"对话框中输入项目文件名"练习.PJX"。单击"保存"按钮，启动项目管理器。

3. 启动 VFP，选择"工具|选项"命令，打开"选项"对话框，选择不同的选项卡设置需要的参数。

习题 2 答案

2.1 思考题(第 7 题)

（1）工资>=1000 AND 工资<=2000

（2）(YEAR(DATE())-YEAR(出生日期))>35 AND 性别="男" AND !婚否

（3）YEAR(出生日期)<1970 AND 工资>=500 AND 工资<=1000 AND 性别="女"

（4）（职称="工程师" OR 职称="高工"）AND 婚否 AND 性别="女"

2.2 选择题

1.（C） 2.（B） 3.（D） 4.（C） 5.（A） 6.（D） 7.（D）
8.（C） 9.（B） 10.（C） 11.（D） 12.（A） 13.（B） 14.（A）

2.3 填空题

1. 1 2. 大的 3. M.或 M -> 4. 12 5. N 6. .F.
7. {^2002-08-04} 或 {^2002-8-4} 8. SET DATE TO YMD
9. 所赋值的数据类型 10. 字符型（C）

2.4 上机练习题（第 2 题）

（1）.F. .T. .F. .T. （2）5 5 学生 5 （3）1996 年 3 月 20 日 （4）40.55 0.55 41.10

习题 3 答案

3.2 选择题

1.（B） 2.（D） 3.（D） 4.（B） 5.（C） 6.（A） 7.（C） 8.（C）
9.（C） 10.（C） 11.(B) 12.（B） 13.（A） 14.（D） 15.（A）

3.3 填空题

1. LOCATE FOR (年龄=40 AND 性别="女") OR (年龄=50 AND 性别="男")

2. DELETE FOR SUBSTR(编号,2,1)= "T" 3. 1 4. 6、1 5. 结构、记录

6. M->成绩=CJ.成绩 7. 1 8. SELECT 9. 通用型 10. 主

3.4 上机练习题

1. 创建项目、数据库和数据表

（3）打开项目管理器，选择"数据库"项，单击"新建"按钮。

（4）打开项目管理器，将"职工档案"数据库展开至"表"项，单击"新建"按钮。

（5）选择"文件|新建"命令，在"新建"对话框中选择"表"文件类型，并单击"新建文件"按钮。或者在命令窗口中输入命令：CTEATE E:\VFP 练习\数据\工资。

（6）打开项目管理器，展开"职工档案"数据库，选择"表"项后，单击"添加"按钮。在"打开"对话框中选择"E:\VFP 练习\数据"文件夹中的"工资.DBF"表文件。

2. 编辑数据表记录

（1）打开"档案管理"项目文件，选中"工资"表，单击"浏览"按钮后，打开浏览窗口。选择"表|追加记录"命令，打开"追加来源"对话框，在"来源于"文本框中输入"E:\VFP 练习\数据\职工.DBF"，然后单击"选项"按钮，在"追加来源对话框"中选择要追加记录的三个字段职工号、姓名、基本工资。最后单击"确定"按钮。

（2）打开浏览窗口，显示"工资"表记录。按表 3.9 所示输入"奖金"、"补贴"和"水电费"3 个字段的内容。

（3）菜单和命令的操作分别是：

① 菜单方式：打开浏览窗口，显示"工资"表记录，选择"表|替换字段"命令，打开"替换字段"对话框。在"字段"下拉列表框中选择"实发工资"，在"替换为"文本框中输入表达式"基本工资+奖金+补贴-水电费"（也可以单击"…"按钮，利用表达式生成器建立该表达式），在"作用范围"下拉列表框中选择"ALL"。最后单击"替换"按钮。

② 命令方式：在命令窗口中输入以下命令，分别按回车键执行。

```
CLEAR
USE E:\VFP 练习\数据\工资.DBF
REPLACE ALL 实发工资 WITH  基本工资+奖金+补贴-水电费
LIST
USE
```

（5）可以分别用菜单方式和命令方式对记录进行逻辑删除

① 菜单方式：打开浏览窗口，通过鼠标操作将最后两条记录逻辑删除，然后选择"表|彻底删除"命令。

② 命令方式：在命令窗口中输入以下命令，分别按回车键执行。

```
GO 11
DELETE REST
PACK
```

3. 浏览记录

（1）打开"职工"表，选择"显示|浏览"命令，或使用 BROWSE, LIST, DISPLAY ALL 命令。

（2）选择"表|属性"命令,设置记录和字段的筛选。或者执行命令：

```
LIST  姓名,职称,部门,基本工资 FOR 性别="男"
```

（3）选择"表|属性"命令,设置记录筛选条件。或者执行命令：

  LIST FOR 性别=″女″.AND. YEAR(出生日期)<1970

 4. 创建和使用索引

（1）职称与基本工资索引项的索引表达式为：职称+STR(基本工资,7,2)。

  部门与出生日期索引项的索引表达式为：部门+DTOC(出生日期)。

（3）选择"表|属性"命令。

 5. 属性设置

（1）打开表设计器，选中"职工号"字段，在"标题"文本框中输入："工作证编号"；在字段有效性"规则"文本框中输入表达式：SUBSTR(职工号,1,2)= "10" AND LEN(职工号)=6；在"信息"文本框中输入出错时的提示信息："职工号不符合要求"。

（2）打开表设计器，选中"性别"字段，在"默认值"文本框中输入："男"。

 6. 打开数据库设计器，将"职工"表的"职工号"索引项拖动到"工资"表的"职工号"索引项上。

习题 4 答案

4.2 选择题

1.（C）   2.（D）

4.3 填空题

1. 运行查询文件 2. 表   3. 数据库   4. 数据库表、自由表、视图

5. 联接   6. 本地视图、远程视图

4.4 上机练习题

1. 创建查询

（1）建立"男职工工资奖金"查询

 ① 打开"E:\VFP 练习\档案管理.PJX"项目文件，启动项目管理器，选择"查询"项后，单击"新建"按钮。在"添加表或视图"对话框中选择"职工"表和"工资"表，进入查询设计器。

 ② 如果两个表之间没有建立永久关系，可以在"联接"选项卡中设置联接：职工.职工号=工资.职工号，类型为"内部联接"。

 ③ 在"排序依据"选项卡中设置排序条件：实发工资（降序）、奖金（降序）。

 ④ 在"筛选"选项卡中设置筛选条件：职工.性别="男"。

 ⑤ 将查询文件保存在"E:\VFP 练习\数据"文件夹中。

（2）建立"部门平均工资"查询

 ① 启动项目管理器，选择"查询"项，单击"新建"按钮，在"添加表或视图"对话框中选择"职工"表和"工资"表，进入查询设计器。

 ② 在"字段"选项卡中选择输出字段："职工.部门"，在"函数和表达式"文本框中输入（或利用表达式生成器建立）：AVG（工资.实发工资）AS 部门平均工资。单击"添加"按钮，将该表达式添加到"选定字段"列表框中。

 ③ 在"联接"选项卡中设置联接：职工.职工号=工资.职工号，类型为"内部联接"。

 ④ 在"排序依据"选项卡中设置排序条件：部门平均工资（升序）。

 ⑤ 在"分组依据"选项卡中设置分组字段：职工.部门。

 ⑥ 将查询文件保存在"E:\VFP 练习\数据"文件夹中。

2. 创建视图

① 启动项目管理器，选中"职工档案"数据库中的"本地视图"项，单击"新建"按钮后，在"添加表或视图"对话框中选择"职工"表和"工资"表，进入视图设计器。

② 在"字段"选项卡中选择输出字段为工资.职工号，职工.姓名，职工.职称，职工.部门，工资.实发工资，工资.奖金。"联接"、"筛选"、"排序依据"选项卡中的设置与创建查询的方法相同。

③ 在"更新条件"选项卡中设置关键字段为"工资.职工号"，可更新字段为"工资.奖金"，选中"发送 SQL"选项，其他设置取默认值。

④ 保存视图，视图名称为"更新男职工奖金"。

⑤ 从项目管理器中选中"更新男职工奖金"视图，单击"浏览"按钮查看结果。

⑥ 在视图中更改某职工的奖金值，然后打开"工资"表查看该职工的奖金值是否被更新。

习题 5 答案

5.2 选择题

1.（D）　　2.（A）　　3.（B）　　4.（B）　　5.（C）　　6.（B）　　7.（C）

5.3 填空题

1. 数据定义、数据操纵、数据查询、数据控制、数据控制

2. SQL, 结构化查询语言　　　　3. UPDATE, ALTER TABLE　　4. FROM

5. DELETE FROM, DROP TABLE　　6. DISTINCT　　　　　7. GROUP BY, ORDER BY

8. 降序、升序

5.4 上机练习题（假定默认的工作目录为"E:\VFP 练习\数据"，否则要在文件名前加上路径）

1. CREATE TABLE 职工 1(职工号 C(6), 姓名 C(8), 性别 C(2), 出生日期 D,;

　　职称 C(8), 婚否 L, 基本工资 N(7,2), 部门 C(6), 简历 M, 照片 G)

CREATE TABLE 工资 1(职工号 C(6), 姓名 C(8), 基本工资 N(7,2),;

　　奖金 N(6,2), 补贴 N(6,2), 水电费 N(6,2))

2. INSERT INTO 工资 1 VALUES("101011", "朱文友",910.00,195.57,50.00,80.00)

3. ALTER TABLE 工资 1 ADD 实发工资 N(7,2)

4.（1）SELECT ＊ FROM 职工 ORDER BY 性别

（2）SELECT 职工号,姓名,出生日期,职称,基本工资 FROM 职工 WHERE 性别="男"

（3）SELECT 职工号,姓名,职称,基本工资 FROM 职工;

　　WHERE 部门="财务科" OR 部门="一车间"

（4）SELECT 职工号,姓名,职称,基本工资 FROM 职工;

　　WHERE 基本工资 BETWEEN 1000 AND 2500

（5）SELECT AVG(基本工资) AS 财务科平均工资 ;

　　FROM 职工 WHERE 部门="财务科" GROUP BY 部门

（6）SELECT ZG.职工号,ZG.姓名,GZ.奖金,GZ.补贴 FROM 职工 ZG,工资 GZ;

　　WHERE ZG.职工号=GZ.职工号

（7）SELECT ZG.职工号,ZG.姓名,ZG.部门, GZ.奖金 FROM 职工 ZG,工资 GZ;

　　WHERE ZG.职工号=GZ.职工号 AND 奖金=(SELECT MAX(奖金)) FROM 工资

（8）SELECT 部门,COUNT(职工号) AS 各部门人数 FROM 职工;

　　GROUP BY 部门 ORDER BY 各部门人数 DESC

（9）SELECT ZG.职工号,ZG.姓名,ZG.部门, GZ.奖金 FROM 职工 ZG,工资 GZ;

WHERE ZG.职工号=GZ.职工号 AND 奖金=(SELECT MAX(奖金)) FROM 工资;

INTO CURSOR ZG1

SELECT ZG.职工号,ZG.姓名,ZG.部门, GZ.奖金 FROM 职工 ZG,工资 GZ;

WHERE ZG.职工号=GZ.职工号 AND 奖金=(SELECT MAX(奖金)) FROM 工资;

INTO TABLE ZG2

（10）SELECT 职工.姓名,职称,部门,奖金,实发工资 FROM 职工;

INNER JOIN 工资 ON 职工.职工号=工资.职工号;

WHERE 部门!= "财务科" AND 实发工资>2000

习题 6 答案

6.2 选择题

1.（C） 2.（C） 3.（A） 4.（B）

6.3 填空题

1. −3, 26, 91

2. 2, 1, 1

3.（1） 2　　1

2　　2

3　　1

（2）连续显示 3 遍下列内容

!!!

$$$

$$$

（3）X=555 Y=222

Y=5　K=560

4.（1）S=S+X*X

X=X+1

（2）D1

D2

BYEAR = BYEAR +1

（3）GO BOTTOM

!BOF( )

SKIP － 1

（4）LIST NEXT 3

SKIP -4

LIST REST

6.4 上机练习题

1. 用 IF 分支语句完成。假设有 a, b, c, d 四个数，可以两两比较，即分别比较（a, b）和（c, d）大小，再对两个结果比较，找出最大值和最小值。

2. 用循环语句和 DO CASE 语句完成。可参照例 6.5 和例 6.7。

3. 参照例 6.16。圆的面积=π·r^2，r 为圆的半径，π取值为 3.1415926。

4. 用 FOR 循环语句完成。

5. 用数组存储 20 个数，并用循环语句和分支语句完成统计操作。

6. 参照例 6.7 和例 6.10。

7. 用 INPUT 语句接收输入的奖金值；用 LOCATE 语句进行记录定位；用 EOF( )函数判断是否有满足条件的记录，EOF( )返回值为.F.表示有满足条件的记录；用@SAY…GET 语句和 READ 语句在屏幕指定位置显示并修改姓名、奖金、补贴和水电费；用 CONTINUE 语句继续查找下一条满足条件的记录；用循环语句完成所有满足条件的职工的信息显示和修改。

习题 7 答案

7.2 选择题

1.（A）　　　　　2.（C）　　　　　3.（B）　　　　　4.（D）

7.3 填空题

1. 在创建或使用一个对象时需要打开的全部表、视图和关系

2. 归纳和抽象　　　3. 父类　　　　4. 事件　　　　5. 层次关系

6. 容器类、控件类　　7. 属性、事件、方法　　　　8. 运行

7.4 上机练习题

1. 利用"文件"菜单打开"新建类"对话框，定义 MyGroup 类；然后进入类设计器窗口，通过"属性"窗口设置两个命令按钮的 Caption 属性。

2. 选择"文件|新建"命令，在"新建"对话框中选择"程序"文件类型，单击"新建文件"按钮打开代码编辑窗口，输入代码，具体内容可参照例 7.4。

习题 8 答案

8.2 选择题

1.（B）　　　2.（D）　　　　3.（B）　　　　4.（A）　　　　5.（D）

8.3 填空题

1. 代码窗口　　2. 表单　　　　3. 编辑　　　　4. Name　　　　5. 按钮锁定

6. 布局　　　　7. 表单设计器窗口　　8. 容器　　　9. Style　　　10. 数据源

8.4 上机练习题

1. 参照例 8.1。

2. 参照例 8.5～例 8.12。

3. 参照例 8.13。

习题 9 答案

9.2 选择题

1.（A）　　　2.（B）　　　3.（C）

9.3 填空题

1. 数据源、布局　　2. 数据库表　　3. 报表布局　　　　4. 表达式

5. 分组表达式　　6. 打印预览　　7. "页面设置"对话框　　8. 图片/OLE 绑定型

9.4 上机练习题

1. 参照例 9.4～例 9.6。

2. 选择"报表|标题/总结"命令，在报表设计器中添加"标题"带区和"总结"带区，在"标题"带区输入报表标题"工资单"和报表制作日期，在"总结"带区计算各项工资的总和与平均值，其他设计参照例 9.4～例 9.6。

习题 10 答案

10.2 选择题

1．（A）　　　　2．（C）　　　　3．（C）　　　　4．（B）

10.3 填空题

1．MODIFY MENU <菜单文件名>　　2．菜单级　　　　3．过程

4．2-作为顶层表单　　　　5．RightClick　　　　6．插入栏

10.4 上机练习题

1．参照例 10.2。

2．在菜单设计器环境下选择"显示|常规选项"命令，在"常规选项"对话框中选择"顶层表单"复选框。将菜单文件另存为"顶层菜单.MNX"，并生成菜单程序文件"顶层菜单.MPR"。然后，在表单设计器中，将表单的 ShowWindow 属性设置为"2-作为顶层表单"；在表单的 Init 事件过程中添加代码"DO E:\VFP 练习\菜单\顶层菜单.MPR WITH THIS,.T."。

3．用 DATE( )函数和 TIME( )函数获取系统当前的日期或时间，如选择"日期"菜单项时，可执行命令"_VFP.ActiveForm.Caption ="日期: "+DTOC(DATE( )) "。其他操作参照例 10.4。

习题 11 答案

11.2 选择题

1．（C）　　　　2．（A）　　　　3．（D）　　　　4．（B）

11.3 填空题

1．标记为"排除"的文件

2．READ EVENTS、CLEAR EVENTS

3．自动解除

4．应用程序框架

参 考 文 献

[1] Microsoft Corporation. Visual FoxPro 6.0 中文版程序员指南. 美国微软出版社，1998

[2] 彭春年，姚翠友. Visual FoxPro 6.0 程序设计. 北京：中国水利水电出版社，2001

[3] 卢湘鸿，李吉梅等. Visual FoxPro 6.0 程序设计基础（第 2 版）. 北京：清华大学出版社，2006

反侵权盗版声明

电子工业出版社依法对本作品享有专有出版权。任何未经权利人书面许可，复制、销售或通过信息网络传播本作品的行为；歪曲、篡改、剽窃本作品的行为，均违反《中华人民共和国著作权法》，其行为人应承担相应的民事责任和行政责任，构成犯罪的，将被依法追究刑事责任。

为了维护市场秩序，保护权利人的合法权益，我社将依法查处和打击侵权盗版的单位和个人。欢迎社会各界人士积极举报侵权盗版行为，本社将奖励举报有功人员，并保证举报人的信息不被泄露。

举报电话：（010）88254396；（010）88258888

传　　真：（010）88254397

E-mail：　dbqq@phei.com.cn

通信地址：北京市万寿路 173 信箱

　　　　　电子工业出版社总编办公室

邮　　编：100036